普通高等教育"十三五"重点规划教材

焊 接 制 造 导 论

主编　胡绳荪

参编（按姓氏笔画排序）

王　颖　　王志江　　邓彩艳　　叶福兴

申俊琦　　邸新杰　　杨立军　　杨振文

杨新岐　　龚宝明　　崔　雷

机 械 工 业 出 版 社

本书利用焊接工程应用案例的讲述，将学生引入焊接科学技术的殿堂。然后，介绍了熔焊、压焊、钎焊等基本焊接方法、特点以及焊接的基础知识，论述了焊接工程安全以及焊接操作安全，明确了焊接科学要解决的问题，讲述了激光焊、电子束焊、超声波焊等焊接新技术，介绍了计算机焊接数值模拟，以及机器人焊接、增材制造等智能焊接制造技术等。最后简要介绍了中国焊接专业高等教育的发展历程、焊接人才培养的目标等。

本书是普通高等教育焊接技术与工程专业、材料成型及控制工程专业（焊接方向）入门教材，也可作为焊接专业知识的普及教材。

图书在版编目（CIP）数据

焊接制造导论/胡绳荪主编. —北京：机械工业出版社，2018.8
（2025.1重印）

普通高等教育"十三五"重点规划教材

ISBN 978-7-111-60372-6

Ⅰ.①焊… Ⅱ.①胡… Ⅲ.①焊接-高等学校-教材 Ⅳ.①TG4

中国版本图书馆 CIP 数据核字（2018）第 146480 号

机械工业出版社（北京市百万庄大街22号　邮政编码100037）
策划编辑：冯春生　责任编辑：冯春生　张丹丹
责任校对：王明欣　封面设计：路恩中
责任印制：单爱军
北京虎彩文化传播有限公司印刷
2025 年 1 月第 1 版第 7 次印刷
184mm×260mm · 13.75 印张 · 334 千字
标准书号：ISBN 978-7-111-60372-6
定价：36.00 元

电话服务　　　　　　　　　　　网络服务
客服电话：010-88361066　　机　工　官　网：www.cmpbook.com
　　　　　010-88379833　　机　工　官　博：weibo.com/cmp1952
　　　　　010-68326294　　金　书　网：www.golden-book.com
封底无防伪标均为盗版　机工教育服务网：www.cmpedu.com

前　言

随着《中国制造2025》的提出，我国制造业得到了快速发展，正在逐步实现制造强国的"中国梦"。焊接制造作为机械制造中的重要技术之一也得到了迅速发展，不仅广泛地应用于大国重器、超级工程中，而且渗透到各行各业的制造领域。因此，需要高等院校培养更多的焊接科学技术人才。为了满足高等院校新生入学后对专业的认识与认知，我们编写了本书。

本书是普通高等教育焊接技术与工程专业、材料成型及控制工程专业（焊接方向）的入门教材。本书通俗易懂，既考虑了内容的广度与科学性，同时也注意了内容的通俗性、科普性以及先进性，力求满足不同层次读者的需求。

本书从焊接工程应用案例讲起，将学生引入焊接科学技术的殿堂。然后介绍了熔焊、压焊、钎焊等基本焊接方法与特点以及焊接的基础知识，论述了焊接工程安全以及焊接操作安全，明确了焊接科学要解决的问题，讲述了激光焊、电子束焊、超声波焊等焊接新技术，介绍了计算机焊接数值模拟，以及机器人焊接、增材制造等智能焊接制造技术等，最后简要介绍了中国焊接专业高等教育的发展历程、焊接人才培养的目标等。希望通过对本书的学习，使学生对焊接专业的知识体系、学习内容、学习方法和就业前景、职业发展有比较系统、清晰的认识，能够坚定信念、明确目标、激发兴趣，做好自己的学习规划与职业生涯规划。

本书是由天津大学从事焊接专业教学的一批教师集体编写完成的。本书共分7章，作为本书主编的胡绳荪教授负责编写第1章、第3章、第7章以及全书统稿的工作；王志江副教授编写了第2章的2.1、2.2和2.3节以及第5章的5.1、5.2.2、5.3和5.4节；王颖副教授编写了第2章的2.4和2.5节；邸新杰副教授编写了第4章的4.1、4.3和4.4节；杨振文副教授编写了第4章的4.2节以及第6章的6.4节；龚宝明副教授、邓彩艳副教授编写了第4章的4.5节；崔雷讲师编写了第5章的5.2.1节；叶福兴教授编写了第5章的5.5节；龚宝明副教授、杨新岐教授编写了第6章的6.1节；杨立军教授编写了第6章的6.2节；申俊琦讲师编写了第6章的6.3节。

此外，上海锅炉厂有限公司的傅育文高级工程师、上海航天设备制造总厂的尹玉环高级工程师、天津航空机电有限公司程林工程师提供了焊接工程案例与照片。天津新港船舶重工有限责任公司的王莲教授级工程师对于焊接人才需求以及焊接工程师职责的论述给出了很好的意见与建议，在此一并表示衷心的感谢。

在本书的编写过程中，通过网络检索得到了相关内容信息，并应用到本书中，但是由于作者不详，没能给予标注，在此表示歉意，并对这些作者表示衷心的感谢。

由于编者的水平有限，本书难免有错误和不当之处，敬请读者批评指正。

编　者

目　录

什么是焊接?哪里需要焊接?如何焊接?焊接在国民经济建设、工业生产中的地位与作用如何?这一系列问题是刚刚踏入焊接科学技术殿堂的学生或读者所好奇与关心的。

本章简要介绍一些焊接应用的实例,在此基础上给出焊接的概念,并结合焊接发展的历史讲述焊接与社会需求、科学技术发展之间的关系,使读者对焊接有初步的认识。

1.1 焊接的应用

焊接作为一种制造加工方法与工艺,在机械制造、航空航天、石油化工、船舶制造、海洋工程、大型建筑、国防装备、微电子、日用产品等各个领域得到了广泛的应用。

图 1-1 所示为 2011 年建成的南京大胜关长江大桥,它代表了当时中国桥梁建造的最高水平,被誉为"世界铁路桥之最"。该桥全长 9273m,跨水面正桥长 1615m,桥梁钢结构的总量高达 36 万 t。从图 1-1 可以看到,钢结构的焊接是该桥梁的主要制造方法。

图 1-2 所示为北京新机场的局部网架结构。北京新机场航站楼是世界上规模最大、技术难度最高的单体航站楼,由主航站楼核心区和向四周散射的五个指廊组成,整体呈凤凰造型。航站楼钢网架结构由支撑系统和屋盖钢结构组成,形成了一个不规则的自由曲面空间,总投影面积达 31.3 万 m^2,大约相当于 44 个标准足球场,自重超过 5.2 万 t。该网架结构也是采用焊接方法进行加工的。

图 1-1　南京大胜关长江大桥

图 1-2　北京新机场的局部网架结构

2017 年 4 月 26 日,万众瞩目的国产 001A 航母正式下水,这是我国首艘完全自主研制的国产航母(图 1-3)。001A 航母的排水量约 6 万 t,航母甲板采用了自动焊接技术,甲板非常平整,焊接质量好。

汽车制造业已经成为我国重要的经济建设支柱产业之一,而焊接是汽车制造中的重要加工方法，仅汽车车身就有几千个电阻焊焊点。为了提高汽车制造的柔性化，现在汽车制造厂都是采用机器人电阻点焊，通过改变机器人运动与焊接程序就可以适应不同型号汽车的焊接要求。图 1-4 所示为汽车铝合金车身的机器人电阻点焊。

图 1-3　国产 001A 航母

图 1-4　汽车铝合金车身的机器人电阻点焊

　　除了比较庞大的工程结构需要焊接以外，人们的日常生活中也离不开焊接。图 1-5 所示为自行车车架焊接接头。图 1-6 所示为注射器，你能想象注射器针头在制造中是如何采用焊接技术的吗？

图 1-5　自行车车架焊接接头

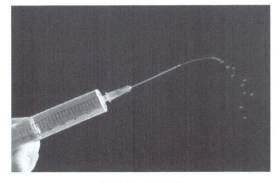

图 1-6　注射器

　　中国是世界第二大经济体，中国制造正在发展为中国创造，一大批中国人引以为傲的标志性工程展现在世人面前，而这些标志性工程都离不开焊接。走进这些标志性工程，可以更深地感受到焊接科学技术的发展。

1. 焊接在航天运载火箭制造中的应用

　　60 多年来，中国航天事业从无到有、从小到大、从弱到强，走出了一条具有鲜明中国特色的发展道路。今日的中国，卫星、宇宙飞船、空间站被送入太空，而这些都离不开焊接。

　　众所周知，中国航天事业的标志性成果之一就是长征系列运载火箭。"长征五号"目前是我国运载能力最大的火箭之一，图 1-7 所示为"长征五号"运载火箭。"长征五号"运载火箭外形巨大，芯级直径达 5m，四个助推器直径为 3.35m，而长征系列的其他火箭箭体芯级直径最大的只有 3.35m。

大火箭的结构主要是一个薄壁圆柱壳体，由蒙皮、纵向和横向的加强件构成。"长征五号"火箭是液体火箭，由头部整流罩、液氧箱（氧化剂贮箱）和液氢箱（燃烧剂贮箱）、级间段、发动机、助推器等部分组成，其结构如图1-8所示。

图 1-7 "长征五号"运载火箭

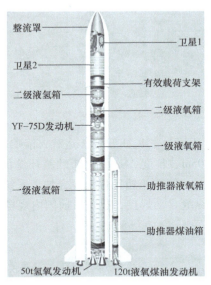

图 1-8 火箭结构示意图

贮箱是火箭的关键结构件，用来贮存燃料。图1-9所示为运载火箭贮箱结构示意图，主要由箱底、筒段等部件焊接而成。有筒段纵缝、贮箱环缝、箱底纵缝和箱底环缝等主要焊缝。

"长征五号"采用无毒无污染的-183℃的液氧和-252℃的液氢作为推进剂，因此它还有个形象的称谓，叫"冰箭"。这些超低温的液态推进剂就分别贮藏在巨大的箭体贮箱内。贮藏液体燃料推进剂的贮箱必须具有很好的密封性，因此需要采用焊接制造。如果焊接的贮箱出现了裂缝，导致火箭在飞行中发生破裂，燃料供给就会出现问题，整个火箭也会失稳，火箭发射就会失败。因此贮箱的焊接要求是非常高的。"长征五号"运载火箭的贮箱采用新型铝合金材料，贮箱直径达5m。为减轻自重，箱体最薄的地方只有几毫米，属于大直径、薄壁低温贮箱，其焊接难度是非常高的。中国航天人团队经过三年反复研究、试验，最后通过改善受力设计和焊接工艺的综合办法攻克了该结构的焊接制造难题。

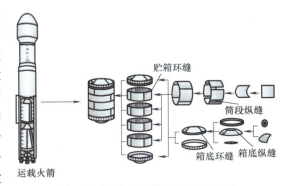

图 1-9 运载火箭贮箱结构示意图

"长征五号"运载火箭贮箱主要采用了变极性钨极氩弧焊（简称VPTIG）等焊接方法，并设计了专用的焊接工装夹具，应用自动焊接技术，实现了高质量的火箭贮箱焊接。图1-10所示为大火箭总装现场，图1-11所示为第一个"长征五号"火箭贮箱。

图 1-10　大火箭总装现场

图 1-11　大火箭贮箱

图 1-12 所示为"长征五号"运载火箭贮箱环缝自动焊接系统，该自动焊接系统可以实现最大直径 5.05m、长度 24m 大火箭贮箱环缝的变极性钨极氩弧自动焊接。图 1-13 所示为"长征五号"运载火箭贮箱箱底焊铣复合加工系统，该系统实现了直径为 5m 贮箱箱底瓜瓣变极性钨极氩弧焊纵缝自动焊接，也是目前国内规模最大的一台氩弧焊、铣削复合加工设备。

图 1-12　"长征五号"运载火箭贮箱环缝自动焊接系统

图 1-13　贮箱箱底焊铣复合加工系统

大火箭离不开大推力，"长征五号"火箭需要大推力发动机。图 1-14 所示 4 台全新的 YF-77 氢氧发动机安装在一级和二级火箭上，图 1-15 所示 8 台全新的 120t 液氧煤油 YF-100 发动机被装配在 4 个助推器上。

火箭发动机的制造同样离不开焊接。在火箭发动机的喷管上，有数百根空心管线，管壁的厚度只有 0.33mm，需要通过 3 万多次精密的填丝钨极氩弧焊接（简称填丝 TIG 焊），才能把它们编织在一起。这些细如发丝的焊缝加起来长度超过了 1600m。而最"要劲儿"的是，每个焊点只有 0.16mm 宽，完成焊接允许的时间误差是 0.1s。发动机是火箭的心脏，一小点焊接瑕疵都可能导致一场灾难，为了保证一条细窄而"漫长"的焊缝质量，整个焊接过程中要求操作者必须发力精准，心平手稳，保持住氩弧焊枪、焊丝与焊件的恰当角度，才能让焊缝均匀，不出现焊接缺陷。图 1-16 所示为中央电视台《大国工匠》报道的高凤林进行发动机喷管焊接的情况。

2. 焊接在高铁列车制造中的应用

2017 年 6 月具有完全自主知识产权、按照达到世界先进水平的中国标准制造的"复兴号"（图 1-17）动车组率先在京沪高铁两端双向首发，这标志着我国铁路成套技术装备，特别是高速动车组已经走在世界前列。

图 1-14　YF-77 氢氧发动机　图 1-15　YF-100 发动机　　图 1-16　发动机喷管焊接

　　图 1-18 所示为铝合金车体生产车间。机车主要由车体、转向架、车下车顶设备、车内设备四部分组成。

图 1-17　"复兴号"动车组　　　　　　图 1-18　铝合金车体生产车间

　　图 1-19 所示为不带驾驶室车辆车体的基本结构与组成示意图。车体主要由车顶、车侧墙、端墙与底架组成。

　　车体大量采用了不同断面的铝合金大截面中空挤压型材，即型材中间是空的，两个面之间夹支撑的肋板（图 1-20），从而可以减轻车体的自重。铝合金型材最薄的地方为 1.5mm，最厚的地方为 4mm。铝合金薄板焊接具有较大的难度，如何进行高效率、高质量铝合金车体焊接是动车生产必须要解决的技术问题。

　　铝合金车体焊接通常分为车体大部件自动焊、小部件自动焊和总组成自动焊。大部件自动焊是指车顶板、平顶板、地板、车顶及侧墙自动焊；小部件自动焊是指端墙、车头、隔墙等自动焊；总组成自动焊一般指侧墙和车顶、侧墙和底架连接缝自动焊。

　　一辆动车有近万条焊缝，没有哪条是不重要的。采用的焊接方法主要是熔化极惰性气体保护焊（简称 MIG 焊）等。图 1-21 所示为车体板材自动切割系统，采用了双机器人等离子切割。

　　图 1-22 所示为车体机器人 MIG 焊系统，采用双机器人进行平焊位置的焊接。图 1-23 所示为车身小部件柔性机器人焊接系统，采用了机器人与旋转变位机协同运动控制，可以完成车身侧梁定位臂和横梁的焊接。采用机器人焊接大大减少了人为因素的影响，提高了焊接质量与效率。

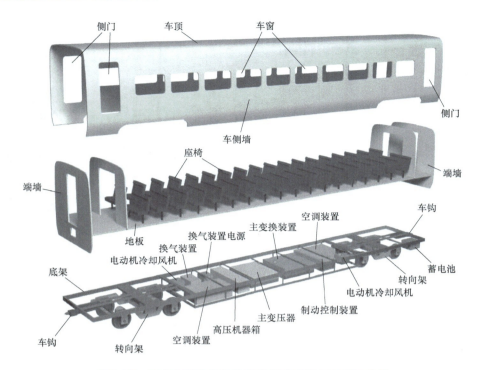

图 1-19　不带驾驶室车辆车体的基本结构与组成示意图

图 1-20　铝合金型材

图 1-21　车体板材自动切割系统

图 1-22　车体机器人 MIG 焊系统

图 1-23　车身小部件柔性机器人焊接系统

对于高铁动车组来说，转向架是承载50t整车质量的关键，对动车高速运行安全具有重要影响。一个转向架通常安装两对车轮与两台电动机。图1-24所示为动车转向架。

转向架焊接决定着转向架焊接结构的强度与疲劳性能，是高速动车组的核心技术之一。转向架的材料主要是耐大气腐蚀钢，采用自动或半自动熔化极活性气体保护焊接（简称MAG焊）工艺，保护气体选用混合保护气体［80%Ar+20%CO_2（体积分数）］。

图1-25所示为《大国工匠》介绍的高级技师李万君采用半自动MAG焊进行动车转向架的焊接。图1-26所示为不同的机器人焊接系统进行转向架及其构件的自动MAG焊。

图 1-24　动车转向架

图 1-25　动车转向架半自动 MAG 焊

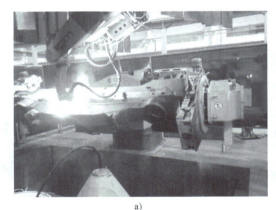

a)　　　　　　　　　　　　　　　　　b)

图 1-26　转向架及其构件的自动 MAG 焊

a）转向架机器人自动焊接　b）龙门式转向架机器人自动焊接

3. 焊接在港珠澳大桥制造中的应用

图1-27所示为建造中的港珠澳大桥。港珠澳大桥是一座跨海大桥，是连接香港、珠海、澳门的超大型跨海通道，全长55km，是世界最长的跨海大桥，也是我国的超级工程之一。

港珠澳大桥是国内首个大规模使用钢箱梁的外海桥梁工程，钢箱梁的用钢量超过42万t。钢箱梁采用分段预制，预制好的钢箱梁在现场最终完成拼装焊接。钢箱梁制造的90%工作量都在车间中完成，实现了大型化、标准化、工厂化、装配化的大型桥梁建设理念。分段钢箱梁的长度超过130m，宽度约33m，质量接近3000t。

图1-28所示为钢箱梁标准段示意图。在钢箱梁预制中采用了大量的自动焊接，焊接方

法主要是细丝埋弧焊、CO_2 气体保护电弧焊，并且选用了药芯焊丝，使得焊接效率与焊接质量得到极大的提升。

图 1-29 ~ 图 1-33 所示分别为钢箱梁 U 形肋板、肋板、横隔板等组对与焊接系统。由这些自动化焊接系统可以看到，焊接机器人得到了广泛的应用。

图 1-34 和图 1-35 所示分别为分段钢箱梁横、纵隔板以及顶板拼装现场。通过拼装完成钢箱梁的分段预制。

图 1-27　建造中的港珠澳大桥

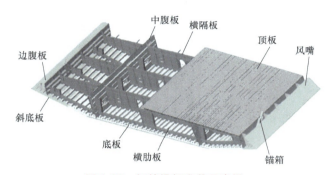

图 1-28　钢箱梁标准段示意图

图 1-29　U 形肋板自动组对系统

图 1-30　U 形肋板自动焊接

图 1-31　肋板焊接

图 1-32　横隔板安装

图 1-33　横隔板自动焊接

图 1-36 和图 1-37 所示分别为分段预制的钢箱梁海上吊装、港珠澳大桥"合龙"。

图 1-34　钢箱梁横、纵隔板拼装

图 1-35　钢箱梁顶板拼装现场

图 1-36　钢箱梁海上吊装

图 1-37　港珠澳大桥"合龙"

4. 焊接在日常生活中的应用

焊接不仅在国家经济建设重大工程中得到广泛的应用，在人们的日常生活中也离不开焊接。特别是在电子产品飞速发展的今天，人们生活中到处都可以见到焊接。下面再以人们日常生活中常用的双层不锈钢保温杯和电子产品的焊接为例进行介绍。

（1）不锈钢保温杯的焊接　不锈钢保温杯由内外双层不锈钢制造而成，利用焊接技术把内胆和外壳结合在一起，再用真空技术把内胆与外壳夹层中的空气抽出来，以达到真空保温的效果。图 1-38 所示为不锈钢保温杯。

a)

b)

图 1-38　不锈钢保温杯

a）保温杯　b）内胆与外壳

内胆与外壳焊接的部位一般是在保温杯的杯口，所采用的焊接方法可以是钨极氩弧焊（简称 TIG 焊），也可以是激光焊。图 1-39 所示为不锈钢保温杯焊接。

a)　　　　　　　　　　b)　　　　　　　　　　c)　　　　　　　　　　d)

图 1-39　不锈钢保温杯焊接

a）TIG 焊接　b）TIG 焊后　c）激光焊接　d）激光焊后

对比 TIG 焊和激光焊两种焊接方法，都采用了自动焊接，被焊的保温杯安装在自动转台上，焊枪（TIG 焊枪或激光焊枪）到达焊接位置后保持不动，而被焊的保温杯旋转一周完成焊接。与 TIG 焊相比，激光能量更加集中，焊缝窄，焊接质量高，焊接速度是 TIG 焊接的 5 倍以上，焊接效率高。但是，激光焊设备比 TIG 焊设备造价高，一次性投资大。

（2）电子产品制造中的焊接　21 世纪的今天，人们已经离不开电子产品了，诸如手机、计算机等（图 1-40）。而这些电子产品在组装过程中都离不开焊接。焊接质量的好坏，直接影响电子电路及电子装置的工作性能。优良的焊接质量，可为电子产品提供良好的稳定性、可靠性，不良的焊接会导致电子元器件损坏，或者留下隐患，影响电子产品的可靠性。随着电子产品复杂程度的提高，使用的电子元器件越来越多，有些电子产品（尤其是大型电子设备）要使用几百上千个元器件，焊点数量则成千上万，而一个不良焊点就会影响整个产品的可靠性。

a)　　　　　　　　　　b)　　　　　　　　　　c)

图 1-40　电子产品

a）计算机　b）手机　c）线路板

电子产品主要采用钎焊方法进行焊接。所谓钎焊就是采用比焊件熔点低的材料作为钎料，将焊件和钎料加热到高于钎料熔点，低于焊件熔化温度，利用液态钎料润湿焊件，填充焊件连接处的间隙并与焊件相互扩散实现连接焊件的方法。钎焊的方法有很多，最简单的就是烙铁钎焊。烙铁钎焊就是利用烙铁头积聚的热量来熔化钎料（如锡铅钎料），并加热钎焊处的焊件而完成钎焊接头的钎焊方法。图 1-41 所示为烙铁钎焊。除此之外还有波峰焊、回流焊等。图 1-42 所示为将组装好的线路板送入波峰焊机实施自动焊接。

图 1-41　烙铁钎焊

图 1-42　波峰焊

1.2　焊接概述

通常认为焊接属于机械制造中的热加工工艺，通过焊接使分离的焊件连接在一起，制造出所需要的工程结构。在焊接制造过程中要保证产品的外形尺寸及使用性能。

1. 焊接的基本概念

焊接是指通过适当的手段，使分离的物体（同种或异种材料）产生原子（或分子）间结合而成为一体的连接方法。

也可以说，焊接是通过适当的物理、化学过程使两个（或多个）分离的物体产生原子（或分子）间的结合力而结合成一体的连接方法。

2. 焊接的基本方法

为了使分离物体产生原子（或分子）间结合而成为一体，一般采用的基本方法有：

（1）固体熔化形成液体　通常采用加热的方法，使焊件连接部位产生局部熔化（如果有填充材料，填充材料也受热熔化），通过分离焊件局部熔化的液体相互混合，形成统一的液体（称为焊接熔池），达到焊件原子（或分子）间的结合。焊接熔池冷却结晶形成固体焊缝，达到永久连接（图 1-43）。这种焊接的典型特征是焊件连接处发生局部熔化形成液体，因此，称为熔焊。熔焊是最常用的一种焊接方法，常见的焊条电弧焊、气体保护电弧焊、激光焊、电子束焊等都属于熔焊。

（2）固体产生塑性变形　在压力作用下，使分离物体的连接部位产生局部的塑性变形，两个固体物体的连接界面达到了几十纳米的距离，产生原子（或分子）间的结合力而连接在一起。这类焊接属于固相焊接，其典型特征是在压力作用下，被连接部位产生塑性变形实现焊接，因此也称为压焊。

图 1-44 所示为采用压力钳使两铜线的端部产生塑性变形形成焊接接头，其焊接方法属于典型的塑性变形焊接方法，称为冷压焊。

图 1-43　熔焊

　　为了使分离物体容易产生塑性变形，往往采取辅助加热方式，但是焊件连接处的局部加热需要控制在一定温度内，不能产生熔化现象。常见的电阻焊、摩擦焊等都属于该种焊接方法。

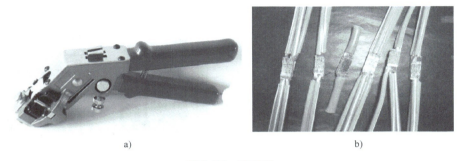

图 1-44　冷压焊

a）压力钳　b）铜线接头

　　（3）**固体之间的原子（或分子）相互扩散**　当分离的物体在一定温度和压力作用下（未产生塑性变形）无限接近，使分离物体在结合处发生原子（或分子）的相互扩散，实现了连接。

　　图 1-45 所示为发动机用 Ni3Al 高温合金材料进行扩散焊接。图 1-45a 显示了两个焊件放置在真空室内，通过加压装置的压头压紧焊件，使分离的焊件紧密接触（图 1-45b），并利用真空室内的加热片对焊件进行加热。在压力与热的作用下，通过一定的时间，焊件在结合面及其附近区域发生原子（或分子）之间的相互扩散，从而实现连接。

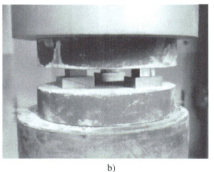

图 1-45　扩散焊接

a）扩散焊真空室　b）焊件受压

　　采用该方法焊接时，焊件需要加热、加压，并需要保持一定的时间，物体加热需要控制在一定温度范围之内，焊件既不发生熔化，也不产生塑性变形，依赖于无限接近物体的原子（或分子）相互扩散，因此被称为扩散焊，也属于固相焊接。

　　扩散焊典型特征之一也是在压力作用下实现的焊接，因此，通常也把它归为压焊。扩散焊的另一个典型特征，就是与其他压焊方法相比，焊接过程需要较长的时间。

　　（4）**填充并熔化第三种材料**　在分离的被焊物体的中间增加第三种材料，并加热熔化，而被焊物体不熔化，该种方法被称为钎焊，第三种材料称为钎料，其熔点低于被焊物体的熔点。在焊接过程中，被焊物体与熔化的钎料之间形成固液界面，熔化的钎料填充到被焊物体的连接缝隙中，与被焊物体发生原子（或分子）的扩散，液体冷凝结晶完成连接。图 1-46 所示为采用火焰加热方法实施钎焊，在焊接过程中，用火焰加热被焊的钢管与黄铜类钎料，钎料熔化，而被焊钢管不熔化。

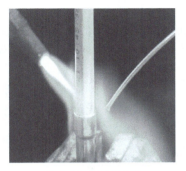

图 1-46　火焰钎焊

钎焊的典型特征就是填充的钎料熔化，而被焊物体不熔化。该方法在异种材料、难熔材料连接时应用较多。

根据加热的热源不同，可以分为火焰钎焊、烙铁钎焊、激光钎焊和高频钎焊等。

通过分析，可以得出焊接的一般性概念：焊接是指通过加热、加压或者既加热又加压的方法，使分离的物体（同种或异种材料）产生原子（或分子）间结合而成为一体的连接方法。

3. 焊接的特点

焊接是一种制造方法与工艺，最主要的功能是进行材料的连接。焊接具有以下主要特点：

（1）焊接是一种不可拆卸的连接方法　焊接是通过加热或加压，或者两者并用，并且用或不用填充材料，使焊件达到原子（或分子）结合的一种加工方法，是一种把分离物体连接成为不可拆卸的一个整体的加工方法。

除焊接外，常用连接方法还有螺栓、螺钉连接以及铆接。螺栓、螺钉连接以及铆接属于机械连接。机械连接一般被认为是可拆卸的连接。铆接在某种意义上也可以认为是不可拆卸的连接，图 1-47 所示为天津解放桥，该桥建于 1926 年，是全铆接结构。但是，分离物体通过铆接并没有形成一个整体，因此，如果根据需要去掉铆钉，被连接的物体基本可以恢复到铆接前的状态。而焊接结构一般只能采取破坏的手段才能分离，而且焊件不可能恢复到焊接前的状态。

（2）焊接可以节省材料，使结构轻量化　分离物体采用机械连接时，其结构必须采用搭接形式，同时还需要螺栓、铆钉等机械连接件。采用焊接时，分离物体可以采用对接等形式实现连接，不需要机械连接件，因此，焊接结构具有省材、结构轻量化等特点。

（3）焊接具有很好的密封性　采用焊接制造的结构，连接焊缝可以是连续的，而且实现了原子（或分子）间的结合间，因此，具有很好的密封性。对于密封容器，往往选用焊接制造。

（4）焊接可以化大为小、以小拼大　在制造大型结构件或复杂的构件时，可以化大为小、化复杂为简单的方法分段制造，然后用焊接方法将分段制造的构件连接在一起形成最终的产品。目前经常采用铸-焊、锻-焊联合工艺生产大型或复杂零件。图 1-48 所示为采用大型锻-焊联合工艺制造的加氢反应器在进行总装焊接。

（5）焊接可制造双金属结构　用焊接方法可以制造不同材料组合的结构、零件或工具，从而充分发挥不同材料各自的性能。例如，对于一些直径较大的钻头，可以选用普通的钢材作为钻柄，用特殊的钢材作为钻头的切削部分，这样，既可以提高钻头的性能，又可以降低成本。

（6）**焊接接头往往是结构的薄弱点** 由于焊接过程往往会伴随着一系列的物理、化学变化，焊接接头的化学成分、显微组织结构会发生变化，导致接头的性能低于被焊材料，成为整个结构的薄弱点，因此，焊接在产品制造领域应用也具有一定的局限性。

图 1-47　天津解放桥　　　　　　　　　　图 1-48　加氢反应器焊接

4. 材料焊接应用的范围

焊接可以应用于各种工程结构中。焊接不仅可以用于金属材料的连接，也可以用于非金属材料的连接。既可以用于同种金属材料的连接，也可以用于异种金属材料的连接，还可以用于金属材料与非金属材料的连接。

图 1-49 所示为工程塑料管道焊接。在塑料管道焊接中采用电加热方式，使塑料管道口处软化，然后采用气动加压方式将两个塑料管压紧冷却完成连接。工程塑料管道与传统的铸铁管、镀锌钢管、水泥管等相比，具有节能节材、环保、轻质高强、耐腐蚀、内壁光滑不结垢、施工和维修简便、使用寿命长等优点，目前在城市给排水、城市燃气、电力和光缆护套、工业流体输送、农业灌溉等领域得到了广泛应用。

在陶瓷与金属连接技术中，常用的是钎焊和扩散焊。图 1-50 所示为大尺寸整体式陶瓷-金属焊接加速管。加速管是高压加速器的关键部件，其性能优劣关系到加速器能否正常运行。该加速管全长 850mm，由 41 块 ϕ180mm 的 95 陶瓷环和 40 片金属分压环经真空钎焊而成。

图 1-49　工程塑料管道焊接　　　　图 1-50　大尺寸整体式陶瓷-金属焊接加速管

图 1-51 所示为采用扩散焊制造的铜-钢复合冷却板。除了铜-钢异种金属焊接外，铜-铝、铝-钢、异种钛合金、异种钢、不锈钢等异种金属的焊接应用越来越广泛，所采用的焊接方

法有熔焊、扩散焊、钎焊等多种焊接方法。

除了金属、非金属材料焊接外，在这里特别介绍一下近年来开展的人体组织焊接研究。1996 年以乌克兰巴顿焊接研究所 B. K. Lebegev 院士为首的 30 多人研制小组，研究开发了人体组织焊接技术，2001 年成功应用于临床。人体组织焊接的原理就是通过热作用促使人体的蛋白质分子发生凝变。在人体外科手术时使用两极焊接钳，用高频低压电流破坏细胞膜，使其分解出凝结液体，然后对伤口处的组织进行压合，从而完成焊接过程（图 1-52）。一般

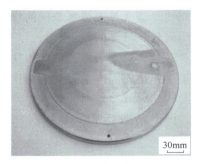

图 1-51　铜-钢复合冷却板

经过一个月左右，人体组织的形态结构就会完全恢复如初，手术处几乎难以发现。该技术具有术后不感染、愈合快和不留疤痕等特点。人体组织焊接技术是医学领域的"又一次革命"。

目前在乌克兰完成了 7 万多例临床手术，包括普通腹部手术、妇科手术、血管手术、直肠吻合手术、泌尿系统手术、眼科手术等。

从 2014 年起，我国医学科技人员与乌克兰在生物焊接方面开展了国际合作，对其原理及临床应用范围进行研究。通过大量实验与研究发现，在电流的调控下，人体蛋白能保持在一个变性前的温度点，就相当于从生鸡蛋变成熟鸡蛋的临界温度，在这一温度下，人体蛋白具有粘连性，能促进组织器官发生反应，从而连接在一起，实现自我修复。但不同组织器官的焊接温度点不同。目前我国的研究还仅限于肿瘤切除、外科软组织焊接这两个领域，应用范围比较有限。今后将逐步扩大其应用研究领域，将其应用于泌尿科、肝脏外科、妇产科等。图 1-53 所示为中国与乌克兰专家合作开展研究。

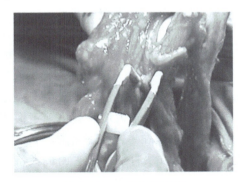

图 1-52　人体组织焊接

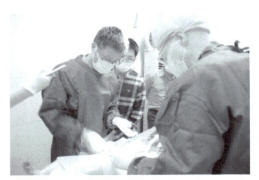

图 1-53　合作研究

5. 焊接的问题

对于实际工程结构，特别是大型工程结构，采用的焊接通常是熔焊，被连接物体的接缝称为焊缝，焊缝的两侧在焊接时会受到焊接热作用，这一区域被称为热影响区（图 1-54）。

由于焊接过程中存在着大量的物理、化学变化，焊后的焊缝会产生化学成分的变化；在不同能量、不同模式的焊接热作用下，焊缝和热影响区也会发生显微组织的变化。化学成分、显微组织的变化都

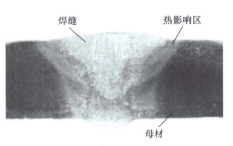

图 1-54　焊接接头横截面

可能使焊缝或焊接热影响区的性能低于焊件材料原有的性能，成为工程结构的薄弱环节以及结构失效、破坏的源点。

另外，被连接物体的熔焊往往是一个局部快速加热和冷却的过程，被连接物体的焊接区由于受到物体周围没有受到热作用部分的拘束，而使得焊接区热胀冷缩的物理变化受到约束和限制，导致冷却后的焊件中产生应力和变形，从而会影响焊接结构的形状精度与承载能力。图 1-55 表现了焊件的焊接变形。

a)   b)

图 1-55　焊件焊接变形

a）厚板对接角变形　b）H 型钢翼缘板焊接角变形

其他焊接方法同样存在着焊接接头性能的弱化、焊后焊件中存在焊接应力与变形的情况。

降低焊缝及热影响区性能弱化，保证焊接结构成形精度等问题，以及提高焊接效率、降低焊接成本、改善焊接环境、保证焊接安全等都是焊接科学技术人员的职责与任务。

1.3　焊接的发展

焊接技术可以追溯到几千年前的青铜器时代，在人类早期工具制造中，无论是中国还是当时的埃及等文明地区，都能看到焊接技术的雏形。公元前 3000 多年古埃及就出现了锻焊技术，所谓锻焊就是将金属加热后，用锤子击打，使被焊金属连接在一起。著名的叙利亚大马士革刀可以追溯到中世纪（约 476~1453 年），就是采用锻焊方法打造的。它的最大特点是刀身布满各种花纹，如行云似流水，美妙异常。它是取不同硬度的钢材多层堆叠起来，然后经过反复的加热、锻打，最后成形的。图 1-56 所示为锻焊成形过程。

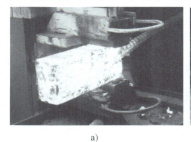

a)   b)   c)

图 1-56　锻焊成形过程

a）锻焊加工　b）锻焊成形　c）锻焊成形花纹

公元前 2000 多年中国的殷商年代制造的铁刃铜钺就是铁和铜的铸焊件。所谓铸焊就是把分铸的部件用铅锡合金或铜铸焊在一起。据明朝宋应星所著《天工开物》记载：中国古代将铜和铁一起入炉加热，经锻打制造刀、斧；用黄泥或筛细的陈久壁土撒在接口上，分段锻焊大型船锚（图 1-57）。

图 1-58 所示为出土的春秋战国时期（公元前 770～公元前 221 年）曾侯乙墓中的建鼓铜座。铜座用青铜制作，由 8 对曲旋盘绕的龙组成，像火焰升腾的形状。该铜座是分段钎焊连接而成的，其钎料与现代软钎料成分相近。

图 1-57 《天工开物》中大型船锚的锻焊

图 1-58 建鼓铜座

古代焊接技术长期停留在较原始的水平，只能用以制作装饰品、简单的工具和武器。近代真正意义上的焊接技术起源于 1880 年左右电弧焊方法的问世。1801 年英国的 Humphry Davy 使用电池在两个碳极之间生成了电弧。1881 年法国 Cabot（卡伯特）实验室的 De Meritens 发明了最早期的碳弧焊机，利用电弧产生的热量成功地焊接了蓄电池用铅板，从此揭开了现代焊接技术发展的大幕。经过 100 多年的发展，焊接技术已经成为现代制造技术中不可或缺的技术。

纵观近代、现代焊接技术的发展，与当时工业、科学技术的发展密切相关。根据各种焊接方法出现的背景与时间，可以看出，近代焊接技术的发展主要经历了以下几个阶段。

1. 近代焊接技术发展的第一个重要阶段

近代焊接技术发展的第一个重要阶段起源于 19 世纪 70 年代的第二次工业革命，该阶段的重要标志是电力的发展和应用。工业应用最为广泛的电弧焊、电阻焊方法正是起源于这一阶段。

在 1881 年的巴黎首次世界电器展上，俄罗斯人 N. Benardos（法国人 De Meritens 的学生）在碳极和焊件引弧，填充金属棒使其熔化，首次展示了电弧焊方法。N. Benardos 和另一个俄罗斯人 S. Olszewski 在 1885 年获得了一项英国专利权，在 1887 年获得了一项美国专利权。这些专利涉及的是一种早期的电极夹，他们的研究标志着碳弧焊的开端。19 世纪末 20 世纪初，碳弧焊开始得到广泛应用。

1890 年，美国人 C. L. Coffin 首次使用光焊丝作为电极进行了电弧焊接。1900 年，英国人 Strohmyer 发明了薄皮涂料焊条。1904 年瑞典人 O. Kjellberg 建立了世界上第一个焊条厂——ESAB 公司的 OK 焊条厂。当他在使用电弧焊方法修理船上的蒸汽锅炉时注意到，焊缝上到处是气孔和小缝，根本不可能防水。为了改善焊缝质量，O. Kjellberg 发明了厚药皮焊条，并于 1907 年获得专利。采用厚药皮焊条进行电弧焊，大大改善了焊接质量，电焊技术得到突破，使焊条电弧焊真正进入了实用阶段，一直沿用到今天。

1919 年美国人 C. J. Holslag 首次将交流电用于焊接，但这一技术直到十年后才得到广泛应用。1920 年美国的诺布尔利用电弧电压控制焊条送给速度，制成了自动电弧焊机，成为最初的自动焊，开创了焊接机械化、自动化的先河。

1917 年第一次世界大战期间，人们使用电弧焊修理了 109 艘从德国缴获的船用发动机，并使用这些修理后的船只将 50 万美国士兵运送到了法国。位于美国马萨诸塞州的 Webster & Southbridge 电气公司使用电弧焊设备焊接了 11mile（1mile = 1609.344m）长、直径为 3in（1in = 0.0254m）的管线。1920 年第一艘全焊接船体的汽船 Fulagar 号在英国下水，第一艘使用焊接方法制造的油轮 Poughkeepsie Socony 号在美国下水。1927 年由 Lindberg 单独驾驶的单翼飞机成功地飞过了大西洋，该飞机机身是由全焊合金钢管结构组成的。1931 年由焊接工艺制造的全钢结构的帝国大厦建成。1933 年第一条使用电弧焊工艺焊接的接头采用无衬垫结构的长输管线铺成（图 1-59）。同年，世界上最高的悬索桥旧金山的金门大桥建成通车，它是由 87750t 钢材焊接拼成的（图 1-60）。

图 1-59　第一条电弧焊长输管线

图 1-60　金门大桥

可燃气焊接发明于 1893 年。埃德蒙·戴维于 1836 年发现了乙炔，到 1900 年左右，由于一种新型气炬的出现，可燃气焊接开始得到广泛的应用。由于廉价和良好的移动性，可燃气焊接在一开始就成为最受欢迎的焊接技术之一，但是随着焊接新技术的发展，目前可燃气体的焊接大多被其他焊接方法代替，但是氧乙炔切割工艺目前在工业中还在广泛地应用。

首例电阻焊要追溯到 1856 年。英国物理学家 J. Joule 发现了电阻焊原理，他成功地用电阻加热法对一捆铜丝进行了熔焊。1885 年美国人 Elihu Thompson 造出了第一个焊接变压器，并在 1886 年获得了电阻焊机的专利权，电阻焊被应用于薄板的点焊以及缝焊。此后，Thompson 又发明了点焊机、缝焊机、凸焊机以及闪光对焊机。缝焊是压焊中最早的半机械化焊接方法，随着缝焊过程的进行，焊件被两滚轮推送前进。1912 年美国的 Edward G. Budd 公司生产出了第一个使用电阻点焊焊接的全钢汽车车身。

1919 年 Comfort A. Adams 组建了美国焊接学会（AWS）。1928 年，第一部结构钢焊接法规《建筑结构中熔焊和气割规则》由美国焊接学会出版发行，该法规是当代《D1.1 结构钢焊接规则》的前身。

国际焊接学会（IIW）成立于 1948 年，发起国是美国和法国，一些欧洲国家的焊接学会或焊接研究机构参加了 IIW，以后美洲、亚洲、非洲、大洋洲等国家陆续加入。中国 1964 年成立了焊接学会，同年加入了 IIW。IIW 是世界焊接界最高的国际学术组织，具有世界级的代表性和权威性，是中国焊接界进行国际交流最重要的渠道和场所，1994 年、2017 年国际 IIW 年会在中国召开。

1930 年苏联的罗比诺夫发明了使用焊丝和焊剂的埋弧焊，1935 年美国的 Linde Air Products 公司完善了埋弧焊技术。埋弧焊的焊丝兼有电极和填充金属的作用，电弧及熔池都处于焊剂形成的熔渣保护下，无明弧。埋弧焊的出现大大提高了焊接生产率，为长直焊缝的焊接提供了有效的机械化、自动化手段，大大减轻了焊接操作者的劳动强度，改善了焊接环境。

第二次世界大战时舰艇、飞机、坦克及各种重武器的制造采用了大量的焊接技术，1940 年第一艘全焊结构船体的 Exchequer 号在美国建成下水。第二次世界大战时期，铝、镁合金和合金钢在工业中得到了应用，对焊接提出了新的要求，特别是采用以往的焊接方法焊接铝、镁合金遇到了困难，航空业急需找到焊接铝、镁合金的方法。为此，美国开展了气体保护电弧焊的研究。1941 年美国人 Meredith 发明了钨极惰性气体保护电弧焊（TIG 焊），采用不熔化的钨电极与焊件之间引燃电弧进行焊接，采用惰性气体氦或氩作为保护气体。该种焊接方法适用于铝、镁及其合金的焊接。进而，用连续送入金属丝作为电极的熔化极惰性气体保护电弧焊（MIG 焊）工艺问世了，从而满足了铝、镁合金和合金钢的基本焊接需求。

2. 近代焊接技术发展的第二个重要阶段

近代焊接技术发展的第二个重要阶段出现在 20 世纪四五十年代的第三次工业革命。在此阶段中，能源技术、微电子技术、航天技术等领域取得了重大突破，从而也推动了焊接技术的发展。在这个阶段各个国家的焊接工作者开发了许多新的焊接方法。

1951 年苏联的巴顿电焊研究所发明了电渣焊，为大厚度焊件提供了高效焊接方法，解决了大型结构、厚板的焊接问题。

1953 年，苏联的柳巴夫斯基等人成功地用 CO_2 气体取代氩气，发明了 CO_2 气体保护电弧焊（活性气体保护电弧焊，MAG 焊）。它是以 CO_2 气体作为保护介质的电弧焊方法，以焊丝作为电极，以自动或半自动方式进行焊接。CO_2 焊接成本低，生产率高，适用范围广泛。但因电弧气氛具有较强的氧化性，易使合金元素烧损，引起气孔以及焊接过程中易产生金属飞溅，故必须采用含有脱氧剂的焊丝。目前 CO_2 气体保护电弧焊主要用于焊接低碳钢及低合金钢等黑色金属，对于不锈钢、高合金钢和有色金属则不适宜。

1956 年，美国人琼斯发明了超声波焊，苏联人丘季科夫发明了摩擦焊。1957 年苏联人卡扎克夫发明了扩散焊，20 世纪 50 年代末苏联研制出真空扩散焊设备。

1957 年美国人盖奇发明了等离子弧焊。等离子弧焊（PAW）是利用等离子弧作为热源的焊接方法，也属于气体保护电弧焊，气体由电弧加热产生离解，在高速通过水冷喷嘴时受到压缩，增大能量密度和离解度，形成等离子弧。与 TIG 自由电弧相比，等离子弧属于压缩电弧，电弧能量集中，其稳定性和温度都高于普通的电弧，熔透焊件的厚度大大增加。目前等离子弧焊广泛用于工业生产，特别是航空航天等军工和尖端工业技术所用的铜及铜合金、钛及钛合金、合金钢、不锈钢、钼等金属的焊接。等离子弧不仅用于焊接，还可以用于切割。

1957 年法国人施吉尔发明了电子束焊（EBW）。电子束焊是利用加速和聚焦的电子束轰击置于真空或非真空中的焊件所产生的热能进行焊接的方法。目前电子束焊广泛应用于航空航天、原子能、国防及军工、汽车和电气电工仪表等众多行业。

1960 年美国人 Maiman 发现了激光，1967 年日本的荒田吉明发明了连续激光焊。激光焊是以聚焦的激光束作为能源轰击焊件所产生的热量进行焊接的一种高效精密的焊接方法。激光焊技术发展非常迅速，特别是进入 21 世纪以后，激光焊已经在许多制造业得到应用，包括电子工业、造船工业、汽车工业等。激光也可以用于材料的切割。

等离子弧焊、电子束焊和激光焊方法的出现，标志着高能量密度熔焊的新发展，被称为高能束焊接，大大改善了材料的焊接性，使得许多难以用其他方法焊接的材料和结构得以焊接。

20 世纪 60 年代初，美国、英国、苏联等国家开展了爆炸焊理论与技术的研究，将 1944 年英国人 Carl 发明的爆炸焊技术应用到了工程实际中。爆炸焊属于固相连接，目前该技术在复合板加工中得到较多应用。

在 20 世纪 60 年代以后，更多的是将已经发明的各种焊接方法在工程实践中推广应用，在应用中不断地完善。例如，1962 年电子束焊首先在超音速飞机和 B-70 轰炸机上正式使用。1965 年应用焊接制造的阿波罗 10 号宇宙飞船登月成功。1967 年世界上第一条海底管线在墨西哥湾铺设成功，它是由美国的 Krank Pilia 公司使用热螺纹工艺及焊接工艺制造而成的。1968 年在芝加哥 John Hancock 中心的 22 层以上焊接制成了世界上最高的锐角形钢结构，其高度达到 1107ft（1ft = 0.3048m）。1983 年航天飞机上直径为 160ft（1ft = 0.3048m）的瓣状结构的圆形顶部，是采用埋弧焊和气体保护电弧焊方法焊接而成的（图 1-61），并使用了射线探伤机进行焊接检验。1984 年苏联女宇航员 Svetlana Savitskaya 在太空中使用电子束焊枪进行了空间焊接试验（图 1-62）。1988 年焊接机器人开始在汽车生产线中大量应用，等等。

图 1-61　航天飞机

图 1-62　太空焊接

1991 年英国焊接研究所（TWI）经过 10 年的研究，发明了搅拌摩擦焊，成功地焊接了铝合金平板，使摩擦焊技术得到了新的发展。搅拌摩擦焊属于固相焊接技术，采用这种焊接方法焊接金属材料，不用熔化就能接合并形成高质量焊缝。该焊接工艺不使用耗材，能源消耗少，是 20 世纪末期最重要的焊接创新之一，引起了广大焊接工作者的青睐，目前仍然有许多科技工作者正在开展相关焊接机理、各种材料搅拌摩擦焊接工艺及其工程应用的研究与技术开发。

3. 现代焊接技术的发展

进入到 21 世纪，随着科学技术的发展，焊接技术也得到快速的发展，主要表现在以下几个方面：

（1）**新材料及复合材料结构焊接技术** 21 世纪是材料迅速发展的时期，大量新材料的出现并在工程结构中得到应用，例如，超高强度钢、合金钢的发展与应用，铝合金、钛合金等轻金属材料的应用，使工程结构实现了轻量化，而使用性能得到提升。但是这些材料的焊接与传统碳钢的焊接有很大的不同，因此，新材料的焊接原理、焊接工艺研究与应用成为该时期焊接技术发展的重要内容之一。同时，一些焊接方法得到了发展，例如，适合于铝、镁合金焊接的正弦交流 TIG 焊发展成为方波交流 TIG 焊、变极性 TIG 焊，以及出现了变极性等离子弧焊、变极性 MIG 焊。21 世纪以来，为了充分发挥不同材料的性能，越来越多的结构采用了不同材料复合结构，使得异种材料的焊接研究与应用也是该时期焊接技术发展的重要内容之一，例如，低碳钢与低合金钢焊接、铜-铝焊接、铜-不锈钢焊接、铝-钢焊接、铝-镁合金的焊接等。异种金属的焊接研究与应用促进了各种焊接技术的发展。

（2）**高效焊接技术** 焊接在产品制造过程中的任务，一是要保证焊接质量，保证焊接结构的使用性能；再有就是要实现高效的焊接生产，降低成本。

21 世纪的焊接技术发展的重要趋势之一就是实现高效焊接。2000 年以后，越来越多的高效焊接技术得到了快速发展，例如，原来的埋弧焊、熔化极气体保护焊基本都是用一个焊丝作为熔化极，而目前双丝、多丝埋弧焊，双丝熔化极气体保护焊已经在生产企业得到广泛应用。再有，窄间隙焊接，包括窄间隙埋弧焊、窄间隙 TIG 焊、窄间隙 MIG 焊，甚至窄间隙激光焊都在工程中得到了应用，大大提高了厚板结构的焊接效率。图 1-63 所示为窄间隙热丝 TIG 焊。

复合焊接技术得到了飞速发展，最热门的复合焊接方法就是激光与电弧的复合焊接技术，有激光+TIG、激光+MIG，还有等离子弧+TIG、MIG+TIG、CMT+TIG 等。同时，一些传统的焊接方法经过改造也成为高效焊接方法，例如，传统的 TIG 焊经过改造，可以实现大熔深焊接的 K-TIG、TOP-TIG 焊接方法等。图 1-64 所示为激光电弧复合焊。

图 1-63 窄间隙热丝 TIG 焊

图 1-64 激光电弧复合焊

（3）**焊接自动化及机器人焊接技术** 随着工业产品的发展，焊接已经从生产毛坯发展到产品的最后一道制造工序，因此，对焊接的质量要求越来越高，传统的手工焊接技术已经远远不能满足要求，焊接机械化、自动化在 20 世纪末期就已经成为焊接技术发展的重要内容，大多数新的焊接方法都是基于自动化焊接，比较突出的就是搅拌摩擦焊技术。

随着产品对焊接自动化要求的提高，各种焊接自动化专机与成套设备制造技术得到了快速提升，焊接传感器检测技术、焊接自动化机械装备设计与制造技术、焊接自动化控制技术、焊接数字化技术等得到了快速发展，越来越多的跨学科技术在焊接自动化中得到了集成与应用。

随着机器人的普及，机器人焊接在工程中的应用越来越多，最早是在汽车、工程机械制造领域，现在已经扩展到机车、造船、桥梁、航空航天、海洋工程等各行各业。机器人焊接不仅仅是用机器人代替人来操作，而是涉及焊接加工前期制备、焊接接头设计、焊接工艺、焊接设备、焊接管理等各个制造环节的变革，是实现数字化、智能化、网络化的基础。

4. 焊接技术发展的展望

进入 21 世纪，人类面临空前的全球能源与资源危机、全球生态与环境危机、全球气候变化危机的多重挑战，由此引发了第四次工业革命。第四次工业革命，是以互联网产业化、工业智能化、工业一体化为代表，以人工智能、清洁能源、无人控制技术、量子信息技术、虚拟现实以及生物技术为主的全新技术革命。

德国政府在 2013 年正式推出"工业 4.0"国家级战略，被舆论界认为将对推动"第四次工业革命"起着重要的作用。与此同时，美国先后出台"先进制造伙伴计划"和"先进制造业国家战略计划"等，旨在通过"工业互联网"战略，使制造业向智能化转型。同样，中国在 2015 年提出了"中国制造 2025"国家战略规划。无论是"工业 4.0""工业互联网"还是"中国制造 2025"，都描绘了未来工业的发展趋势，即使制造业向智能化方向发展，其技术基础为互联网、云计算、物联网和大数据等。

焊接技术是制造业中不可或缺的组成部分之一，是衡量工业化水平的重要指标，在第四次工业革命中势必得到飞速的发展。

（1）新焊接方法的出现与发展　众所周知，焊接需要能源，通过能源对被连接焊件的作用，使焊件接触部位达到原子（或分子）结合，从而使焊件连接在一起。新能源的发展，伴随着新的焊接方法、焊接工艺的诞生与发展。再有，随着新材料的不断出现，新材料在工程中的应用就需要焊接，传统的焊接方法不一定能解决新材料的焊接问题，因此，必将促进新的焊接理论、新的焊接方法与工艺的出现与发展。

（2）焊接的可控性　随着先进制造技术的发展，产品成形的精度与产品的使用性能要求越来越高，必然要求制造过程的可控性越来越强。具有现代工业特征的高精度控形和低损伤控性是焊接技术发展的新理念。但是，目前的焊接技术对于产品成形精度可控、使用性能可控还有很大的差距，特别是最常用的电弧焊接技术，由于其不确定因素较多，要实现焊接过程、焊接质量的可控，单纯依靠焊接科学技术的发展是很难实现的。因此，焊接技术与相关科学技术的交叉与融合，促进焊接控制技术的发展是今后焊接技术发展的重要内容之一，包括新的焊接方法与工艺、新的焊接结构设计理论、新的焊接控制理论与方法、新的焊接设备与控制装置、新的过程控制传感器与执行机构等。

（3）智能焊接制造技术　智能焊接制造是由智能机器和人类专家共同组成的人机一体化系统，它突出了在焊接制造诸环节中，以高度柔性与集成的方式，借助计算机模拟的人类专家的智能活动，进行分析、判断、推理、构思和决策，取代或延伸焊接制造过程中人的部分脑力劳动，同时，收集、存储、完善、共享、继承和发展人类专家的焊接制造智能。

在焊接制造过程的各个环节都要广泛应用人工智能技术，基于大数据以及自学习控制的焊接专家系统技术可以用于焊接工程结构设计、焊接制造工艺过程设计、焊接制造过程监测与实时控制、焊接生产调度、焊接故障诊断等。焊接制造过程具有复杂和不确定性，正是适合人工智能技术解决的问题，要使智能机器（例如，机器人）进行焊件电弧焊接时，不仅具有焊接前根据专家系统对于焊件的焊接具有良好的路径规划以及焊接工艺、焊接参数的确定能力，而且还具备焊接过程中对焊缝跟踪和焊接熔池动态行为的有效控制能力。目前已经有很多焊接科技工作者正在开展焊接过程的数学建模、计算机数值模拟及智能控制的研究，相信 21 世纪智能焊接制造技术会有大的突破。

智能焊接制造技术还包含数字化、网络化焊接制造技术。数字化焊接制造技术涉及数字化焊接设备、焊接工艺知识、传感与检测、信息处理、过程建模、过程控制器、机器人机构、采用智能化途径进行复杂系统集成的实施等。目前数字化焊接设备已经在工程中得到了应用，例如，数字化弧焊电源可以通过软件实现多种电弧焊接方法的焊接；可以根据被焊材料种类、板厚等，自动调取专家系统中的程序进行焊接；在熔化极气体保护电弧焊时，可以根据送丝速度对焊接电流与电压进行优化控制，实施自动调节等。

基于大数据的网络化焊接制造技术是基于信息技术、网络技术、计算机技术、控制技术、先进焊接制造技术，利用以因特网为标志的信息高速公路，灵活而迅速地组织各种焊接制造资源，实现产品高质量、高效率、低成本的焊接制造及生产管理。在大数据、网络技术支持下，突破空间对企业焊接技术、生产管理、经营范围和方式的约束，开展覆盖产品整个生命周期全部或部分环节的焊接产品制造与市场行为（如产品设计、制造、销售、采购、管理等）。网络化焊接制造系统是以分离的柔性焊接加工单元为子系统，分级建立不同子系统的计算机间通信链路，根据需要开展系统调度和优化管理，包括实现产品焊接路径和参数的离线编程、焊接过程信息检测与实时显示以及干预控制、焊接专家系统的应用、生产设备监控、材料消耗监测以及焊接生产数据的综合管理等。

1.4 课程学习目的和要求

本书是针对焊接技术与工程专业或者材料成型及控制工程专业（焊接方向）本科生的专业"导论"课程所编写的教材。通过"导论"课程的学习，使学生了解焊接在工程中的应用，掌握焊接的基本概念、基本原理和基本方法；了解焊接制造过程对环境和社会的影响，了解一个焊接工程师的任务和社会责任；了解焊接技术的发展和未来新技术的生长点，激发学生对焊接科学技术的兴趣。

通过本课程的学习，学生应该掌握焊接的基本概念、基本原理和基本方法；具有焊接安全、健康方面的意识，能够理解焊接新方法、新工艺、新装备的开发和应用对于环境、社会可持续发展的影响；使学生理解焊接工程师应具有的社会责任感。重点要让学生了解焊接在工程中的应用现状和发展趋势，使学生理解焊接技术的发展与科学技术的发展和国民经济建设的需求密切相关，能够认识自主学习和终身学习的重要性，指导学生通过文献检索，更多地了解焊接技术的现状和发展动态，对焊接科学技术产生浓厚的兴趣，为今后的专业学习奠定良好的基础。

复习思考题

1. 什么是焊接？焊接有哪些应用？说出我们身边的一些焊接应用。

2. 达到分离物体焊接的基本方法有哪些？与其他连接方法相比，焊接的特点有哪些？

3. 通过网络检索，了解更多的焊接工程应用实例，说明焊接在工程中的作用。

4. 焊接中容易出现的问题是什么？为什么焊接接头是工程结构的薄弱点？

5. 通过网络检索，了解世界焊接技术发展的大事记，思考焊接技术的发展与社会科技进步、社会需求的关系。

6. 思考焊接技术发展的未来与个人的学习、职业规划。

7. 学习本课程的目的与任务是什么？

基本焊接方法

通过焊接的概念可以知道，要使分离的物体达到原子或者分子之间的结合，往往需要采用加热、加压或者既加热又加压的方法。不同的加热热源、不同的加压方式也就决定了不同的焊接方法。不同的焊接方法适用于不同材料的焊接以及不同工程结构的焊接。在实际焊接中采用了哪些热源，采用了哪些加压方式，也就是采用了哪些基本的焊接方法是人们所关心的。

本章将重点介绍一些常用的、基本的焊接方法，通过基本焊接方法的焊接原理、焊接过程及特点的分析，了解不同的焊接方法的应用范围，为实际工程中选择焊接方法奠定基础。

2.1 基本焊接方法的分类

焊接方法的分类有很多种，常用的分类方法是根据焊接工艺特征进行分类，可以分为熔焊、压焊和钎焊三大类。图 2-1 所示为焊接方法分类，包含了常用的、基本的焊接方法。

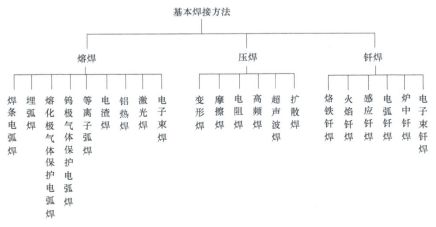

图 2-1 焊接方法分类

2.2 熔焊

熔焊也就是熔化焊，是将焊件在连接处进行局部加热熔化，熔化的液体形成了焊接熔池，焊接熔池冷却结晶形成焊缝，实现了分离材料原子或分子之间的结合。

熔焊的典型特点是采用热源对焊件连接处进行局部加热、熔化。

熔焊的热源有很多种，包括化学热源（铝热焊等）、电阻热源（电渣焊等）、电弧热源

（焊条电弧焊、熔化极气体保护焊、钨极氩弧焊、等离子弧焊、埋弧焊等）、高能束热源（激光焊、电子束焊等）等。其中，利用电弧进行加热的方法是应用最广泛的焊接方法，称为电弧焊。

本节重点介绍常用的电弧焊方法，因此首先要了解焊接电弧的概念。

1. 气体放电

图 2-2 所示为气体放电的物理实验装置。实验中可以看到，在高电压作用下，两电极之间，特别是在两电极距离最小处的电场强度很大，可以使该处空气电离而形成带电的粒子，发生气体导电，并伴随产生光和热，这就是两电极间的气体放电现象。这种气体放电的特点是高电压、小电流。

2. 焊接电弧

图 2-3 所示为焊接电弧现象，同样是两个电极之间的气体放电。图 2-3 中的焊条焊芯是一个电极，焊件是另一个电极，分别与焊接电源相连接，那么两个电极（焊条与焊件）之间具有一定的电压。在一定的条件下，焊条与焊件之间的气体会发生电离而形成带电粒子，在电场作用下带电粒子发生定向移动产生电流，同时产生光和热，形成了可见的焊接电弧。

焊接电弧的特点是低电压、大电流，产生的电弧热量大，足以用于熔化金属材料，因此被作为焊接热源得到广泛的应用。

图 2-2　气体放电的物理实验装置

图 2-3　焊接电弧现象

由此可以得出焊接电弧的概念：焊接电弧就是在一定电压的两电极（或电极与焊件）之间的气体介质产生强烈而持久的放电现象。

焊条和焊件之间的电弧在什么条件下可以引燃、稳定燃烧？有哪些焊接电弧？各种焊接电弧的导电机制、特性是怎样的？这些问题属于焊接电弧物理的内容，是焊接科学中的重要内容之一。随着专业知识的学习，学生应逐渐理解和掌握。

2.2.1　焊条电弧焊

焊条电弧焊的起源可以追溯到 19 世纪，到现在仍是一种非常重要的、被广泛应用的焊接方法。首先以北海（North Sea）石油平台导管架结构的水平拉筋修复为例来介绍焊条电弧焊的应用及特点。

海上石油平台常采用导管架结构，在恶劣海况时，补给船或者停靠船只会经常与之发生碰撞。这种碰撞如果轻微带来的伤害通常可以忽略不计。但是，一个在北海服役了 25 年的导管架结构的海上石油平台，由于受到了供给船的严重撞击—水平拉筋被撞弯，一端从桩腿上撕裂，并造成导管架结构节点处的损坏，其损害情况如图 2-4 所示，这种情况则需通过焊接进行修复。

a)   b)   c)

图 2-4　北海导管架修复

a）被撞弯的水平拉筋　b）节点撞损情况　c）修复后情况

经焊接工程技术人员的检测和分析，认为平台导管架结构完整性未受影响，但是需要尽快修复桩腿的裂纹和撕裂区域，并决定在撞损区域用焊条电弧焊打个补丁。

撞损部位处于距离年最低潮位 1.8m 左右的地方，在距离水平面如此之近的位置修复导管架需要考虑海洋气象、潮汐，修复后的焊接接头能否继续满足使用性能要求等因素，合理地选取焊接方法、焊接材料，制订修复焊接工艺。通过对各种因素的综合分析，最终选取了焊条电弧焊方法以及奥氏体焊条作为修补焊接材料，采用氧丙烷火焰对被补焊位置进行预热后再实施焊条电弧焊的工艺，完成了桩腿节点的修复。通过无损检测，确认了修复的焊接接头没有焊接缺欠，海洋平台能继续使用。

从此工程案例可以看出，因焊接位置的特殊及施工时间的紧迫性，需要易于操作、方便施工、不需要太多施工准备的焊接方法。而焊条电弧焊因其设备简易、操作灵活，具有较好的户外和特殊环境的适用性、可选焊材的多样性等特点满足了该工程施工的要求。

1. 焊条电弧焊原理

焊条电弧焊采用的焊接热源是电弧，图 2-5 所示为焊条电弧焊的原理。从图 2-5 可以看出，焊条电弧焊主要是用手工操纵焊条进行焊接的方法。

焊条电弧焊时，焊条末端与焊件（母材）之间产生电弧，利用电弧热加热焊条与焊件，使焊条药皮与金属焊芯及焊件熔化，熔化的焊芯端部迅速形成细小的金属熔滴，通过弧柱过渡到局部熔化的焊件金属液体中，共同形成焊接熔池。随着焊条向前移动，焊条后面的焊接熔池液态金属冷凝结晶，形成固体金属焊缝。

图 2-5d、e 所示分别为对接、角接焊缝成形尺寸。由此可见，表示焊缝成形的参数主要有焊缝宽度、焊接熔深、余高和焊缝厚度等。

2. 焊条的组成与作用

焊条电弧焊中的焊条由金属焊芯和包裹焊芯的药皮组成。

（1）焊芯　不同直径的焊芯，适应不同的焊接电流，焊芯直径越大，可以采用的焊接电流越大。常用的焊条直径为 2.5～4mm，焊接电流为 50～200A。在实际工程中，一般需要

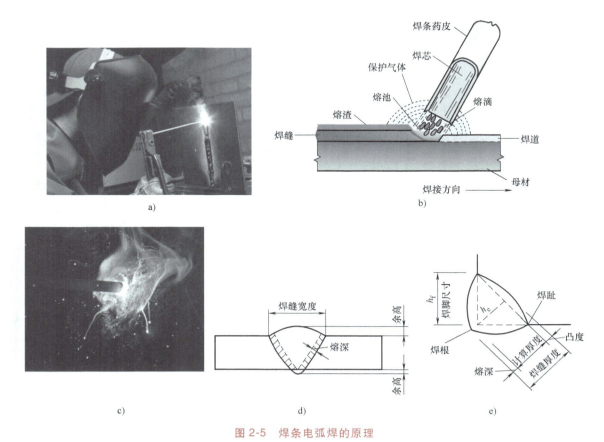

图 2-5 焊条电弧焊的原理

a）焊条电弧焊 b）焊接原理 c）焊接过程 d）对接焊缝尺寸 e）角接焊缝尺寸

根据焊件的板厚来选取焊条直径及焊接电流。当板厚较厚时，由于焊接电流的限制，不能一次将厚板焊在一起，需要在厚板上开出所需要的坡口，进行多层多道焊接。图 2-6 所示为部分平焊位置对接焊缝坡口形式。

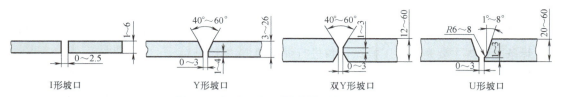

图 2-6 部分平焊位置对接焊缝坡口形式

在焊条电弧焊中，**焊条的焊芯起着非常重要的作用**：

1）**导电作用**。在金属焊芯和焊件之间建立电弧，电源通过焊芯传输焊接电流。

2）**填充焊缝金属的作用**。在焊接中通过熔化的金属焊芯，填充焊件连接部位的间隙，使焊缝截面大于原有焊件的截面；如果采用特殊材料成分的金属丝，还可以将有益的元素过渡到焊缝中，改善焊缝金属的化学成分、微观组织结构以及焊接质量。

（2）**药皮** 焊条药皮采用氧化物、碳酸盐、硅酸盐、有机物、氟化物、铁合金及其他化学粉末等，按一定配方比例混合，用玻璃水调和后，压涂到焊芯上。

焊条电弧焊中之所以需要采用带有药皮的焊条，是因为采用光焊丝与焊件之间产生的电弧会暴露在空气当中，电弧、熔化的金属会受到空气中氧、氮等元素的影响，发生化学反应产生氧化物、氮化物等，使焊缝的性能下降，不能满足工程结构的使用性能要求。因此，电弧、熔化的金属要采用必要的措施加以保护，才能保证焊缝质量，满足工程结构使用性能的要求。为此，在 1904 年人们发明了厚药皮焊条，很好地解决了此问题。

焊条药皮在电弧作用下会发生一系列的物理、化学变化，产生的气体和熔渣不仅可以使电弧、熔池、高温金属与空气隔绝，而且药皮和熔滴、焊接熔池会发生一系列的冶金反应，可以去除焊缝中的有害元素，改善焊缝的化学成分、微观组织结构，提高焊缝性能。

焊条药皮的主要作用如下：

1）机械保护作用。药皮在高温下产生的气体可以保护电弧、熔滴与熔池，防止空气对液体金属产生影响；药皮被电弧高温熔化后形成的熔渣会覆盖着熔滴和熔池金属以及高温焊缝金属，可以隔绝空气中的氧、氮，起到保护作用。这种保护被称为气-渣联合保护。

2）冶金作用。通过药皮产生的熔渣与熔化金属进行冶金反应，可以除去液体金属中的有害杂质（如氧、氢、硫、磷），也可以向焊缝中添加有益的合金元素，以弥补合金元素的烧损，使焊缝获得合乎要求的力学性能。

3）提高电弧燃烧稳定性作用。通过在药皮中加入低电离电势的物质，在高温下进入电弧中，使气体介质更容易电离，从而提高电弧燃烧的稳定性。

总之，药皮的作用是保护电弧、熔滴和熔池不受空气的影响，保证焊缝金属获得具有合乎要求的化学成分和力学性能，并使焊条具有良好的引弧、稳弧、脱渣等焊接工艺性能。有关深入的分析需要参考相关的专业书籍。

3. 焊条电弧焊设备与接法

焊条电弧焊的设备非常简单，如图 2-7 所示，包括焊接电源、焊钳等。焊工手持焊钳夹持焊条进行焊接，操作简单，使用方便，并具有很好的灵活性。而且焊条药皮产生的气体具有一定的抗风性，可以用于户外焊接。

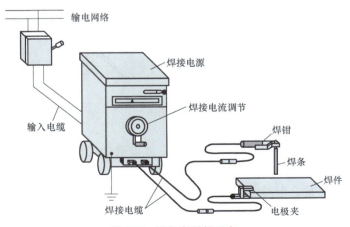

图 2-7　焊条电弧焊设备

焊条电弧焊根据采用的焊接电源不同，分为直流电弧焊和交流电弧焊。在直流电弧焊中，由于焊件、焊条连接的电源极性不同，又分为直流正接法与直流反接法。当焊件接电源正极时，称为直流正接法，反之为直流反接法。图 2-8 和图 2-9 所示分别为直流正接法、直流反接法。图 2-10 所示为交流焊条电弧焊。交流电弧的焊接电流按照正弦波的规律变化，直流电弧的焊接电流不变，因此直流电弧稳定，常用于重要工程结构的焊接。直流与交流焊条电弧焊所采用的焊条种类不同。不同母材、不同结构与性能要求所选用的焊条种类也不同。

4. 焊接位置

焊条电弧焊可以用于平焊、横焊、立焊以及仰焊等多种位置焊接，图 2-11 所示为平板对接不同位置的焊条电弧焊。

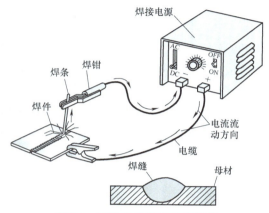

图 2-8　焊条电弧焊直流正接法

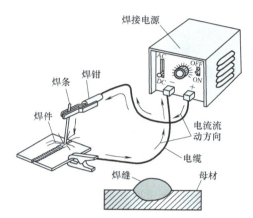

图 2-9　焊条电弧焊直流反接法

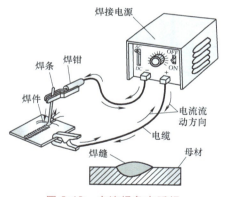

图 2-10　交流焊条电弧焊

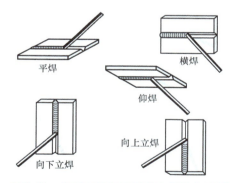

图 2-11　平板对接不同位置的焊条电弧焊

5. 焊条电弧焊特点

焊条电弧焊主要是人工操纵焊条进行焊接，可以借助人的智慧在焊接过程进行动态调整。在一些空间狭小、结构复杂的重要结构或零件焊接过程中，高水平的焊工采用焊条电弧焊可以实现高质量的焊接。但是人工焊接也会带来相应的问题，譬如焊工的技术水平、健康状态、精力集中程度等均会带来焊接过程波动及误差。再有，由于一定直径的焊条能通过的电流是有限制的，焊条药皮工作温度也是有限制的，否则焊条药皮将会失效甚至脱落，焊接过程也会变差；而且焊条长度有限，更换焊条需要时间，因此焊条电弧焊的效率不高。

由此可见，焊条电弧焊具有如下特点：

1）操作方便，使用灵活，适应性强。适用于各种钢种、各种位置和各种结构的焊接，特别是对不规则的焊缝、短焊缝，以及空间狭窄、结构复杂的焊缝等。

2）焊接质量好，但是受限于焊工技能与水平；手工焊接质量稳定性较自动焊接差。

3）设备简单，使用维护方便。

4）生产效率低，焊工的劳动强度比较大。

2.2.2 熔化极气体保护电弧焊

焊条电弧焊采用焊条进行焊件的焊接，但是焊条长度有限，一般在 200~550mm。在焊接中需要经常更换焊条，既影响焊接效率，又会因为频繁的引弧、熄弧影响焊接的质量，更难以实现焊接自动化。因此，人们发明了熔化极气体保护电弧焊。

1. 熔化极气体保护电弧焊原理

熔化极气体保护电弧焊（简称 GMAW）的热源仍然是电弧，采用光焊丝代替焊条焊芯作为电弧的一极和填充材料。焊丝大多采用盘装或桶装形式，以最常见的焊丝直径 1.2mm 的 20kg 盘装焊丝为例，焊丝长度一般不少于 2km。图 2-12 所示为常用的盘装焊丝。

图 2-13 与图 2-14 分别是熔化极气体保护电弧焊原理图与系统图。

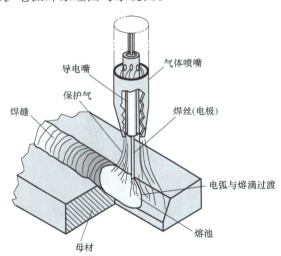

图 2-12　盘装焊丝　　　　图 2-13　熔化极气体保护电弧焊原理

如图 2-13 所示，熔化极气体保护电弧焊采用送丝机构连续送进可熔化的焊丝，焊丝与焊件之间的电弧作为焊接热源，通过电弧加热熔化焊丝与母材形成熔池。随着焊接电弧的向前移动，后面的熔池冷凝结晶，形成焊缝。

为了保护电弧、熔滴和熔池等不受空气的影响，需要外加保护气体进行保护，保护气体从专用焊枪喷嘴喷出，在电弧周围形成气罩。常用的保护气体包括 Ar、He 和 CO_2 等。

2. 熔化极气体保护电弧焊的特点

GMAW 是一种质量相对较高、效率高、易于实现自动化的焊接方法，所以在工业界备受青睐。GMAW 具有如下特点：

1）焊丝的送进和气体的供给均容易实现半自动焊或全自动焊，没有焊条电弧焊的更换焊条过程，易与机器人结合完成复杂形状焊缝的焊接。图 2-15 所示为 GMAW 半自动焊接，即通过送丝机实现了自动连续送丝，而焊枪运动还需要操作者手持焊枪移动。图 2-16 所示

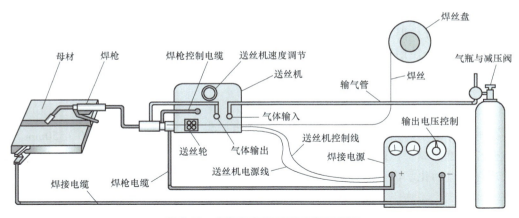

图 2-14　熔化极气体保护电弧焊系统

为 GMAW 机器人自动焊接，实现了送丝、焊枪运动的自动化，通过机器人控制，不仅可以完成平直焊缝的焊接，而且可完成各种空间曲线焊缝的焊接。

图 2-15　GMAW 半自动焊接

图 2-16　GMAW 机器人自动焊接

2）保护气覆盖范围比较小，焊接熔池不宜过大，GMAW 的焊丝直径一般为 0.8~4mm，通常半自动焊焊丝直径为 0.8~1.6mm。一般情况下，焊接电流在几十安培到几百安培之间。

3）由于保护气冷气流对电弧有压缩作用，因此，GMAW 电弧能量密度高，焊接效率高。

4）GMAW 可实现全位置焊接。

5）明弧焊接，方便焊工观察电弧及熔池区域等。

6）气体保护焊容易受到外部气流的影响，室外作业或有过堂风的环境下需加防风措施。

3. 熔化极气体保护电弧焊的种类

GMAW 可以选用不同的保护气体。保护气除了对电弧、熔池等具有保护作用外，与电弧、焊接熔池相互作用，对电弧形态和焊缝质量也有不同的影响，因此，不同保护气体的应用范围不同。根据保护气体不同，GMAW 主要分为以下三类：

（1）熔化极惰性气体保护电弧焊（简称 MIG 焊）　采用 Ar、He 或 Ar-He 作为保护气体，利用气体对金属的惰性和不溶解性，可以有效地保护焊接区的熔化金属，焊缝金属纯净，焊接质量好。但是惰性气体与杂质不反应，无清理杂质作用，因此，对于焊件表面的焊前清理要求高。

MIG 焊几乎可以焊接所有的金属材料，既可以焊接碳钢、合金钢、不锈钢等金属材料，也可以焊接铝、镁、铜、钛及其合金等容易氧化的金属材料。然而在焊接碳钢和低合金钢等黑色金属时，由于 Ar、He 的成本相对较高，很少采用 MIG 焊。因此，MIG 焊主要用于焊接铝、镁、铜、钛及其合金以及不锈钢等金属材料。

（2）熔化极（富氩）活性气体保护电弧焊（简称 MAG 焊）　通常在 Ar 中加入少量的 CO_2、O_2 或 CO_2-O_2 等氧化性气体，目的之一是增加电弧气氛的氧化性，能克服使用单一 Ar 焊接黑色金属时产生的电弧不稳定及焊缝成形不良等缺点；另外一个目的是提高电弧温度，改善材料的润湿性，增大焊缝熔深等。

MAG 焊主要用于碳钢和低合金钢等黑色金属的焊接。再有，在 Ar 中加入少量 N_2，可以提高电弧温度，在焊接铜及铜合金时应用较多。也可以在 Ar 中加入少量 H_2 等还原性气体，可以提高电弧温度，还能抑制或消除 CO 气孔，在焊接镍及其合金中应用较多。

（3）CO_2 气体保护电弧焊（简称 CO_2 焊）　CO_2 焊以 CO_2 或 CO_2-O_2 混合气体为保护气。由于 CO_2 气体的氧化性问题，难以保证焊接质量，因此，需要采用含有一定量脱氧剂的专用焊丝或采用带有脱氧剂成分的药芯焊丝，使脱氧剂在焊接过程中参与冶金反应进行脱氧，消除 CO_2 气体氧化作用的影响。

目前 CO_2 焊主要用于焊接碳钢和合金结构钢构件。因其成本低廉，焊接工程中应用广泛。但是 CO_2 焊焊接过程中焊接飞溅较多，焊缝外形较为粗糙。目前采用焊接电流波形控制等新的 CO_2 焊焊接方法可以在一定范围内解决焊接飞溅及焊缝成形问题。

4. 药芯焊丝气体保护电弧焊

熔化极气体保护电弧焊根据焊丝的不同又可以分为实心焊丝气体保护电弧焊和药芯焊丝气体保护电弧焊。

所谓药芯焊丝是指焊丝外部是金属皮，而焊丝内部是药粉，其作用与焊条的焊芯与药皮相类似。药芯焊丝气体保护电弧焊又分为自保护药芯焊丝电弧焊（焊接时不使用保护气体）和气体保护药芯焊丝电弧焊（焊接时需要外加 Ar 或 CO_2 等保护气）。

由于药芯焊丝将焊条与连续送进焊丝的焊接方法进行了集成，既实现了连续送丝的焊接，同时也利用药粉使焊接电弧过程更稳定，有利于焊缝的合金化，提高了焊接质量。同时，还可以提高焊丝的电流密度，提高焊接效率。该种焊接方法在造船、发电、石油及其他金属结构制造业中得到广泛的应用。图 2-17 所示为药芯焊丝电弧焊原理图与盾构机部件焊接现场。

5. 工程应用举例

GMAW 已成为工业界应用最广的焊接方法之一。MIG 焊或 MAG 焊被广泛应用于汽车制造、工程机械、化工设备、矿山设备、机车车辆、船舶制造、电站锅炉等行业。由于 MIG 焊或 MAG 焊焊出的焊缝内在质量和外观质量都很高，所以该方法已经成为焊接一些重要结构时优先选择的焊接方法之一。CO_2 焊焊接成本低、效率高，在机车车辆制造、汽车制造、船舶制造及采煤机械制造等方面应用十分普遍。

以工程机械行业为例，其产品中的焊接结构件有很多，大多数产品中的焊接结构占整机自重的 $50\% \sim 70\%$。焊接质量的优劣，直接影响产品的质量、性能与使用可靠性。工程机械结构件采用的材料主要是碳素结构钢、低合金结构钢等。焊接结构件主要有板厚为 $2 \sim 4mm$

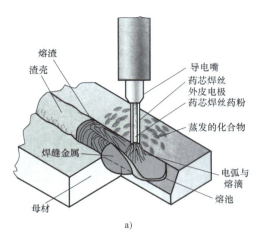

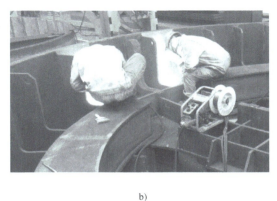

a)   b)

图 2-17　药芯焊丝电弧焊原理图与盾构机部件焊接现场

a）工作原理　b）盾构机部件焊接现场

的薄板件（如驾驶室、机罩、盖板等）；板厚为 6～20mm 的中等厚度板件（如车架、行走架、动臂、斗杆、铲斗等）；板厚为 20mm 以上的厚板件（如压路机前、后轮）。其结构形式主要以箱形结构为主，由板材拼焊而成。在结构件上还需要焊接一些零部件，使得结构较复杂，某些部位焊缝密集。

通过对产品结构的分析可知，工程机械结构的长直中厚板焊缝可以采用埋弧焊（将在 2.2.4介绍），而其他的大量焊缝可以采用焊条电弧焊，但是其制造效率低，很难满足生产要求。因此，目前企业生产中大多采用 GMAW 方法。图 2-18 所示为工程机械行业的 GMAW 焊接。

a)   b)

图 2-18　工程机械行业的 GMAW 焊接

a）挖掘机外形　b）挖掘机斗杆的机器人 GMAW 焊接

2.2.3　不熔化极气体保护电弧焊

熔化极气体保护电弧焊是一种高效、适于自动焊的焊接方法，在焊接工程中得到了广泛的应用。但是，由于焊丝作为电弧的熔化极，不断地熔化形成熔滴过渡到熔池中，从而对电弧燃烧的稳定性会产生影响，特别是在微细器件精密焊接时很难满足焊接要求。例如，在火箭推力发动机焊接中，其管件壁薄至 0.33mm（图 2-19），要求焊接电弧稳定，焊接热输入低，焊接变形小，此时，GMAW 很难满足要求。而不熔化极气体保护电弧焊容易满足这种要求，不熔化极气体保护电弧焊的典型代表就是钨极氩弧焊。

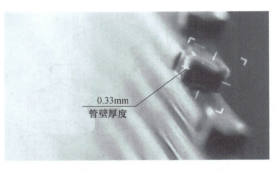

图 2-19　火箭推力发动机薄壁管

1. 钨极氩弧焊

钨极氩弧焊采用钨棒代替焊丝作为焊接电弧的一极，也就是说焊接电弧是在钨棒和焊件之间燃烧加热焊件进行焊接的，而且在焊接过程中，钨棒是不熔化的，所以焊接电弧的稳定性大大提高。为了保证电弧、熔池不受空气的影响，需要采用 Ar、He 作为保护气体，而 Ar 用得比较普遍，所以称为钨极氩弧焊。

钨极氩弧焊是以钨或钨合金（钍钨、铈钨等）作为不熔化电极，用 Ar 或 He 惰性气体为保护气体的电弧焊方法，通常简称为 TIG 焊（Tungsten Inert Gas Arc Welding），或者 GTAW（Gas Tungsten Arc Welding）。钨极氩弧焊包括不填丝与填丝两种焊接方法（图2-20）。采用不填丝 TIG 焊时，TIG 焊电弧加热焊件连接区域，依靠焊件自身的局部熔化、冷凝结晶形成焊缝，常用于薄壁件、微小器件的焊接；采用填丝 TIG 焊时，焊丝作为填充材料进行焊接。

如图 2-21 所示，TIG 焊系统主要由焊接电源、焊枪、保护气体系统、循环水系统等组成。

如图 2-22 所示，TIG 焊是在 Ar 保护下，利用钨极和焊件之间燃烧的电弧熔化母材和填充焊丝（也可以没有填充焊丝）进行焊接的，也就是填丝的 TIG 焊。为了避免钨极烧损，在焊接电流较大时，往往采用循环水冷方式冷却焊枪与钨极。

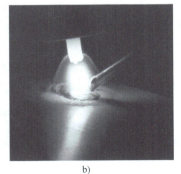

a)　　　　　　　　　　b)

图 2-20　钨极氩弧焊

a）不填丝　b）填丝

由于 TIG 焊接过程中钨极不熔化，相对于焊条电弧焊、GMAW 等来说，焊接电弧及焊接过程稳定。采用 Ar 或 He 作为保护气体，保护效果好。由于 Ar 或 He 惰性气体与熔化的金属不发生反应，也不溶于液态金属，因此，焊缝金属纯净，焊缝成形美观。但也因为此原因，TIG 焊没有去除焊件表面杂质的能力，所以，焊前需要对焊件严格清理，去除表面的杂质。由于受钨棒电极电流承载能力的限制，焊接电流一般为 10～300A，通过加强水冷，也可以适当增加电流范围，但一般不会超过 500A。一般情况下 TIG 焊焊接热输入较低，焊接

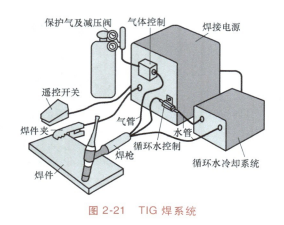

图 2-21　TIG 焊系统

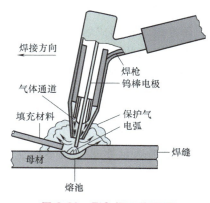

图 2-22　TIG 焊工作原理

质量好，特别适宜于薄板的焊接以及全位置焊接。

由于 Ar 的电离电压较高，引弧困难，为了避免钨极烧损污染焊件，TIG 焊焊接中往往采用高频高压引弧措施，而高频引弧对操作人员及周边电子设备会有一定的高频辐射与干扰，这在使用中应加以注意。

TIG 焊又分为直流焊和交流焊。由于在直流反接时，TIG 弧具有阴极清理作用，可以去除铝、镁及其合金表面的氧化膜，因此，采用交流 TIG 焊或者直流反接 TIG 焊，可以进行铝、镁及其合金的焊接。

TIG 焊可以采用手工焊接，也可以很方便地实现自动焊接。

TIG 焊几乎可以用于所有金属及其合金的焊接，但由于焊接成本较高，因此，主要用于不锈钢、高合金钢、高强度钢以及铝、镁、铜、钛等有色金属及其合金的焊接。TIG 焊生产率虽然不如熔化极气体保护电弧焊高，但是容易得到高质量的焊缝，特别适宜于薄件、精密零件的焊接。在焊接较厚的焊件时，需要开一定形状的坡口并采用填丝 TIG 焊。TIG 焊已广泛应用于航空航天、核能、化工、纺织、锅炉、压力容器、医疗器械及炊具等工业领域。图 2-23 所示为飞机环控系统零部件的不填丝自动 TIG 焊应用。

a)　　　　　　　　　　　　　　　　　b)

图 2-23　飞机环控系统零部件的不填丝自动 TIG 焊应用

a）零部件 1　b）零部件 2

2. 等离子弧焊

由于 TIG 焊的热输入较低，对于板厚超过 3mm 的不锈钢焊件往往需要进行多层多道填丝 TIG 焊，除了焊接效率低外，多次焊接反复加热对焊缝的微观组织及性能也会产生一定影响。采用等离子弧小孔焊接方法，可以对壁厚 6~8mm 的不锈钢焊件一次熔透，完成焊接。图 2-24 所示为厚壁不锈钢管等离子弧焊接。

图 2-25 所示为等离子弧焊接原理示意图。等离子弧是压缩电弧，与 TIG 焊电弧相比，等离子弧也是在焊件与钨棒之间燃烧电弧，但是焊枪的结构不同。由图 2-25 可见，一是在等离子弧焊接时，钨极缩入焊枪等离子喷嘴（压缩喷嘴）内部；二是采用双层气体结构，压缩喷嘴喷出离子气，而保护气喷嘴喷出保护气。离子气与保护气一般都采用惰性气体，例如 Ar。焊枪采用水冷方式，冷却焊枪的喷嘴与钨极。

图 2-24　厚壁不锈钢管等离子弧焊接

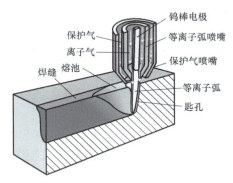

图 2-25　等离子弧焊接原理

由于钨极内缩于压缩喷嘴内部，强迫钨棒电极与焊件之间的电弧通过水冷压缩喷嘴孔道，使电弧受到机械压缩、热压缩与电磁压缩（今后学习中将深入地进行分析），使等离子弧能量高度集中在直径很小的弧柱中，是一种高温、高电离度及高能量密度的压缩电弧。图 2-26 所示为 TIG 焊电弧与等离子弧的形态对比示意图。

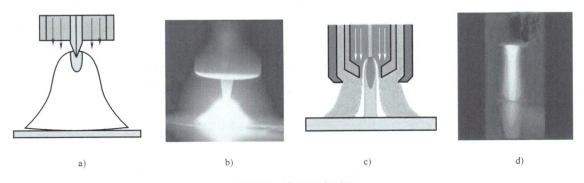

a)　　　　　　　b)　　　　　　　c)　　　　　　　d)

图 2-26　电弧形态对比

a) TIG 焊电弧示意图　b) TIG 焊电弧　c) 等离子弧示意图　d) 等离子弧

由图 2-26 可见，TIG 焊电弧呈钟罩形，等离子弧呈圆柱形，等离子弧能量集中度高，电弧挺度高，穿透能力强，可以有更大的焊接熔深。

与 TIG 焊电弧相比，等离子弧也属于非熔化极惰性气体保护电弧，但是等离子弧的能量密度更加集中，焊接生产率高，焊件变形小，焊缝成形好，焊接质量高，使用范围广，可用于焊接几乎所有的金属及其合金。但是等离子弧焊接参数多，合理的焊接参数匹配范围相对较窄，焊接参数之间的相互匹配与调整困难，因此具有一定的局限性。

等离子弧焊接有直流焊、交流焊，还有最近发展起来的变极性等离子弧焊。交流、变极性焊接电弧具有去除铝、镁合金表面氧化膜的功能，因此，交流、变极性等离子弧焊接主要用于铝、镁及其合金的焊接，在航天领域发挥了重要作用。

在等离子弧焊接方法中，需要了解小孔型等离子弧焊接方法及工艺。小孔型等离子弧焊是中厚板等离子弧焊接的主要方法，又被称为穿孔型、锁孔型或穿透型等离子弧焊。该方法利用等离子弧弧柱直径小、温度高、能量密度大、穿透能力强的特点，焊接时等离子弧将焊件完全熔透，并产生一个贯穿焊件厚度的小孔（在小孔背面露出等离子焰），熔化的金属被排挤在小孔周围，在电弧力、液体金属重力与表面张力的相互作用下保持平衡，如图 2-27 所示。小孔随等离子弧沿着焊接方向移动，熔化金属向熔池后方流动，并在电弧后方锁闭，形成完全熔透、正反面都有"鱼鳞纹"的焊缝。焊接时不加填充金属，常用焊接电流为 100~300A。焊件厚度在一定范围时，可在不开坡口、不留间隙、不需焊丝、背面不用衬垫的情况下实现单面焊双面成形。

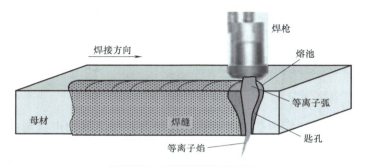

图 2-27　小孔型等离子弧焊

等离子弧焊接不仅可以用于较厚板的焊接，也可以用于薄板的焊接，因为等离子弧电流可以减小到几安培，甚至到 0.1A，被称为微束等离子弧焊接。因为等离子弧能量集中，因此在较小电流时，仍能够稳定地燃烧，并具有一定的电弧挺度，所以在一些微小器件焊接中采用微束等离子弧焊接可以得到满意的焊接质量。图 2-28 所示为采用微束等离子弧焊接的波纹管，其材料为不锈钢，板厚为 0.2mm，焊接电流仅为 2A。波纹管在石油、化工、仪器、仪表、航空航天领域具有广泛的应用。

a)　　　　　　　　　　　　　　　　　　b)

图 2-28　微束等离子弧焊接波纹管
a）焊接系统　b）波纹管

2.2.4　埋弧焊

电弧焊大多是明弧焊，其优点是便于观察和调节，其缺点是电弧光对人体有一定的危害（将在第 3 章介绍）。而埋弧焊恰恰相反，顾名思义，埋弧焊是将电弧埋藏起来进行焊接。

埋弧焊是在 20 世纪 30 年代发明的一种自动焊接方法，所以又称为埋弧自动焊。埋弧焊是电弧在焊剂层下燃烧的一种电弧焊方法，其工作原理如图 2-29 所示。

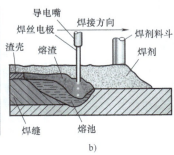

a)　　　　　　　　　　　　　　b)　　　　　　　　　　　　　　c)

图 2-29　埋弧焊工作原理

a）埋弧焊　b）原理示意图　c）圆管环焊缝埋弧焊

1. 埋弧焊原理

埋弧焊时，颗粒状焊剂由料斗流出后，均匀地堆敷在装配好的焊件焊道表面，送丝机构驱动焊丝连续送进，使焊丝端部插入覆盖在焊接区的焊剂中，在焊丝与焊件之间引燃电弧。电弧加热焊件、焊丝和焊剂，导致金属与焊剂熔化、蒸发，在电弧区域由金属和焊剂蒸气构成一个空腔，电弧就在这个空腔内稳定燃烧。空腔底部是熔化的焊丝与母材形成的金属熔池，顶部则是熔融焊剂形成的熔渣，隔离了空气。随着电弧的移动，熔池冷凝结晶形成焊缝，熔渣凝固为渣壳覆盖在焊缝表面（图 2-29b），隔离了空气，防止了焊缝的高温氧化。焊后需要将焊缝上的渣壳清理掉，未熔化的焊剂可回收再用。

2. 埋弧焊特点

对比焊条电弧焊的焊接过程，焊条被连续送进的埋弧焊丝取代，而取代焊条药皮的是焊剂，直接堆敷在焊接区域。

埋弧焊主要是自动焊，采用送丝机构连续送进焊丝，比焊条电弧焊的人工送进焊条稳定，焊缝更加均匀一致，焊接质量高；没有焊条更换过程，节约了时间和材料（无焊条头浪费），而且大大减轻了焊工劳动强度。

与熔化极气体保护电弧焊相比，埋弧焊的焊丝直径比较大，焊接电流大，可达 1000A以上，焊件熔化厚度大，适合中厚板长直焊缝的焊接，焊接质量高，焊接生产率高，但是不适于焊接薄板。

埋弧焊是焊剂下的电弧，焊剂遮挡了弧光，限制焊接飞溅飞出，改善了焊工操作的环境。但是由于埋弧，在焊接过程中不能直接观察电弧与焊件的相对位置和熔池形态，实时调节受到限制。由于埋弧焊采用颗粒状焊剂堆敷在焊件表面，使焊接位置受限，主要用于平焊或船形焊，采用特殊装置可以用于横焊。另外，焊剂通常具有一定的氧化性，不适合焊接易氧化的金属材料等。

3. 埋弧焊的应用

埋弧焊广泛用于船舶、锅炉、化工容器、桥梁、起重机械及冶金机械制造业等，特别适于大型构件、中厚板长直焊缝的焊接。可以焊接的钢种包括碳素结构钢、低合金结构钢、不锈钢、耐热钢以及复合钢材等。对于高强度结构钢、高碳钢和铜合金等，也可采用埋弧焊进行焊接。下面以火力发电电站锅炉为例，介绍埋弧焊的应用。

火力发电是我国主要的发电方式，电站锅炉作为火力发电电站的三大主机设备之一，伴随着火电行业的发展而发展。电站锅炉有很多类型，其中一种为锅筒式锅炉（图 2-30），主要由炉体、锅筒、锅筒下前后左右侧的水冷壁管组等组成。在电站锅炉生产中主要是焊接管道纵缝、环缝和管板、管管角焊缝等。

图 2-30　锅筒式锅炉

锅筒是电站锅筒式锅炉中最重要的部件之一，是锅炉中壁厚最厚、制造难度较高的厚壁容器。它由锅炉钢板制成大型圆柱形容器，并在其上焊接各种类型的管座和附件等。图 2-31 所示为锅筒式锅炉锅筒的示意图。

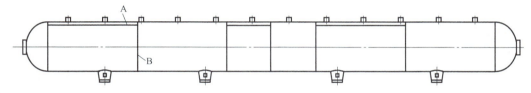

图 2-31　锅筒示意图

锅筒主体通常由厚度为 90~200mm 的钢板卷制而成，图 2-31 中 A 是纵焊缝，B 是环焊缝。通常需要在钢板上部开坡口，在下部垫垫块后，采用埋弧焊直接填充盖面，埋弧焊焊接完成后加工掉垫板。图 2-32、图 2-33 所示分别为锅筒纵缝、环缝埋弧焊。

图 2-32　锅筒纵缝埋弧焊

图 2-33　锅筒环缝埋弧焊

一台大型电站锅炉水冷壁管角焊缝总长度达几百千米，如 600MW 超临界锅炉的膜式水冷壁焊缝约有 360km。因此，对膜式水冷壁拼排焊接来说，除了要保证焊接熔深和表面质量外，还要有高的焊接生产率。膜式水冷壁焊接中可以采用埋弧焊、熔化极气体保护焊、高频电阻焊和焊条电弧焊等。图 2-34 所示为龙门式水冷壁双机头埋弧焊，图 2-35 所示为单机头双焊枪埋弧焊。

图 2-34　龙门式水冷壁双机头埋弧焊

图 2-35　单机头双焊枪埋弧焊

2.3　压焊

压焊旧称压力焊，是在焊接过程中对焊件施加压力（加热或不加热），使被连接的材料达到原子或者分子间结合，实现材料连接的焊接方法。压焊中施加压力的大小与被焊材料的种类、加热温度、焊接环境和介质等因素有关，可以采用静压力、冲击压力等方式。

压焊种类繁多，本节仅对常用的摩擦焊、电阻焊和爆炸焊进行简单的介绍。

2.3.1　摩擦焊

传统的摩擦焊是通过焊件接触端面的相对运动，利用摩擦产生热量，在压力作用下，使焊件接触面达到原子或者分子间结合，实现材料连接的焊接方法。

摩擦焊的典型特征，一是利用焊件接触面的相对运动产生摩擦热加热连接部位；二是在压力作用下，被加热的连接部位产生塑性变形。

1. 摩擦焊原理

摩擦焊是在恒定或递增压力以及转矩的作用下，通过焊件的接触端面相互运动，利用摩擦产生热量，使接触面及其附近区域温度升高到接近但一般低于熔点的温度区间，进而使材料的变形抗力降低、塑性提高、界面的氧化膜破碎，然后在顶锻压力作用下，焊件接触面附近产生塑性变形，伴随着材料的流动，使连接界面的分子发生扩散和再结晶而实现焊接的固态焊接方法。

传统的摩擦焊方法种类繁多，主要包括旋转摩擦焊和惯性摩擦焊等。

图 2-36 所示为传统旋转摩擦焊的焊接过程示意图。旋转式摩擦焊时，两个具有旋转体截面的金属焊件安装在摩擦焊设备上，其中一焊件夹持在可以旋转的夹头上，另一焊件夹持在能够向前移动加压的夹头上；焊接开始，旋转焊件首先高速旋转（图 2-36a），然后非旋转焊件向旋转焊件移动、接触（图 2-36b），通过施加足够大的压力，焊件相对旋转运动产

生摩擦热。通过一段时间的摩擦加热，焊件接触面温度达到焊接温度以后（图 2-36c），停止旋转焊件的转动，非旋转焊件快速平移，施加大的顶锻压力，焊件接触面焊接区产生很大的塑性变形，并在压力作用下，高温金属及杂质被挤出（图 2-36d）；压力保持一段时间以后，焊件温度下降到一定温度，松开两个夹头，焊接过程就此结束。全部焊接过程只要 2~3s 的时间。

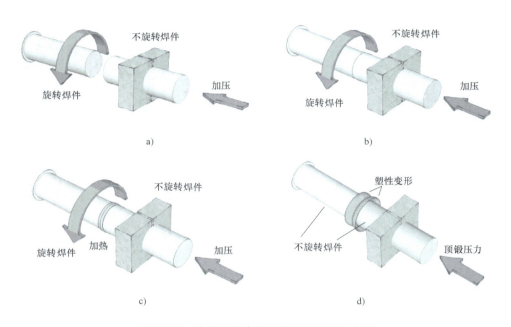

图 2-36　传统旋转摩擦焊的焊接过程示意图
a）焊件旋转　b）焊件接触　c）摩擦生热　d）顶锻焊接

由此可见，摩擦焊通常由四个步骤构成：①在压力作用下，被焊焊件接触；②通过摩擦将机械能转化为热能，加热焊件接触面，使其温度升高，达到热塑性状态；③停止焊件摩擦的同时，施加顶锻压力，焊件接触面发生塑性变形，并挤出氧化膜等杂质；④保持压力，接触面分子间扩散和再结晶形成永久连接。图 2-37 所示为实际旋转摩擦焊过程。

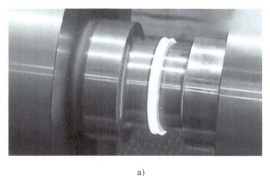

a）　　　　　　　　　　　　　　b）

图 2-37　实际旋转摩擦焊过程
a）焊件旋转摩擦加热　b）焊件顶锻焊接

2. 摩擦焊特点

根据摩擦焊过程分析，可以得出摩擦焊具有以下特点：

1）主要靠摩擦生热，焊接区通常处于固态或半固态状态，焊接热输入较小，焊接热影响区极窄，且焊接区晶粒常小于母材。

2）摩擦焊顶锻过程可将焊件接触面氧化膜等杂质有效挤出，焊接接头质量好，接头强度一般不低于母材。

3）对于母材焊接性的要求相对较低，可用于异种金属连接。

4）摩擦焊操作较清洁，飞溅少，无弧光、烟尘及熔渣等。

5）无须溶剂、填充金属和保护气体，节约材料，污染小。

6）摩擦焊容易实现自动化，易于集成在大规模生产的生产线上。

7）摩擦焊焊件的尺寸和形状应能被夹持，应能承受加热和顶锻时施加的转矩和轴向压力。

8）施焊的接头类型受到一定的限制，主要用在轴类零件，具有一定的局限性。

3. 摩擦焊的应用

近年来摩擦焊得到了迅速的发展，一些摩擦焊新技术在航空航天、汽车制造、海洋工程、船舶制造等领域得到了广泛应用。图 2-38 所示为典型摩擦焊接头。

a)   b)

图 2-38　典型摩擦焊接头

a）石油钻杆　b）活塞杆

2.3.2　电阻焊

图 2-39 所示为汽车车身制造场景，汽车车体成形制造中大量采用了电阻点焊。图 2-40 所示为建筑行业经常采用的钢筋闪光对焊。

电阻点焊、闪光对焊都属于电阻焊，是以电阻热为热源进行焊接的方法。

电阻焊就是将焊件置于两电极之间，通过电极对焊件施加压力，然后通电，利用电流通过焊件接触面及邻近区域产生的电阻热将其加热到熔化或塑性状态，使之形成焊接接头的一种连接方法。

由于电阻焊过程中要施加一定的压力，所以属于压焊范畴。常用的电阻焊方法主要有电阻点焊、电阻凸焊、电阻缝焊、电阻对焊和闪光对焊等。

图 2-39　汽车车身制造场景

图 2-40　钢筋闪光对焊

1. 电阻点焊

图 2-41 所示为电阻点焊过程示意图。电阻点焊一般采用薄板搭接结构，在焊接时，首先将焊件放置在两个电极之间，并施加一定的压力（图 2-41a）；然后在电极及焊件焊接区通很大的焊接电流，一般为几千到上万安培，但是通电时间极短，只有 0.1~0.5s，在强大电流作用下，电极作用范围内焊件接触面产生的电阻热使接触面上的物理接触点逐渐扩大，并产生熔化形成熔核（图 2-41b）；停止通电加热后，电极压力仍然保持，液态熔核金属冷凝结晶形成焊点（图 2-41c）；然后释放电极，完成焊接（图 2-41d）。

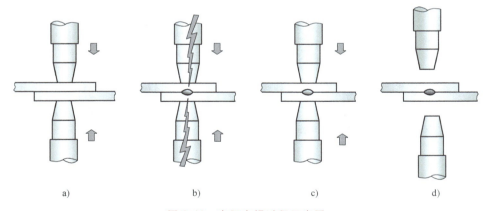

　　　　a)　　　　　　　　　　b)　　　　　　　　　　c)　　　　　　　　　　d)

图 2-41　电阻点焊过程示意图

a）加压　b）通电熔化　c）断电保持　d）释放

电阻点焊是一种高速、经济的焊接方法，它适用于制造可以采用搭接结构，接头不需要气密、厚度小于 3mm 的冲压、轧制的薄板构件，因此广泛地应用于汽车、航空航天、家具制造中，可以焊接碳素钢、合金钢、不锈钢、铝合金、钛合金等板件，也可以焊接金属复合板。图 2-42 所示为钢板的电阻点焊。

2. 电阻凸焊

图 2-43 所示为电阻凸焊原理示意图。其焊接原理与电阻点焊基本相同，只是在焊件接触面增加了事先加工好的金属凸点。凸点的主要作用，一是可以使加热的电流密集于凸点，提高加热效率，也可以减小焊接电流，节约能源；二是可以提高焊接位置的准确性以及焊点大小的一致性，提高焊接质量。凸焊的不足之处是增加了焊接前预制凸点的附加工序，并在

一些结构中应用受到限制。

图 2-42　钢板的电阻点焊

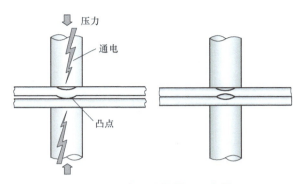

图 2-43　电阻凸焊原理示意图

3. 电阻缝焊

图 2-44 所示为电阻缝焊原理示意图。电阻缝焊的基本原理与电阻点焊类似，只不过是将电阻点焊的电极变为圆盘，两个圆盘电极以一定的转速相对旋转运动，带动具有搭接形式的焊件做直线运动，将多个电阻点焊过程连续起来，其焊点连起来形成了焊缝。

图 2-45 所示为不锈钢材料薄壁箱体的机器人电阻缝焊，其焊接接头采用的是搭接接头。

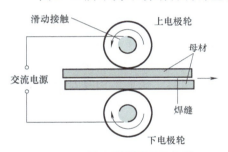

图 2-44　电阻缝焊原理示意图

图 2-45　机器人电阻缝焊

4. 电阻对焊与闪光对焊

图 2-46 与图 2-47 所示分别为电阻对焊、闪光对焊原理示意图。

电阻对焊与闪光对焊主要用于棒料或管料的对接中。电阻对焊是在一定压力作用下，将两个焊件的端面始终压紧保持接触，利用电阻热将焊件端头加热至塑性状态，然后迅速施加顶锻压力完成焊接。

闪光对焊是在一定压力下分别夹紧两焊件，然后通电，并沿着棒料焊件轴向送进，使焊件端面轻微接触，形成许多接触点，电流通过时，接触点熔化，成为连接两个端面的液体金属过梁。由于液体金属过梁中的电流密度极高，使过梁中的液体金属蒸发、爆破；随着棒料不断地沿轴向送进，液态金属过梁不断地产生与爆破，液态金属微粒不断地从焊件端面接触处喷射出来，形成闪光，故此得名闪光对焊。

在闪光过程中，焊件逐渐缩短，端头温度也逐渐升高，使整个端面形成一层液态金属层，并在一定深度上使金属达到塑性状态，此时立即施加一足够大的顶锻压力，接口间隙迅速减小，液体过梁停止爆破，接触端面之间的金属液体及氧化夹杂物被挤出，并使焊件焊接区域产生一定的塑性变形，达到了原子或分子之间的结合，从而形成牢固的焊接接头。

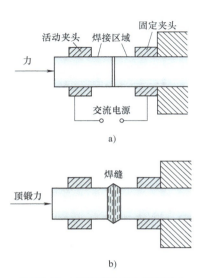

图 2-46　电阻对焊原理示意图

a）加热过程　b）顶锻过程

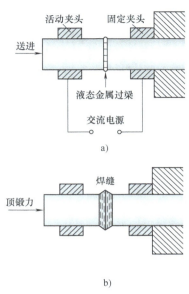

图 2-47　闪光对焊原理示意图

a）闪光过程　b）顶锻过程

　　闪光对焊的实质是塑性状态焊接。闪光对焊由于有闪光过程，加热更加充分，液态金属过梁爆破时所产生的金属微粒强烈氧化，接口间隙中气体介质的含氧量大大减少，有利于去除接口部位的氧化物和杂质，焊接质量比普通电阻对焊焊接质量高，因此，闪光对焊应用得更为普遍。

5. 电阻焊的特点

通过电阻焊的原理分析，可以得出电阻焊具有以下特点：

1）电阻焊过程的产热主要来自于焊件的接触电阻热。

2）电阻焊加热时间短，热能量集中，生产效率高。

3）不需要焊丝、焊条等填充金属，以及氧气、乙炔、氩气等气体，焊接成本低。

4）操作简单，给电和施加压力均容易，易于实现机械化和自动化，改善了劳动条件；在大批量生产中，可以和其他制造工序一起编到组装线上。

5）电阻焊无有害气体排放，但闪光对焊因有火花喷溅，需要注意防护。

6）缺乏可靠的电阻焊无损检测方法，焊接质量只能靠工艺试样和破坏性试验来检查。

7）点焊、缝焊的搭接接头增加了构件的自重，接头的抗拉强度和疲劳强度均较低。

8）电阻焊设备功率大，一次性投入成本大；设备复杂，维修比较困难。

6. 应用举例

为了适应季节温度变化引起的钢轨伸缩，传统的铁路轨道都是有缝轨道（图 2-48）。随着高速铁路的发展，必须采用无缝轨道（图 2-49），否则就会影响轨道的平顺性，从而使高速列车的运行速度受到影响。

无缝轨道铁路的铺设大都采用分步焊接的方法完成，主要分为厂焊或基地焊、单元轨节焊和现场锁定焊。

图 2-48 传统有缝铁路轨道

图 2-49 高铁无缝轨道

　　无缝钢轨焊接要求很高，因为高铁要高速平稳运行，钢轨连接的误差不能超过 0.2mm，相当于两根头发丝的直径。首先在焊轨厂或基地将钢厂生产的 25m、50m 或 100m 定尺钢轨进行闪光对焊（图 2-50），连接成 200~500m 长轨，再由专用运输车将其运至铺设工地，通过移动闪光对焊（图 2-51）、气压焊、铝热焊等手段，将长轨连接成为 900~1500m 的单元轨节，最后，采用铝热焊、钢轨强迫成形电弧焊等方法进行单元轨节（包括道岔）的锁定焊，连接成超长无缝钢轨线路。

图 2-50 钢轨的闪光对焊

图 2-51 钢轨的移动闪光对焊

2.3.3 爆炸焊

　　爆炸焊是以炸药为能源进行焊接的方法。这种方法是利用炸药爆炸时的能量，使被焊金属面发生高速倾斜撞击，在撞击面上造成一薄层金属的塑性变形，伴随局部熔化和原子间的相互扩散等过程完成材料连接。

1. 爆炸焊原理

　　爆炸焊有平行法和角度法两种基本形式。以金属复合板的角度爆炸焊为例，分析爆炸焊的焊接原理。图 2-52 所示为金属复合板角度爆炸焊原理示意图。

　　两个金属板进行复合板制造时，分别将其称为复板和基板。欲把复板焊到基板上，基板需有较大质量的基础（如钢砧座、沙、土或水泥台等）做支托，复板与基板之间预制一个角度，在复板上面平铺适量的炸药，为了缓冲和防止爆炸时烧坏复板表面，常在炸药与复板之间放上缓冲层，如橡胶、沥青、润滑脂等。

选择适当的起爆点来放置雷管，用以引爆。炸药从雷管处开始并以一定的爆轰速度向前爆炸。在爆炸产生的冲击力作用下，复板向基板撞击，在撞击点（或线）处产生塑性变形，伴随局部的熔化和原子间的相互扩散等过程完成了材料的连接。

随着爆炸逐步向前推进，撞击点向前移动，当炸药全部爆炸完毕时，复板即焊接到基板上。图 2-53 所示为采用爆炸焊制造的铝钢复合板。

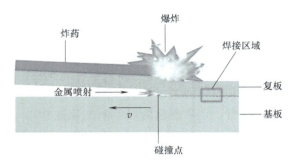

图 2-52　金属复合板角度爆炸焊原理示意图　　　　图 2-53　铝钢复合板

爆炸焊是一种动态焊接过程。焊接时，炸药爆轰并驱动复板做高速运动，并以适当的撞击角和撞击速度与基板发生倾斜撞击。在撞击点前方产生金属喷射，它有清除表面污染的自清理作用。然后在高压下纯净的金属表面产生剧烈的塑性流动，从而实现金属界面牢固的冶金结合。

双金属复合材料应用越来越广，以运输油气双金属复合管为例，如果仅采用碳钢材料为管材，管道耐腐蚀性很难达到要求；如果以耐腐蚀的不锈钢或镍基合金等材料作为管材，则在管道强度等方面很难达到要求，同时成本剧增。而采用双金属复合管（在碳钢基体内表面"附着"一层耐蚀合金），利用碳钢的力学性能和耐蚀合金的耐腐蚀特性来满足服役条件，并降低成本，是比较优化的选择，目前受到油气运输行业广泛关注。

2. 爆炸焊特点

分析爆炸焊过程，可以得到爆炸焊具有以下特点：

1）爆炸焊接的能源是炸药的化学能，主要的工艺参数是炸药的用量和焊件之间的间隔距离，有关参数根据炸药密度、爆速、复板的密度（强度）等因素计算，并在实爆中测试优化，是一种高效的焊接方法。该方法过程的控制及质量的稳定性是关键技术。

2）工艺简单易掌握，容易操作，比较经济，适合于野外作业。

3）该方法是一种固相焊接方法，可用于同种或异种金属之间的焊接，如钛、铜、铝、钢等金属之间的焊接，可以获得强度很高的焊接接头。

4）爆炸焊接结合面的强度很高，往往比母材金属中强度较低材料的强度还高。

5）爆炸焊接与其他爆破工程一样，存在爆炸地震波、爆破毒气、爆破噪声等安全方面的问题，需要特殊防护。

爆炸焊接投资少，成本低，而且能够进行大面积焊件的焊接，广泛应用于石油、化工、造船、原子能、宇航、冶金、运输和机械制造等工业部门。但是在生产过程中会产生噪声和地震波，对爆炸场所附近环境和居民造成影响。因此，爆炸加工场一般应建在偏远的山区，同时爆炸加工露天作业受气候影响较大。

2.4　扩散焊

　　前面介绍的压焊都是在一定压力作用下，焊件在连接处发生明显的、宏观的塑性变形，从而达到原子或者分子间结合，实现分离材料的焊接。那么有没有不发生宏观的塑性变形而实现分离材料焊接的方法呢？

　　扩散焊就是一种被焊材料在连接区域没有明显塑性变形的固相焊接方法。

1. 扩散焊原理

　　真空扩散焊设备主要包括真空系统（采用机械泵与扩散泵）、加压系统（可以采用液压、气压或机械系统）、加热系统（可以采用感应加热或者辐射加热）、冷却系统、控制系统等。图 2-54、图 2-55 分别是采用辐射加热、感应加热的真空扩散焊设备。

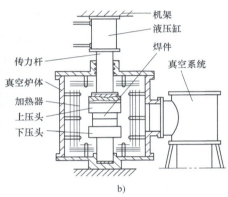

a)　　　　　　　　　　　　　　　　b)

图 2-54　辐射加热的真空扩散焊设备

a）设备照片　b）设备原理示意图

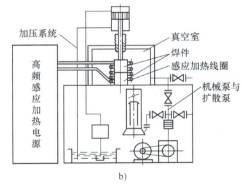

a)　　　　　　　　　　　　　　　　b)

图 2-55　感应加热的真空扩散焊设备

a）设备照片　b）设备原理示意图

　　辐射加热与感应加热真空扩散焊基本原理相同，只是加热方式不同。图 2-54 所示设备中的加热器是采用钼片通电产生电阻热，通过辐射加热焊件，而图 2-55 所示设备是采用感应加热方式加热焊件，焊件的尺寸受感应线圈大小的限制。两种扩散焊设备其他部分则是相似的。

图 2-56 所示为两个圆柱形焊件采用感应加热的真空扩散焊,由此来分析扩散焊原理。

图 2-56a 所示为被焊接的圆柱形焊件放置在真空室内圆柱形工作台上;图 2-56b 显示了在密封室内,焊件随下面的圆柱形工作台上升,与上面的圆柱形装置接触,焊件承受一定的压力,当压力达到预定值时,下面的工作台停止上升,此时,通过高频感应线圈对焊件进行加热,焊件受热达到一定的温度(焊件变红),但是并未达到焊件材料的熔化温度,没有发生熔化,也没有宏观的塑性变形;在一定的时间内,保持一定的压力与温度作用于焊件,然后断电,焊件冷却到常温(图 2-56c),撤除压力,取出焊接好的焊件。

a)   b)   c)

图 2-56 扩散焊过程

a) 焊件放置 b) 加压加热 c) 断电冷却

由此可见,扩散焊是在一定的压力和温度下,使被连接表面相互接触,通过使接触面局部发生微观塑性变形,或通过被连接表面产生的微观液相而扩大被焊表面的物理接触,经较长时间的原子相互扩散来实现材料的焊接。

为了保证焊接质量,扩散焊一般处于真空条件下或在保护气氛中。

2. 扩散焊过程分析

图 2-57 所示为扩散焊的连接过程。图 2-57a 是在压力作用下,焊件界面初始的物理接触,焊件界面处只有个别点的接触;图 2-57b 是在压力与温度作用下,接触面发生局部塑性变形,接触面逐步增大,最终达到界面的整体接触;图 2-57c 是在压力与温度的作用下,分离金属接触表面原子间相互扩散形成结合,此阶段需要一定的时间;图 2-57d 则是在接触面形成的结合层逐渐向体积方向发展,形成可靠的连接接头。

扩散焊时材料表面的物理接触,使表面接近到原子间力的作用范围之内,这是形成连接接头的首要条件。经过机械打磨等表面处理宏观上看起来很平整、清洁又互相平行的表面,微观上也是不够平的,达不到原子引力作用的距离($10^{-4}\mu m$ 量级)。因此,需要在热、力的共同作用下使焊接表面微观凸起处产生塑性变形,增大紧密接触的面积,激活原子,促进相互扩散。加压、加热和加扩散层都是为了保证和促进原子相互扩散过程。

为加速焊接过程和降低对焊接表面制备质量的要求,可以在两个焊件表面中间加一层很薄的、容易变形的、促进扩散的材料,即中间扩散层。有时中间扩散层与母材通过固态扩散形成液相,填充缝隙,通过等温凝固而形成接头,这就是瞬时液相扩散焊。瞬时液相扩散焊方法的出现,丰富了原有扩散焊纯固相连接的体系。

在扩散焊中，影响扩散焊过程及接头质量的主要工艺参数有：温度、压力、保温扩散时间、焊件表面状态、保护方法、母材及中间扩散层的物理、化学性能等。

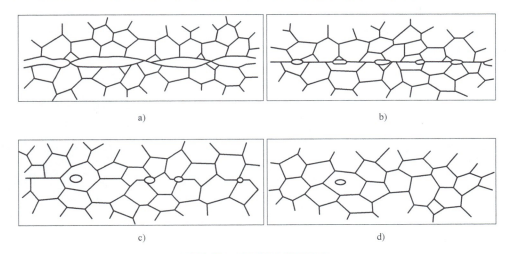

图 2-57　扩散焊的连接过程

a）初始接触　b）局部塑性变形　c）原子扩散　d）体积扩散

3. 扩散焊分类及特点

扩散焊的分类如图 2-58 所示。

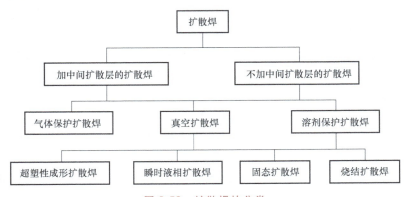

图 2-58　扩散焊的分类

扩散焊具有以下主要特点：

1）焊接温度一般是母材熔化温度的 0.4~0.8 倍，对母材的性能影响小，内应力及变形很小，接头强度高，适用于熔焊难以焊接或易受到严重损害的材料。

2）可焊接不同种类的材料，包括金属与非金属等冶金、物理性能差别极大的材料。

3）可焊结构复杂、相差悬殊及要求很高的各种焊件。

4）根据需要可使接头的成分、组织和母材均匀化，使接头的性能与母材相同。

5）焊接时间较长，生产率较低。

6）扩散焊设备比较复杂，包括真空系统、加压与加热系统等，设备的一次性投资较大，而且焊件的尺寸、形状等受到设备的限制。

4. 扩散焊应用举例

扩散焊方法是 Kazakov 在 1962 年发明的，是一种精密的焊接方法，特别适用于异种金属材料、耐热合金和新材料的焊接，如陶瓷、复合材料、金属间化合物等的焊接。

图 2-59、图 2-60 所示分别为采用真空扩散焊制造的铝合金叶轮、铜-钢复合冷却板。图 2-61 所示为陶瓷基复合材料与钛合金的真空扩散焊接部件。

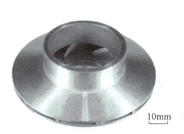

图 2-59　铝合金叶轮扩散焊　　图 2-60　铜-钢复合冷却板扩散焊　　图 2-61　陶瓷基复合材料与钛合金扩散焊

2.5　钎焊

前几节讲述的焊接方法包括通过加热使分离材料的焊接区域发生局部熔化，形成液体实现焊接；还有通过加压或者既加热又加压使分离材料的焊接区域发生塑性变形实现固相焊接。那么还有什么方法可以使分离材料达到原子或者分子之间的结合，实现焊接呢？那就是钎焊。钎焊是引入了第三种材料——钎料，钎料熔化形成液体，作为中间的桥梁可以实现两个固体焊件的焊接。

钎焊是最古老的材料连接方法之一。图 2-62 是在古埃及的墓葬中发现的壁画（摘自 1979 年 10 月的 *Welding Journal*），描绘了一个奴隶采用火焰加热的方式进行金钎焊的场景，时间可以追溯到公元前 1475 年。

商代早期四川三星堆青铜文化可能已出现了我国最早的钎焊工艺，目前明确发现的钎焊工艺是在河南上村岭西周晚期虢国墓出土的青铜器上。春秋战国时期，钎焊工艺广泛流行起来。图 2-63 所示为秦代铜马车，铜马车两侧壁移动窗板空腔制造中采用了钎焊技术，采用的钎料是青铜粉。

我国明代方以智撰写的《物理小识》中则用简洁的语言写道："焊药以硼砂合铜为之，若以胡桐汁合银，坚如石。今玉石刀柄之类焊药，加银一分其中，则永不脱。试以圆盆口点焊药于其一隅，其药自走，周而环之，亦一奇也"。其中，硼砂、胡桐汁是常用的钎剂，铜、银是钎料，坚如石、永不脱则表述了良好的接头质量形成了永久结合。"其药自走，周而环之"则用生动的语言描述了液态钎料毛细填缝的现象，整个钎焊过程跃然纸上。那么，什么样的条件下才能实现"其药自走"呢？这就涉及钎焊的物理过程了。

1. 钎焊原理

钎焊是选用（或过程中自动生成）比母材熔点温度低的钎料作为连接材料，采用热源

图 2-62 古埃及壁画

图 2-63 秦代铜马车

对母材、钎料进行加热，加热温度在母材熔点温度以下，而高于钎料的熔点温度，钎料熔化为液态，而母材保持为固态，液态钎料在母材表面润湿、铺展，在母材间隙中润湿、毛细流动、填充，液态钎料与固态母材相互作用溶解和扩散，并冷却结晶形成钎焊焊缝而实现连接。

钎焊是被连接材料在固态下实现的连接，所以钎焊属于固相连接。也是可拆卸的连接。

钎焊的物理过程可以用图 2-64 来表示。从图 2-64 可以看到，液态钎料在母材表面的润湿铺展是形成钎焊连接的基础，而润湿过程即为液固界面取代原有固气界面的过程，根据系统平衡时能量最低原理，可以得出固液界面接触角 θ 的关系。当接触角 θ 小于 90°，称为润湿。在附加压力的作用下，液态钎料自动填充母材间隙，形成"其药自走"的奇景。液态钎料在母材表面的润湿性能越好，填缝能力越强。而接触角 θ 大于 90°，称为不润湿，此时即使将液态钎料置于母材之间，也会自动排出，不能填缝。

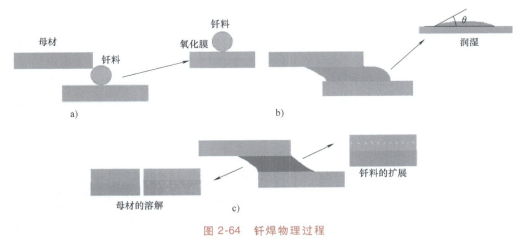

图 2-64 钎焊物理过程

a）钎料预置、加热 b）钎料熔化、铺展 c）凝固、形成接头

2. 钎料与钎剂

钎焊材料包括钎料与钎剂。

钎料的熔点必须低于母材（被钎焊材料）的熔点。钎料在钎焊过程中具有重要的作用，它决定着钎焊的质量。钎料主要有以下几点作用：

1）**钎料的润湿作用**。润湿是利用钎料熔化的液体取代被焊固相材料表面气相的过程，只有很好的润湿才能使液态钎料与被焊固体材料很好地接触，发生物理化学反应，实现可靠的钎焊连接。

2）**钎料的毛细作用**。钎焊时液态钎料不是单纯地沿着被焊材料固态表面铺展，而是会流入并填充接头间隙，通常钎焊接头间隙很小，类似毛细管。钎料就是依靠毛细作用在间隙内流动，达到很好的填充作用，同时还存在液态钎料与固体被焊接材料之间的溶解与扩散作用，达到原子或分子之间的结合。

钎料的种类很多，主要与它的化学成分有关。

钎料可以根据需要制成带、丝、箔片等，还可以制成各种环状、棒状等，还可以制成粉末状、膏状等。常见的钎料有焊锡丝、铜基钎料等。

通常情况下，在金属母材表面总是存在氧化层，而氧化物的表面能较低，不易被液态钎料润湿，可采用钎剂（钎剂是钎焊时使用的熔剂）将其去除，或在保护气氛下进行焊接。

钎剂的主要作用是清除钎料和母材表面的氧化物，并保护焊件和液态钎料在钎焊过程中免于氧化，改善液态钎料对焊件的润湿性。对于大多数钎焊方法，钎剂是不可缺少的。

钎剂有粉末式、液体式、气体式、膏状式等。常见的钎剂有松香、硼砂等。

3. 钎焊的分类

钎焊的分类方法有很多，常见的钎焊分类方法如下：

（1）按照钎料的熔点分类　按照美国焊接学会推荐的标准，钎焊分为两类：所使用钎料液相线温度在450℃以上的钎焊称为硬钎焊；在450℃以下的钎焊称为软钎焊。

（2）按照钎焊温度的高低分类　按照钎焊温度的高低分为高温钎焊、中温钎焊和低温钎焊。但是这种分类不规范，高、中、低温的划分是相对于母材的熔点而言的，其温度分界标准也不十分明确。例如，对于铝合金来说，加热温度在500~630℃范围内称为高温钎焊，加热温度在300~500℃时称为中温钎焊，而加热温度低于300℃时称为低温钎焊。铜及其他金属合金的钎焊有时也有类似情况。而通常所说的高温钎焊，一般是指温度高于900℃的钎焊。

（3）按照热源种类和加热方式分类　按照热源种类和加热方式分类，可将钎焊分为烙铁钎焊（图1-41）、火焰钎焊（图1-46）、炉中钎焊、感应钎焊（图2-65）、电阻钎焊、电弧钎焊、浸渍钎焊、红外钎焊、激光钎焊（图2-66）、电子束钎焊、气相钎焊和超声波钎焊等。

图2-65　感应钎焊

图2-66　汽车顶盖的激光钎焊

此外，随着材料科学和焊接技术的不断发展，出现了一些新的钎焊方法或由钎焊方法派生出一些新的焊接方法。

4. 钎焊的特点

由于钎焊在原理、设备、工艺过程方面与其他焊接方法不同，因此钎焊技术在工程应用中表现出以下独特的优点：

1）钎焊加热温度一般远低于母材的熔点，对母材的组织和物理、化学性能影响较小，引起的焊接应力和变形小，容易保证焊件的尺寸精度。

2）钎焊设备相对简单，具有很高的生产效率，钎焊可一次完成多缝多零件的连接。图2-67 所示的自行车架底部有一个五通接头与四只圆管连接，采用铜钎焊可以一次完成四个焊接接头的焊接，而且焊接接头表面平整，不易察觉焊缝；再有，苏联制造的推力为750N的液体火箭发动机，其燃料室内的钎缝长度达750m，可通过钎焊一次完成；火箭发动机不锈钢面板/波纹板芯推力室壳体，采用钎焊连接，数百条焊缝一次钎焊完成。

3）钎焊可用于结构复杂、精密、开敞性和接头可达性差的焊件。例如。采用真空钎焊技术可实现多层复杂结构铝合金雷达天线和微波器件的精密钎焊。而具有复杂内部冷却通道的航空发动机高压涡轮工作叶片和导向叶片，也只有采用钎焊方法才能实现优质连接。

4）钎焊特别适用于多种材料组合连接。不但可以连接常规金属材料，对于其他一些焊接方法难以连接的金属材料以及陶瓷、玻璃、石墨及金刚石等非金属材料也适用。此外，还较易实现异种金属、金属与非金属材料的连接。图2-68 所示的不锈钢与铝板的复合锅底，是采用高频钎焊制造成形的。

图 2-67　自行车架钎焊

图 2-68　复合锅底高频钎焊

许多采用其他焊接方法难以进行其至无法进行连接的结构或材料，采用钎焊方法便可以解决。

钎焊有很多优点，同时也存在以下不足：

1）钎焊接头的强度一般较低，特别是没有通过特殊工艺处理的接头强度更低。

2）耐热能力较差。

3）为了保证接头强度，被焊材料之间要有足够大的接触界面，因此，较多地采用搭接接头，增加了母材的消耗量和结构的自重。

4）镍基、铜基等高温钎料通常含有 Si、B 等元素，Si、B 的加入，可以与 Ni、Cu 形成共晶，从而降低钎料体系的熔点，但又会导致钎焊接头脆性增大。因此应根据产品的材质、结构特点和工作条件等因素，合理选择焊接方法和焊接材料。

5. 钎焊的材料和接头形式

目前钎焊的基体材料主要有碳钢、不锈钢、铝合金、铜合金、高温合金、钛合金、硬质合金、陶瓷和金刚石等；所用钎料主要有锡基、铝基、银基、铜基、锰基、镍基、钛基和金基等。

由于钎焊中需要采用钎料实现固态材料的连接，因此，钎焊接头与熔焊接头有所区别，在钎焊接头设计时要尽量增大钎料与焊件的接触面积，这是提高钎焊质量的重要措施之一。图 2-69 所示为常见的钎焊接头形式。

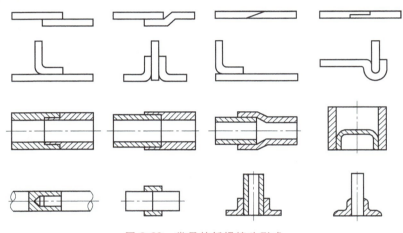

图 2-69　常见的钎焊接头形式

6. 钎焊的应用

钎焊就在我们身边，高校电子实习中用烙铁组装收音机就是典型的钎焊过程。日常生活中见到的乐器、家用电器、炊具、自行车等都大量采用钎焊技术。

由于钎焊技术是一种近无余量的加工制造技术，可以连接各种复杂、精密的零部件，并使焊件质量和制造成本显著降低。因此在航空航天、电子、核工业、机械、汽车、石油、煤炭、仪器、仪表、交通、建筑等行业得到广泛应用。例如，机械制造业中各种硬质合金刀具、硬质合金钻头、采煤机上的截煤齿、压缩机叶轮，汽车工业中各种铝制的蒸发器、冷凝器、换热器、散热器等电机部件，以及大型发电机转子线圈等构件都广泛采用钎焊技术。在航空航天领域，钎焊技术更发挥了重要的作用，如航空发动机中的导流叶片、高压涡轮导向器叶片、燃油总管等部件使用的结构材料多为不锈钢、钛合金和铝、钛含量较高的高温合金，它们的熔焊性能一般很差，因此主要依靠真空或气体保护钎焊连接。在核电站和船舶核动力装置中，燃料元件定位架、换热器、中子探测器等重要部件也常采用钎焊结构。

图 2-70a 所示为采用钎焊制造的某探测器元件，在氧化铝陶瓷盘上有 5 个不锈钢柱，氧化铝陶瓷盘的外部和心部又分别套接可伐合金，既涉及异种材料，又是多个焊缝。采用活性真空钎焊的方法，利用活性钎料与陶瓷的反应实现接头的冶金结合，同时实现多个焊缝的高质量连接。图 2-70b 所示为采用钎焊制造的铝合金蜂窝仿生结构板。该结构具有比刚度高、隔音、隔热和吸振等特点，在建筑装饰、高铁车厢、火箭整流罩等领域应用广泛。采用中温自反应钎焊的方法制备，提高了铝合金蜂窝仿生结构板的耐高温和冲击性能。

图 2-71 所示为飞机零部件的钎焊，分别采用了真空钎焊、高频感应加热钎焊以及炉中

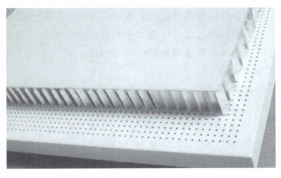

a)   b)

图 2-70 典型钎焊产品

a）探测器元件的真空活性钎焊 b）铝合金蜂窝仿生结构板钎焊

钎焊等钎焊方法。

　　随着新材料的不断涌现，焊接结构服役条件的极端化，钎焊这门古老的材料连接方法面临着新的挑战。非晶钎料、复合增强钎料体系、梯度接头设计、多场复合辅助钎焊工艺、多学科深度融合下的现代钎焊技术正焕发勃勃生机。

铝真空钎焊　　　　　　　　　高频感应加热钎焊　　　　　　　　银基钎料炉中钎焊

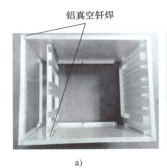
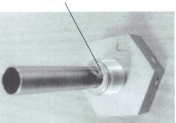
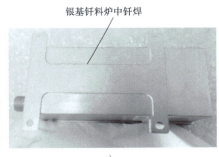

a)   b)   c)

图 2-71 飞机零部件的钎焊

a）飞机配电零件 b）飞机环控零件 c）飞机点火零件

复习思考题

1. 常用的焊接方法有哪些？各种焊接方法的连接机理是什么？
2. 为什么说焊条电弧焊是最基本的焊接方法？
3. 熔焊、压焊、钎焊等各自最突出的特点是什么？
4. 熔焊、压焊、钎焊有哪些相同点？有哪些差异？
5. 熔焊中有哪些基本方法？各自的特点是什么？
6. 焊条电弧焊中，焊芯的作用是什么？焊芯材料与什么有关？
7. 焊条为什么要有药皮？焊条药皮成分与什么有关？焊条药皮成分设计应该考虑哪些因素？
8. 气体保护电弧焊中，为什么要外加保护气？外加惰性气体或 CO_2 气体有什么相同点和不同点？
9. 光焊丝与药芯焊丝各自有什么特点？用于什么焊接方法？

10. 熔焊中有哪些焊接位置？各种位置焊接的特点是什么？

11. 直流电弧焊与交流电弧焊中的哪种方法使电弧燃烧更稳定？连接电源的方法有什么不同？

12. 为什么说钨极氩弧焊的电弧是自由电弧，等离子弧焊的电弧是压缩电弧？与自由电弧相比，等离子弧有什么特点？

13. 钨极氩弧焊以及等离子弧焊中，钨棒为什么能不熔化？

14. 对比不熔化极气体保护焊与熔化极气体保护焊焊接过程，哪种焊接方法的电弧燃烧更稳定，对焊接质量和焊接效率有什么影响？

15. 焊接中可以采用哪些热源进行焊件的加热？不同焊接方法中热源的作用有什么不同？

16. 压焊中压力的作用是什么？

17. 电阻焊中，通电时间为什么很短？

18. 电阻对焊与闪光对焊加热过程有什么不同？

19. 与其他焊接方法相比，扩散焊中为什么焊接时间比较长？

20. 扩散焊中为什么要对焊件进行加热？

21. 为什么要在真空条件下进行扩散焊？

22. 钎焊中为什么要采用钎料？钎料的熔点为什么要低于母材的熔点？

23. 结合不同焊接方法的特点，思考各种焊接方法合理的应用领域。

24. 通过网络检索，了解不同焊接方法的焊接工程应用实例，并解释为什么要采用对应的焊接方法。

25. 为什么要采用自动焊？自动焊与手工焊有哪些不同？

焊接制造技术遍及能源、交通、航空航天、石化工程、海洋工程、建筑工程、电气工程、微电子等几乎所有工业领域。焊接制造技术的应用之所以如此广泛，是因为焊接结构有一系列的优越性。例如，焊接结构不受外形尺寸的限制，可以拼焊成很大的工程结构；焊接结构整体性好，自重轻；焊接结构密封性好，可以用于制造压力容器或真空容器等。但是，正是因为焊接结构整体性好，有时也会带来问题，例如，若材料或者工程结构的焊接接头一旦出现裂纹，很容易穿过焊缝甚至母材，从而导致灾难性后果。因此，焊接结构的安全运行对于社会、人的生命、财产都会产生重要影响。除此之外，有些焊接方法对于环境、操作者的健康会产生不利的影响，必须引起人们的足够重视。

本章通过一些焊接工程失效案例，说明焊接工程结构安全对社会、人的生命、财产的影响，提高焊接工作者的安全与社会责任意识。同时，也将介绍焊接在安全、环境、健康等方面应采取的防治措施。

3.1 焊接工程安全

焊接工程安全主要指焊接结构制造安全和焊接结构服役安全。焊接结构是指适于用焊接方法制造的工程结构。按照结构用途分类，可以分为桥梁结构、车辆结构、船体结构、罐体结构和飞机结构等；按照结构形式分类，可以分为梁系（框架）结构、格架（桁架、骨架）结构、壳体结构、柱结构、机器及仪器零部件结构等（将在第 4 章进行介绍）。

3.1.1 焊接工程结构安全事故案例

1. 美国的"自由轮"

"自由轮"是在第二次世界大战期间，美国大量制造的一种货轮。"自由轮"建造迅速，价格便宜，使它成为第二次世界大战中美国工业水平的一种象征。

1941 年 2 月，美国罗斯福总统在"炉边谈话"广播中宣布了要大量制造一批新型货轮给欧洲战场进行后勤补给的消息，他在广播中说这些船"将给欧洲大陆带去自由"。因此，这批船以及后续建造的同型船被称为"自由轮"。

在"自由轮"的原始设计中，铆钉连接占用了三分之一的人工工作量。为了提高造船的效率，美国人对原始设计做了重大修改，大量铆钉连接被焊接替代，而在此之前，并没有在造船中如此大规模使用焊接。采用焊接代替铆接的主要原因是焊接可以大大加快轮船建造速度，满足战争对轮船数量的需求，而且采用焊接还可以节约钢铁材料，减轻船体自重，一艘"自由轮"采用焊接可以比铆接减重约 200t。在"自由轮"建造的初始阶段，每艘"自由轮"大约需要 230 天来建造，后来建造速度不断加快，到第二次世界大战后期，每艘

"自由轮"平均只需要42天就可以下水。"自由轮"的建造采用了流水线生产、多部门同时作业，因此，需要大量工人。为应付急需，在各地建立了培训班，新招募的男女工人经过100~200h的培训后就开始在生产线上工作，不熟练的焊工进行船体焊接为"自由轮"后来发生的事故埋下了隐患。

"自由轮"在使用过程中发生大量的破坏事故，1946年美国海军部发表的资料表明，在第二次世界大战期间，美国制造的4696艘船只中，发现在970艘船上有1442处裂纹。这些裂纹大多出现在"自由轮"上，其中24艘"自由轮"的甲板全部横断，1艘"自由轮"的船底发生了完全断裂，8艘"自由轮"从中腰断裂为两半（图3-1）。

a)   b)

图 3-1　美国的"自由轮"

a)"自由轮"　b) 断裂的"自由轮"

有关人员对"自由轮"的断裂事故做了详细调查，获得了大量数据，通过分析认为，造成"自由轮"事故的主要原因除了材料选用不当外，船体焊接结构设计不合理也是造成其破坏的重要原因之一，原有的铆接结构不适于焊接结构。图3-2是"自由轮"甲板舱口设计对比图。其中，图3-2a所示为初始设计图，甲板的拐角处设计为一尖角，而且采用了铆接中常用的搭接结构，在焊接中会造成应力集中很大，使其承载能力大大降低。图3-2b为改进的设计图，采用了圆滑过渡拐角设计，同时去除了搭接结构焊缝，缓解了焊接应力集中问题，使其承载能力提高到1.4倍，能够承受的破坏能量增加了25倍。

需要提出的是，"自由轮"最严重的断裂事件发生在低温和恶劣的海洋环境同时存在的时候。但是同样的环境下，采用铆接的船体结构并未发生脆性破坏事故。为什么采用焊接制造的船体却发生了脆性破坏事故呢？这主要是因为焊接结构比铆接结构刚性大，对应力集中特别敏感，如果再采用应力集中系数很高的搭接接头，或采用骤然变化的截面，当环境温度处于低温时，船体发生脆性断裂的危险概率就会大大增加。由此可见，人们对于焊接的认识也是在工程实践中逐步加深的。

2. 压力容器

压力容器一般泛指在工业生产中用于完成化学反应、传质、传热、分离和储存等生产工艺过程，并能承受压力载荷（内力、外力）的密闭容器，在石油化学工业、能源工业、科研和军工等国民经济的各个领域都起着重要作用的设备。压力容器是内部或外部承受气体或液体压力并对安全性有较高要求的密封容器，都是采用焊接方法制造的。由于焊缝往往是压

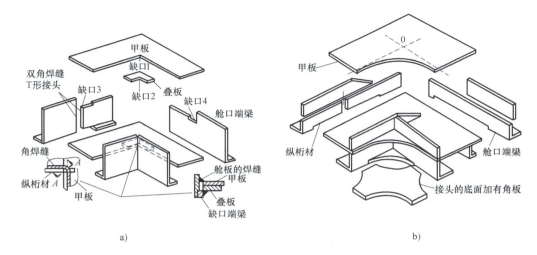

图 3-2 "自由轮"甲板舱口设计对比图

a）原始设计　b）改进设计

力容器承受压力的薄弱点，因此，对焊缝质量要求很高。图 3-3 和图 3-4 所示分别为球形储罐和立式圆筒形储罐焊接。

图 3-3 球形储罐焊接

图 3-4 立式圆筒形储罐焊接

　　压力容器在制造与使用过程中都可能发生断裂事故，一旦发生脆性断裂，其后果甚为严重。1968 年日本德山企业的一台大型球罐在进行水压试验时，发生脆性断裂。该球罐采用的是强度等级为 80kg 级别的高强度钢，脆性断裂的裂纹发生在球罐底部焊缝处，造成焊缝产生裂纹的原因是没有按照规定的焊接工艺进行焊接。球罐制造焊接工艺规定的热输入为 48kJ/cm，而在球罐发生脆性断裂附近区域的焊接热输入达到了 80kJ/cm，由于热输入太大，致使焊缝和焊接热影响区的显微组织变化很大，焊接接头的韧性显著降低，并且产生了较大的焊接残余应力。另外，在焊缝区由于氢的聚集而引起氢致裂纹，综合这些影响因素，使球罐在水压试验时发生了脆性断裂破坏。

　　1979 年 12 月 18 日，我国吉林省某液化石油气厂发生了一起重大球罐爆炸、火灾事故。先是 1 个 400 m³ 液化石油气球罐发生破裂，大量液化石油气喷出，顺风扩散遇明火发生燃烧，气体回烧至球罐引起爆炸。大火燃烧了 19h，致使 5 个 $400m^3$ 的球罐、4 个 $450m^3$ 卧罐和 8000 多只液化石油气钢瓶（其中空瓶 3000 多只）爆炸或烧毁。球罐区相邻的厂房、建筑物、机动车及设备等或被烧毁或受到不同程度的损坏。此次爆炸、火灾事故还造成了重大的人员伤亡。造成该起事故的原因主要是焊接裂纹，爆炸球罐的裂纹源是在球罐上环焊缝的内壁焊趾处发生了低应力脆性断裂，裂纹长达 65mm。这是因为该球罐在焊接制造时，环焊缝焊接质量很差，焊缝的表面及内部存在咬边、错边、未熔合、夹渣、气孔等大量缺陷，这些缺陷在低温、压力环境下都可能引起压力容器的破坏。事故发生前在爆炸球罐的上下环焊缝内壁焊趾的一些部位已经出现了与焊接缺陷有关的纵向裂纹，由于当时处于寒冷的冬天，在压力容器内部压力作用下发生了裂纹扩展，导致了重大事故。图 3-5 是球罐爆炸后的现场。可见，焊接缺陷以及焊接结构服役环境对焊接结构安全运行有重要影响。

3. 桥梁

焊接造成的桥梁失效破坏事故在早期的焊接制造桥梁中发生的比较多。例如，1935 年前后比利时在 Albert 运河上建造了大约 50 座焊接桥梁，这些桥梁在以后几年内不断发生脆性断裂事故。1938 年 3 月 Hasseld 桥全长 74.5m 的焊接结构，在气温 -20℃ 时发生脆性断裂，整个桥梁断成三段坠入河中。1940 年又有两座桥梁在 -14℃ 温度下发生局部断裂，其中一座桥梁在其下弦曾发现长达 150mm 的裂纹，裂纹是由焊接接头处开始的；另一座桥梁在桥架的下弦发现 6 条大裂纹。1947～1950 年期间，比利时还有 14 座桥梁发生脆断事故，其中 6 座是在低温环境下发生的。

图 3-5　爆炸后的现场

1951 年加拿大魁北克河上 Duplessis 桥，在气温 -35℃ 时，桥西侧一段长为 45.8m 的大梁发生脆性断裂，并坠入河中。引起脆断的裂纹是从对接焊上翼缘板过渡到腹板的凹角处开始的，并向腹板中心扩展。后经调查证实，桥梁脆断主要原因之一是钢材质量差，断裂的翼缘板采用沸腾钢，钢板内存在碳和硫的偏析以及大量的夹杂物，钢材的冲击韧性很低；另外一个重要原因是在翼缘板与腹板过渡部分存在较大的焊接应力集中。

图 3-6 是 1999 年 1 月 4 日重庆市綦江彩虹桥发生垮塌的现场照片。当时有 30 余名群众正行走在彩虹桥上，另有 22 名驻綦江的武警战士正在训练，由西向东列队跑步至桥上约 2/3 处时，大桥突然垮塌，桥上群众和武警战士全部坠入綦河中，经奋力抢救 14 人生还，40 人遇难死亡。事后通过调查发现，大桥垮塌的直接原因是主拱钢管对接焊缝普遍存在裂纹、未焊透、未熔合、气孔、夹渣等严重缺陷，质量达不到施工验收规定的焊缝验收标准；同时，焊接结构设计存在很大问题。图 3-7 所示为桥梁焊接结构设计示意图，由图 3-7 可以看出，采用钢管、钢板焊接的焊缝应该错开一定距离，这样才是比较合理的焊接结构设计。

3.1.2 影响焊接工程结构安全性能的主要因素

为了保证焊接结构制造的安全性、焊接结构运行的安全性，作为焊接的科技工作者，首先应该有社会责任意识，要学习并掌握相关的基础理论，能够应用基础理论分析焊接结构发生失效破坏的机理与原因，弄清焊接结构安全性能的影响因素，解决焊接制造中的问题。

图 3-6　綦江彩虹桥垮塌案现场

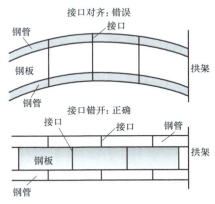

图 3-7　桥梁焊接结构设计示意图

影响焊接结构安全性的因素有很多，不同的焊接结构、不同的用途以及不同的使用环境，其影响因素也不完全一样。但是，对于大多数焊接结构来说，主要的影响因素有以下几个方面，在工程焊接结构设计与制造中应该给予充分的考虑。

1）焊接结构材料的合理性。选择材料的基本原则是既要保证结构的安全使用，又要考虑经济效益。

2）焊接结构设计的合理性。尽量减少焊接结构或焊接接头部位的应力集中，尽量减少焊接结构的刚度，注意板厚、接头形式、接头位置、焊缝布置等。

3）焊接制造工艺设计的合理性。包括焊接方法、焊接材料、焊接设备、坡口形式、焊接次序、焊接参数（焊接热输入）的选择与设计等。

4）焊接质量控制。注意焊接制造中的质量管理，防止焊接缺欠的产生，尽量使焊接接头成分与微观组织、焊接接头应力状态等在可控范围之内。

5）焊接结构服役条件。例如，桥梁需要考虑冬季寒风、超载与重载车辆的通行、伴随着较强的振动（冲击性）；船舶需要考虑寒冷水域、冰雪季节、动荡加载或与冰块频繁撞击的环境；压力容器需要考虑承载高压载荷、内部装载低温介质或者服役在寒冷区域的低温环境等。也就是说，对于应用在低温、高应力、动载荷工况等环境下的焊接产品的结构设计、工艺参数设计、质量控制以及焊接制造的环境与温度，更要给予高度的重视。

3.2　焊接缺欠与焊接质量检测

由于工程结构与焊接过程的复杂性，在焊接中稍有不慎就会产生焊接缺欠。所谓的焊接缺欠是指在焊接接头中因焊接产生的金属不连续、不致密或连接不良的现象。焊缝缺欠包括气孔、裂纹、夹杂、形状偏差等。

在焊接结构中要获得无缺欠的理想焊接接头，在技术上是相当困难的，也是不经济的。为了满足焊接结构的使用要求，应该把焊接缺欠限制在一定范围之内，使其对焊接结构的使用不产生危害。由于不同的焊接结构适用的场合不同，其质量要求也不一样，因而对焊接缺欠的容限范围、程度也不相同。一般的焊接结构制造过程中都会遵循一定的制造标准，这些标准中对焊接缺欠的容限范围、程度都有明确的规定。如果焊接缺欠在标准规定的接受范围之内，那么焊缝就是合格的；当焊接接头出现的焊接缺欠超出了标准规定的容限范围，则这些缺欠就是焊接缺陷了。所谓焊接缺陷就是焊接结构所不能允许出现的焊接"缺欠"。

焊接结构中由于缺欠的存在，必然影响着焊接质量。评定焊接接头质量优劣的依据，是缺欠的种类、大小、数量、形态、分布及其危害程度。出现焊接缺陷的接头必须进行补焊修复，或者铲除后重新焊接。对于焊接质量要求高的重要结构，根据焊接缺陷可能对结构使用性能影响的程度，也可能直接判定产品报废。

3.2.1　常见的焊接缺欠

本节主要介绍在电弧焊中常见的焊接缺欠。

1. 外观缺欠

外观缺欠（表面缺欠）是指不用借助仪器从焊缝表面可以发现的缺欠，包括咬边、焊瘤、凹坑及焊接变形等，有时还有表面气孔和裂纹，单面焊的根部未焊透等。

（1）咬边　是指沿着焊趾在母材部分形成的凹陷或沟槽（图 3-8），它是由于电弧将焊缝边缘的母材熔化后没有得到熔敷金属的充分补充所留下的缺口。

产生咬边的主要原因：以焊条电弧焊为例，是电弧热量太高，即电流太大，运条速度太慢造成的。焊条与焊件间角度不正确，摆动不合理，电弧过长，焊接次序不合理等都会造成咬边。某些焊接位置（立、横、仰）会加剧咬边。咬边减小了母材的有效截面面积，降低了结构的承载能力，同时还会造成应力集中，发展为裂纹源。

防止咬边的措施：选用合理的焊接参数，采用良好的运条方式可以预防出现咬边缺欠。

（2）焊瘤　焊缝中的液态金属流到加热不足未熔化的母材上或从焊缝根部溢出，冷却后形成的未与母材熔合的金属瘤即为焊瘤（图 3-9）。

产生焊瘤的主要原因：焊接参数过大、焊条熔化过快及操作姿势不当等都容易产生焊瘤。在横、立、仰位置更易形成焊瘤。焊瘤常伴有未熔合、夹渣缺欠，易导致裂纹。同时，焊瘤改变了焊缝的实际尺寸，会带来应力集中。

防止焊瘤的措施：尽量使焊缝处于平焊位置，选用正确的焊接参数及合理的焊接操作。

（3）凹坑　焊缝表面或背面局部的低于母材的部分称为凹坑。

产生凹坑的主要原因：多是由于收弧时焊条（焊丝）未做短时间停留造成的（此时的凹坑称为弧坑）。仰、立、横焊时，常在焊缝背面根部产生内凹。凹坑减小了焊缝的有效截面面积，弧坑常带有弧坑裂纹（图 3-10）和弧坑缩孔。

防止凹坑的措施：选用有电流衰减系统的焊机，尽量选用平焊位置，选用合适的焊接参数，收弧时让焊条或焊丝在熔池内短时间停留或环形摆动，填满弧坑。

（4）未焊满　在焊缝表面上连续的或断续的沟槽称为未焊满。

产生未焊满的根本原因是填充金属不足，焊接电流太小，焊条过细，运条不当等。未焊满同样削弱了焊缝，容易产生应力集中，同时由于焊接电流太小使冷却速度增大，容易带来气孔、裂纹等。

　　防止未焊满的措施：加大焊接电流，加焊盖面焊缝。

图 3-8　咬边

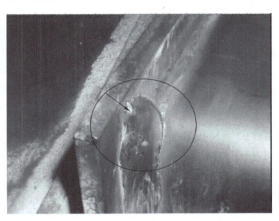

图 3-9　焊瘤

　　（5）烧穿　烧穿是指焊接过程中，熔深超过焊件厚度，熔化金属自焊缝背面流出形成的穿孔现象。焊接电流过大，速度太慢，电弧在焊缝处停留过久，都会产生烧穿现象。焊件间隙太大，钝边太小也容易出现烧穿现象。烧穿是锅炉压力容器产品上不允许存在的缺陷，它完全破坏了焊缝，使接头丧失其连接及承载能力。

　　防止烧穿的措施：降低焊接电流并配合合适的焊接速度；减小装配间隙，在焊缝背面加设垫板或药垫；使用脉冲焊，能有效地防止烧穿。

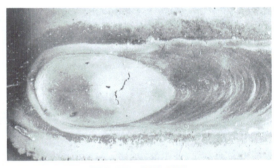

图 3-10　弧坑裂纹

　　其他表面缺欠：①成形不良，焊缝的外观几何尺寸不符合要求（图 3-11）；②错边，指两个焊件在厚度方向上错开一定位置，它既可视作焊缝表面缺欠，又可视作装配成形缺欠；③塌陷，单面焊时由于输入热量过大，熔化金属过多而使液态金属向焊缝背面塌落，成形后焊缝背面凸起，正面下塌；④表面气孔（图 3-12）及弧坑缩孔；⑤严重飞溅（图 3-13），容易发生在 CO_2 气体保护焊中，严重的飞溅不仅浪费焊接材料，影响焊缝表面整洁，而且影响

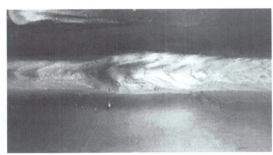

图 3-11　不良外观

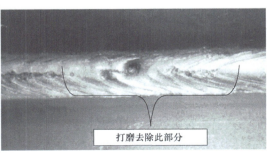

打磨去除此部分

图 3-12　表面气孔

多层多道焊的连续操作，不清除这些飞溅而继续施焊很容易引起气孔和夹渣等内部缺欠。
⑥各种焊接变形，如角变形、扭曲、波浪变形等（将在第4章介绍）。

2. 气孔和夹渣

这里主要是指焊缝内部的气孔与夹渣缺欠。

（1）气孔　气孔是指焊接时，熔池中的气体未在金属凝固前逸出，残存于焊缝内部所形成的空穴。其气体可能是熔池从外界吸收的，也可能是焊接冶金过程中反应生成的（图3-14）。

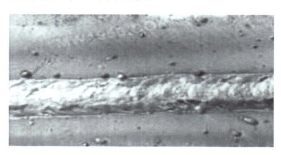

图3-13　严重飞溅

按形状分类，气孔有球状气孔和条虫状气孔；从数量上可分为单个气孔和群状气孔。群状气孔又有均匀分布气孔、密集状气孔和链状分布气孔之分。按气孔内气体成分不同，有氢气孔、氮气孔、二氧化碳气孔、一氧化碳气孔、氧气孔等。熔焊气孔多为氢气孔和一氧化碳气孔。

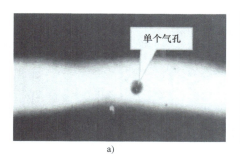
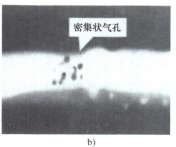

a)　　　　　　　　　　　　　　　　b)

图3-14　焊缝内部气孔 X 光检测照片
a）单个气孔　b）密集状气孔

产生气孔的主要原因：往往是由于母材或填充金属表面有锈、油污等，焊条及焊剂未烘干。因为铁锈、油污及焊条药皮、焊剂中的水分在高温下会分解为气体，增加了高温金属中气体的含量；焊接热输入过小，熔池冷却速度大，不利于气体逸出，也会产生气孔；焊缝金属脱氧不足也会增加氧气孔的数量。气孔减少了焊缝的有效截面面积，使焊缝疏松，从而降低了接头的强度和塑性，还会引起焊缝泄漏；气孔也是引起应力集中的因素之一。

防止产生气孔的措施：①清除焊丝、工作坡口及其附近表面的油污、铁锈、水分和杂物；②采用的碱性焊条、焊剂需要彻底烘干；③采用直流反接并用短电弧施焊；④焊前预热，减缓冷却速度；⑤用较大的焊接参数施焊。

（2）夹渣　夹渣是指焊后熔渣残存在焊缝中的现象（图3-15）。

夹渣分为金属夹渣和非金属夹渣。金属夹渣是指钨、铜等金属颗粒残留在焊缝之中，习惯上称为夹钨、夹铜。非金属夹渣指未熔的焊条药皮或焊剂、硫化物、氧化物、氮化物残留于焊缝之中。夹渣分为单个点状夹渣、条状夹渣、链状夹渣和密集夹渣。点状夹渣的危害与气孔相似，带有尖角的夹渣会产生尖端应力集中，尖端还会发展为裂纹源，危害较大。

夹渣产生的原因：坡口尺寸不合理；坡口有污物；多层焊时，层间清渣不彻底；焊接热输入小；焊缝散热太快，液态金属凝固过快；焊条药皮、焊剂化学成分不合理，熔点过高；钨极惰性气体保护电弧焊时，电源极性不当，电流密度大，钨极熔化脱落于熔池中；焊条电弧焊时，焊条摆动不良，不利于熔渣上浮等。

可根据具体焊接情况，分析产生夹渣的原因，分别采取对应措施，以防止夹渣的产生。

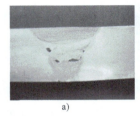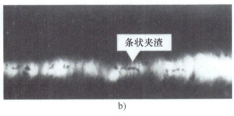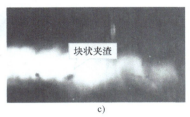

图 3-15　焊缝内部夹渣

a）焊缝横截面夹渣图像　b）条状夹渣 X 光检测照片　c）块状夹渣 X 光检测照片

3. 焊接裂纹

焊接过程中，伴随着一系列的物理、化学变化，使焊缝中原子结合遭到破坏，形成新的界面而产生的缝隙称为裂纹。

1）根据裂纹走向，可以分为焊缝横向裂纹与焊缝纵向裂纹（图 3-16）。

2）根据裂纹尺寸大小，可以将焊接裂纹分为：①宏观裂纹，即肉眼可见的裂纹；②显微裂纹，在显微镜下才能发现；③超显微裂纹，在高倍数显微镜下才能发现。

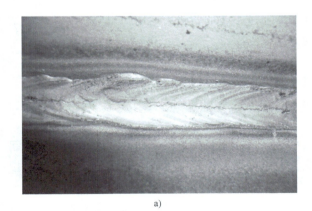

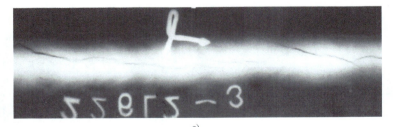

图 3-16　焊接裂纹

a）焊缝纵向裂纹　b）焊缝横向裂纹　c）焊缝内部纵向裂纹 X 光检测照片

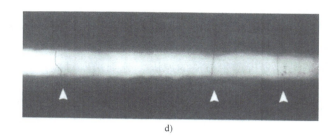

d)

图 3-16　焊接裂纹（续）

d）焊缝内部横向裂纹 X 光检测照片

3）按产生温度不同，裂纹分为：①热裂纹，一般是焊接完毕即出现；②冷裂纹，指在焊接结束一段时间后产生的裂纹，一般是在焊后几小时、几天甚至更长时间才出现，故又称为延迟裂纹。

4）按裂纹产生的原因，又可把裂纹分为：①再热裂纹，接头冷却后再加热至 500～700℃时产生的裂纹；②层状撕裂，主要是由于钢材在轧制过程中，将硫化物（MnS）、硅酸盐类等杂质夹在其中形成各向异性，在焊接应力或外拘束应力的作用下，金属沿轧制方向的夹杂物开裂；③应力腐蚀裂纹，在应力和腐蚀介质共同作用下产生的裂纹。

焊接裂纹带来的危害往往是灾难性的，尤其是冷裂纹。世界上的压力容器事故除极少数是由于设计不合理、选材不当引起的以外，绝大部分是由于焊接裂纹引起的脆性破坏。

不同的裂纹形成的机理不同，需要结合有关焊接科学理论的深入学习与分析，才能真正掌握各种焊接裂纹形成机理及影响因素，并需要通过不断的实践，运用知识分析实际焊接结构中出现的各种裂纹现象，提出解决问题的方案。

4. 未焊透

未焊透是指母材金属未熔化，焊缝金属没有进入焊缝根部的现象（图 3-17）。

产生未焊透的原因主要有：焊接电流小，熔深浅；坡口和间隙尺寸不合理，钝边太大；焊接热量不足，层间及焊根清理不良等。

未焊透的危害之一是减小了焊缝的有效截面面积，使接头强度下降。其次，未焊透引起的应力集中所造成的危害，比强度下降的危害大得多，未焊透可能成为裂纹源，会引起焊接结构的破坏。

使用较大电流焊接是防止未焊透的基本方法。另外，焊角焊缝时可以用交流焊代替直流焊；合理设计坡口并加强清理，用短弧焊等措施也可有效防止未焊透的产生。

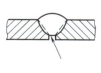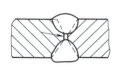

a)　　　　　　　　　　　　　　　　　　　　　　　　b)

图 3-17　未焊透缺欠

a）未焊透示意图　b）未焊透 X 光检测照片

5. 未熔合

未熔合是指焊缝金属与母材金属，或焊缝金属之间未熔化结合在一起的缺欠。

产生未熔合缺欠的原因主要是：焊接电流过小；焊接速度过快；焊条角度不对等；焊接处于下坡焊位置，母材未熔化时已被铁液覆盖；母材表面有污物或氧化物，影响熔敷金属与母材间的熔化结合等。

未熔合是一种面积型缺欠，应力集中也比较严重，其危害性仅次于裂纹。

采用较大的焊接电流，正确地进行施焊操作，注意坡口部位的清洁可以有效地防止未熔合缺欠。

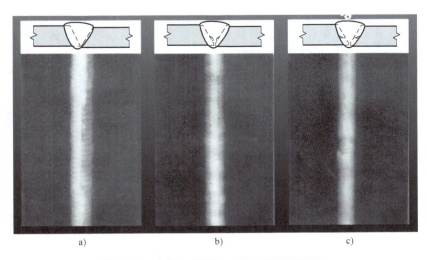

图 3-18　未熔合示意图及 X 射线检测照片

a）根部未熔合 b）内部未熔合 c）坡口内侧未熔合

除上述主要焊接缺欠以外，还有焊缝化学成分或组织成分不符合要求、焊材与母材匹配不当或焊接过程中元素烧损等缺欠。

3.2.2　常用焊接质量检测方法

焊接质量检测主要是指对焊接接头质量的检测，其目的是保证焊接结构的完整性、可靠性、安全性和使用性。除了对焊接技术和焊接工艺的要求以外，焊接质量检测也是焊接结构质量管理的重要一环。

1. 焊接检测的依据及方法

焊接检测的主要依据是：

1）焊接结构设计说明书。根据焊接结构（产品）设计说明书，对应产品在制造中的焊接接头的各项技术条件，进行必要的检测。

2）焊接技术标准。在产品焊接制造中依据一定的焊接标准，焊接标准规定了焊接产品质量要求和质量评定方法，是从事检测工作的指导性文件。

3）焊接工艺文件。焊接工艺文件包括焊接工艺规程、焊接检测规程、焊接检测工艺等，具体规定了检测方法和程序，指导检测人员进行工作。

4）产品订货合同。用户对焊接质量的要求在合同中明确指出的，可作为图样和技术文件的补充规定。

5）焊接施工图样。焊接施工图样是最为简便的检测文件，尤其是工序检测。

6）焊接质量管理制度。企业的管理制度包含质量的检测，可以直接或者间接作为焊接检测的依据。

2. 焊接质量检测方法

焊接质量检测方法主要分为破坏性检测和非破坏性检测。

（1）破坏性检测　破坏性检测主要是在实际焊接结构中进行取样，然后进行相应的检测。

破坏性检测试验主要包括：

1）力学性能试验，包括焊接接头的拉伸试验、硬度试验、弯曲试验、疲劳试验、冲击试验等，主要是进行焊接结构使用性能的检测。

2）化学分析试验，包括焊接接头的化学成分分析、腐蚀试验等，主要是进行焊缝化学成分与接头腐蚀性能的检测。

3）金相检验，包括焊接接头的宏观截面金相检验、焊接接头显微金相检验等，主要用于接头显微组织、晶粒大小等方面的检测。

（2）非破坏性检测　非破坏性检测在焊接工程应用中最为普遍，主要包括：

1）外观检验，包括尺寸检测、几何形状检测、外表伤痕检测等。

2）耐压试验，包括水压试验和气压试验等。

3）密封性试验，包括气密试验、载水试验、氨气试验、沉水试验、煤油渗漏试验、氨检漏试验等。

4）焊接缺欠检测，这是焊接质量检测的关键，主要采用无损检测方法。

3. 焊接无损检测

焊接无损检测是指在不损害或不影响焊接接头性能和完整性的情况下，对焊缝质量是否符合规定要求和设计意图所进行的检验，是利用接头组织内部结构异常或存在缺欠引起的热、声、光、电、磁等反应的变化，以物理或化学方法为手段，借助现代化的技术和设备器材，对焊接接头内部及表面的结构、性质、状态及缺欠的类型、性质、数量、形状、位置、尺寸、分布及其变化进行检查和测试的方法。

焊接无损检测包括焊缝外观检测，即对焊缝的尺寸、表面缺欠的检测，以及焊缝内部缺欠的检测，即对焊缝内部裂纹、气孔、夹渣、未熔合、未焊透等缺欠的检测。其常用的无损检测方法有射线检测（RT）、超声波检测（UT）、磁粉检测（MT）和液体渗透检测（PT）四种。具体用什么方法进行检测，一般设计者按照一定的产品制造标准会在施工图样上进行标注。如果设计图样上没有具体的要求，就需要按照焊接结构制造的相关标准要求来选择无损检测方法。

（1）射线检测（RT）射线检测是指用 X 射线或 γ 射线穿透试件，以胶片作为记录信息器材的无损检测方法。该方法是最基本的、应用最广泛的一种非破坏性检测方法（图 3-19）。

利用 X（或 γ）射线源发出的贯穿辐射线穿透焊缝后使胶片感光，焊缝中的缺欠影像便显示在经过处理后的射线照相底片上，能发现焊缝内部气孔、夹渣、裂纹及未焊透等缺欠。

射线检测的定性准确，有可供长期保存的直观图像，总体成本相对较高，而且射线对人体有害，检测速度会较慢。

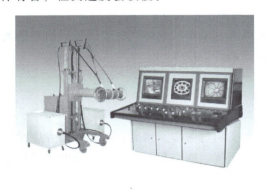
a)

b)

图 3-19 X 射线检测

a）X 射线检测设备 b）室外管道焊缝 X 射线检测

（2）**超声波检测**（UT） 超声波在被检材料中传播时，根据材料的缺欠所显示的声学性质对超声波传播的影响来探测其缺欠。通常用超声波检验内部缺欠和表面缺欠。

由于超声波与试件相互作用，会产生反射、透射和散射现象，通过超声波回波信号的检测与分析，对焊接试件内部进行焊接缺欠检测（图 3-20）。

超声波比射线探伤灵敏度高，灵活方便，周期短，成本低，效率高，对人体无害，但显示缺欠不直观，对缺欠判断不精确，受探伤人员经验和技术熟练程度影响较大。

a)

b)

图 3-20 超声波检测

a）超声波检测设备 b）管道焊缝超声波检测

（3）**磁粉检测**（MT） 铁磁性材料和焊件被磁化后，由于不连续性的存在，使焊缝表面和近表面的磁力线发生局部畸变而产生漏磁场，吸附施加在焊缝表面的磁粉，形成在合适光照下目视可见的磁痕，从而显示出不连续性的位置、形状和大小。磁性探伤主要用于检查表面及近表面缺欠。

（4）**液体渗透检测**（PT） 焊缝表面被施涂含有荧光染料或着色染料的渗透剂后，在毛细管作用下，经过一段时间，渗透液可以渗透进焊缝表面开口缺欠中；经去除焊缝表面多余的渗透液后，再在焊缝表面施涂显像剂，同样，在毛细管的作用下，显像剂将吸引缺欠中保留的渗透液，渗透液回渗到显像剂中，在一定的光源下（紫外线或白光），缺欠处的渗透液痕迹被显示（黄绿色荧光或鲜艳红色），从而探测出缺欠的形貌及分布状态。

液体渗透检测主要用于检查焊接坡口表面、碳弧气刨清根后或焊缝缺欠清除后的刨槽表面、工夹具铲除的表面以及不便于磁粉检测部位的表面开口缺欠。

3.3 焊接操作安全

焊接技术与现代工业同步飞速发展，促进了人类文明与进步。然而，某些焊接方法在焊接过程中会产生电弧、飞溅、烟尘、有毒废气、电磁干扰、噪声和辐射等，直接威胁着焊接操作者的健康与安全。

2000 年 12 月 25 日，洛阳东都商厦由电焊工违章作业引发的大火，造成 309 人死亡的惨剧；2010 年 11 月 15 日，上海市静安区胶州路一幢 28 层的教师公寓，在铺设保温板时，因焊接飞溅引燃保温板而发生重大火灾，造成重大人员伤亡，等等。

多次发生在国内外重大的焊接安全事故都是前车之鉴，广大焊接工作者应该深刻了解焊接制造过程中的安全、健康与环境问题，熟知相关的规定与法则，做好焊接安全防护。

3.3.1 焊接对环境的影响

焊接制造中产生的污染按不同的形式，可以分为化学污染和物理污染两大类。本节主要以电弧焊为例，分析其污染源。

1. 化学有害污染

化学有害污染是指焊接过程中产生的焊接烟尘，包括有害气体和粉尘。

焊接烟尘是在焊接热源（如焊接电弧等）的作用下，焊丝或焊条、母材被熔化、蒸发形成高温高压蒸气向四周扩散，在空气中经氧化、冷凝所形成的气、固微粒混合物。

（1）焊接粉尘 焊接粉尘中的主要有害物质为 Fe_2O_3、SiO_2、MnO、氟化物等。由于焊接粉尘的粒度极小，弥散浓度极高，所以具有很强的黏性和表面活性，加之其向上漂浮慢，下沉聚集所需时间长，因此，极易对人体造成损伤。焊接粉尘主要来自焊条的药皮，或者药芯焊丝中的焊药。

（2）有害气体 在焊接电弧所产生的高温和强紫外线作用下，弧区周围会产生大量的有害气体，主要有 O_3（臭氧）、NO_x、CO、HF 等，其中，CO 所占比例最大。O_3 主要是在短波紫外线的激发下，由空气中的氧被破坏而产生，O_3 浓度与焊接材料、焊接方法及焊接参数等有关；NO_x 是在电弧高温的作用下，空气中氮、氧分子离解，重新结合而成的，明弧焊中常见，如 NO_2、NO、NO_4；CO 在各种明弧焊中都会产生，CO_2 焊接中浓度最高（由 CO_2 高温分解）；HF 主要产生于碱性焊条（碱性焊条中含有萤石、石英石）的电弧焊中。

综上所述，焊接烟尘主要来自焊条的药皮，或者药芯焊丝中的焊药，少量来自焊芯及焊件金属。焊接烟尘的大小与焊条或药芯焊丝种类，也就是与焊条、焊药的化学成分有关，还与焊接方法、焊接参数有关，焊接能量越高，产热越多，烟尘量越大。

2. 物理有害污染

物理污染主要包括噪声、高频电磁辐射、光辐射和热辐射等。

（1）焊接噪声 焊接制造过程的噪声主要是碳弧气刨（碳弧气刨是利用碳极和金属之

间产生的高温电弧，把金属局部加热到熔化状态，同时利用压缩空气的高速气流把这些熔化金属吹掉，从而实现对金属母材进行刨削和切割的一种加工工艺方法）、等离子切割过程中产生的空气动力噪声。噪声的大小取决于不同的气体流量、气体性质、工艺参数、场地情况等。在焊接车间中，这类噪声大多数都在 100dB 以上。

（2）高频电磁辐射　高频电磁辐射是伴随着 TIG 焊和等离子弧焊的应用产生的。当 TIG 焊、等离子弧焊或等离子切割采用高频振荡器引弧时，振荡器产生强烈的高频振荡，击穿钨极与焊件或者喷嘴之间的空气隙引燃电弧，而有一部分能量则是以电磁波的形式向空间辐射，形成了高频电磁场，从而对焊接工位的局部环境造成污染。

（3）光辐射　在焊接中，特别是各种电弧焊接时，会形成光辐射。焊接弧光主要包括可见光、红外线和紫外线等。光辐射的强度取决于电弧焊方法与焊接参数，不同焊方法的电弧、不同参数的电弧光辐射强度不同。另外也与距施焊点的距离以及相对位置、防护方法等有关。除电弧焊外，激光焊同样也有光辐射问题。

（4）热辐射　焊接电弧可以产生 3000℃ 以上的高温，而且电弧产生的强光会产生强烈的热辐射。电弧光中的红外线虽然不能直接加热空气，但在被物体吸收后，光辐射能转变成热能，使物体成为二次辐射热源。

图 3-21 所示为不同电弧焊方法的弧光与焊接烟尘照片，相对于焊条电弧焊，钨极氩弧焊的焊接烟尘较少。

图 3-21　电弧焊弧光与焊接烟尘照片

a）焊条电弧焊　b）熔化极气体保护焊　c）钨极氩弧焊

3. 焊接污染的危害

焊接产生的污染对操作者的身体健康有直接危害，如果不注意防护会使焊接操作者感觉到身体不适，其中化学污染（焊接烟尘和有害气体）可能引起人们咳嗽、咯痰、胸闷、气短甚至咯血，严重的会患上焊接职业病，包括焊工尘肺、锰中毒、氟中毒等。

物理污染会使人们产生不同反应，噪声可导致人烦躁、头痛；高频电磁辐射会让人患上神经衰弱综合征，例如头昏、乏力、心悸、消瘦、脱发等；焊接电弧产生的紫外线辐射可以引起皮炎、急性紫外线角膜结膜炎（电光性眼炎）；红外线辐射可以引起组织的热作用、光化学作用或电离作用，造成人体组织急性或慢性的损伤；最主要的是电弧的可见光，焊接电弧的可见光的光亮度比肉眼正常承受的光亮度大一万倍以上，直接面对电弧很容易造成"打眼"（电焊晃眼），特别是在起弧的瞬间，更容易造成"打眼"，轻者眼部不适，有异物感，重者眼部有烧灼感和剧痛。

激光是目前应用越来越多的一种焊接方法，它是一种高能密度的光源和热源。激光焊接时，工作人员处于强激光附近，如果不加防护，激光可能会对眼睛、皮肤以及神经系统造成直接或者间接的伤害。激光照射到眼睛，轻则使视神经发痛，重则使视网膜损坏；激光照射到皮肤上，会引起皮肤烧伤；激光照射到人体，可能会引起生物组织蛋白质的破坏等。

焊接职业病的发生主要取决于焊接烟尘和气体的浓度与性质及其污染程度，焊工接触有害污染的机会和持续时间，焊工个体体质与个人防护状况，焊工所处生产环境的优劣以及各种有害因素的相互作用。只有在焊工作业环境很差或缺乏劳动保护情况下长期作业，才有引发焊接职业病的可能。只要在焊接施工时对焊接防护加以足够的重视，并采取有效的防护，就能保证焊接工作者的身心健康。

3.3.2　焊接污染的防治

防治焊接污染的途径有污染源的控制、传播途径的治理与加强个人防护。

1. 污染源的控制

焊接过程中产生的各种污染程度取决于焊接方法、工艺、设备及操作者的技术能力。

（1）选择合理的焊接方法及工艺，尽量采用焊接自动化　不同的焊接方法及工艺产生的污染物种类有很大的区别。在条件允许的情况下，尽量选用埋弧焊代替明弧焊；采用光焊丝焊接代替药芯焊丝或焊条电弧焊；采用焊件自熔化焊接代替填充焊丝焊接等，都可以大大降低焊接污染程度。在焊条电弧焊时，应尽量选用低尘低毒焊条，以降低烟尘浓度和毒性。注意选择合理的焊接工艺，尽量避免大的热输入。在生产工艺确定的前提下，尽量采用机械化、自动化，使操作者与施焊部位保持一定的距离。

（2）选用带有环保的一体化设备　在选购电弧焊接设备时，应注重设备的环保性能，多选用配有净化部件的一体化设备。在选择激光焊接设备时，应考虑配套使用的防护装置。

（3）提高操作者技术水平　高水平的焊接工人在焊接过程中能够熟练、灵活地进行焊接操作，降低焊接污染。例如，注意观察焊条烘干程度、倾斜角度、长短以及焊件所在位置等情况，做出相应的技术调整，与非熟练焊工相比焊条电弧焊时的发尘量可以减少20%以上，焊接速度快且焊接质量好。

2. 传播途径的治理

（1）焊接烟尘及有害气体的控制　焊接烟尘及有害气体的治理在传播途径上的控制方式包括全面通风和局部排风。全面通风也称稀释通风，它是用清洁空气稀释室内焊接空间的有害物浓度，使室内空气中有害物浓度不超过卫生标准规定的最高允许浓度，同时不断地将污染空气排至室外或收集净化，它包括自然通风和机械通风。局部排风是对局部气流进行治理，使局部工作地点不受有害物的污染，保持良好的空气环境。

（2）噪声控制　由于焊接车间的噪声主要为反射声，在条件允许的情况下，车间内的墙壁上应布置吸声材料。根据监测表明，在空间布置吸声材料可降低噪声30dB左右。

（3）减少高频电磁辐射　一般的焊接电磁场对人体健康不会有影响，但在TIG焊或等离子弧焊接（或切割）时，常用高频引弧或稳弧（正弦交流TIG焊），会有高频电磁场。注意选择高性能的焊接设备，保证钨棒端部形状，提高引弧成功率，减少高频引弧时间，减少高频辐射；在交流TIG焊时，可以选用方波交流焊接电源，降低稳弧阶段的高频电压以及高频稳弧时间，减少高频辐射。

（4）光辐射的控制　焊接工位周围应设置防护屏。防护屏多为灰色或黑色，防止弧光对焊接工位周围人员的伤害；激光焊接时，焊接工作人员应远离激光焊接工作台，并佩戴防护镜，最好采用专门的激光焊接室，墙体表面采用吸收材料装饰，减少激光的反射。激光焊接时可以采用视频监视方法进行焊接监控。

3. 加强个人防护

焊工个人安全防护是指在焊接过程中为保证焊工安全而采取的防护措施。焊工必备的防护用品有焊工面罩、防护眼镜、焊工工作服、焊工手套、焊工脚套、焊工防护鞋等。

（1）焊工面罩　焊工面罩主要防护眼睛和面部免受紫外线、红外线和微波等电磁波的辐射，也可以避免焊接飞溅对焊工面部烫伤的危害等。焊工面罩有手持式和头戴式两种，面罩和头盔的壳体应选用难燃或阻燃的且无刺激皮肤的绝缘材料制成，罩体应遮住脸面和耳部，结构牢靠无漏光；面罩中的焊接护目镜片应选用符合焊接作业条件的遮光镜片。

（2）防护眼镜　在气焊、气割作业时，应选择防辐射的防护眼镜，镜片采用能反射或吸收辐射线，但能透过一定可见光的特殊玻璃制成，主要防护眼睛免受光的辐射；在焊接、切割的准备工作中，如打磨坡口、清除焊渣时，应选择专用的防护眼镜，防护镜片可选用钢化玻璃、胶质黏合玻璃或铜丝网防护镜，主要用于防御金属或砂石碎屑等对眼睛的机械损伤。在激光焊接时，采用专门的防护眼镜，防止激光对人眼的伤害。

（3）焊工工作服　焊工工作服应根据焊接与切割工作的特点选用，例如棉帆布工作服广泛用于一般焊接、切割工作，可以防止焊工在操作中熔化金属溅出被烫伤或体温升高等。工作服的颜色多为白色，可以减少电弧紫外线对人体的损伤。工作服不应潮湿，工作服的口袋应有袋盖，上身应遮住腰部，裤长应罩住鞋面。工作服不应有破损、孔洞和缝隙，不允许沾有油、脂。

（4）焊工手套　焊工手套应选用耐磨、耐辐射热的皮革或棉帆布和皮革材料制成，其长度不应小于300mm，要缝制结实。焊工不应戴有破损和潮湿的手套，在可能导电的焊接场所工作时，所戴的手套应该用具有绝缘性能的材料（附加绝缘层）制成，并经耐电压5000V试验合格后，方能使用。

（5）焊工防护鞋　焊工防护鞋应具有绝缘、耐热、不易燃、耐磨损和防滑的性能。电焊工所穿防护鞋的橡胶鞋底，应经耐电压5000V的试验合格后方能使用。如在易燃、易爆场合焊接时，鞋底不应有鞋钉，以免产生摩擦火星，在有积水的地面焊接、切割时，焊工应穿经过耐电压6000V试验合格的防水橡胶鞋。

3.3.3　焊接用电安全

大多数焊接方法都离不开电，以最常用的电弧焊为例，电弧负载的特点是低电压大电流，电流一般可以达到几十、几百乃至上千安培。特别是在焊条电弧焊作业过程中，电焊机的两个输出端与焊件和焊钳上的焊条相连接，通过焊条与焊件之间的电压引燃电弧进行焊接。一般焊条电弧焊机输入端是380V或220V交流电压，焊机的空载输出端也有55~90V的直流电压或60~80V的交流电压。工作人员身体直接或间接地接触电焊机的输入端或输出端，均有一定程度的意外触电风险，尤其在下雨天、焊接作业场地有积水或工作人员的手和身体沾水，将会大大增加意外风险。因此，安全用电在焊接操作中必须要引起人们足够的重视。当然，其他焊接方法的用电安全同样要得到重视。

电对人体的伤害主要指电击、电伤和电磁场伤害。电击是指电流通过人体内部，破坏人的心脏、肺部以及神经系统的伤害；电伤是电流的热效应、化学效应或机械效应对人体的伤害等；电磁场伤害主要是指在高频电磁场的作用下，使人呈现头晕、乏力、记忆力减退、失眠、多梦等神经系统的症状。

1. 焊接触电的常见原因

1）焊接中手或身体的某个部分在更换焊条、焊件或者电焊机时，接触到焊钳、焊条等带电部分，而脚或身体的某部位对地面或金属结构之间的绝缘不好，尤其是在容器管道内、阴雨天潮湿的地方或人体带大量汗水的情况下进行焊接，容易发生触电事故。

2）手或身体某部分碰到裸露而带电的接线头、导线、电缆线而发生的触电事故。

3）在靠近高压电网的地方进行焊接而引起的触电事故。

4）焊接设备漏电而引起的触电事故。

2. 防止焊接触电的措施

为了保证焊接操作者的用电安全，国家及有关行业、企业制定了一系列的用电安全、焊接设备安装与使用安全、焊接操作安全等标准，对于用电和设备安装、维护、使用以及焊接操作都做了详细的规定，以保证焊接操作者的安全，以及焊接生产的安全。作为焊接生产的管理者、焊接操作者都必须熟悉标准，严格按照有关标准进行焊接安全生产。

为了树立安全意识，理解安全的重要性，结合焊接触电的常见原因，给出一些防止触电的措施，但是，实际工程领域的安全要求远不止这些，还需要结合具体工程进行不断的学习。

1）从事焊接管理与焊接操作的人员，均要严格遵守安全操作规程；焊接操作人员佩戴必需的安全防护用品，例如，符合安全要求的焊工防护服、绝缘鞋、绝缘手套等，以保证焊接生产的安全。

2）在通风条件较差、空间较狭小的容器或舱室内进行焊接时，应派设监护人员；要尽量保持舱内通风良好，严禁将漏电的焊枪或割枪带入舱内，防止触电事故发生。

3）夏天施焊时，为了减少焊工大量出汗，应注意连续焊接操作时间，轮换工作；对于自然通风不良的场所，应配置必要的机械通风设备；如遇雨、雪天，应采取必要的安全措施。

4）禁止在带电的设备与容器上进行焊接，若必须焊接时，要采取充分的安全措施。

5）电焊机和其他用电设备的机壳，均应保证有良好的接地措施。

6）定期对焊接设备、电缆、工具等进行检查，清除安全事故隐患；电焊机的接线、安装、检查和修理等工作需由电工进行，焊工不得擅自拆装。

7）采用灯具照明时，一般情况下，电压不得超过 36V，灯具应有安全保护罩，且应注意电线的保护。

8）遇到有人触电时，不得赤手去接触，应先迅速将电源切断。

任何一个焊接生产场地、车间、工厂都必须有明确的、详细的安全管理规则，并且悬挂在显著位置，使所有工作人员具有高度的安全意识。

复习思考题

1. 为什么说焊接工程安全是焊接工作者应该承担的社会责任？

2. 影响焊接工程安全的主要因素有哪些？

3. 在焊接结构、焊接工艺方案设计时应注意哪些问题？

4. 焊接缺陷对工程焊接结构有哪些影响？

5. 常见的焊接缺欠有哪些？什么是外观缺欠？

6. 常用的无损检测方法有哪些？

7. 焊接缺欠与焊接缺陷的差异是什么？

8. 结构制造中处理焊接缺欠的常用方法是什么？

9. 焊接对环境、人体健康有无影响？在焊接工艺方案设计中如何考虑这些影响？

10. 焊接污染主要有哪些？在绿色焊接技术研究与应用中，应考虑哪些问题？

11. 通过网络检索，了解防止焊接污染的措施与装置，并考虑其适用范围。

12. 通过网络检索，了解焊工必备的防护用品及用途。

13. 激光焊接中，有哪些焊接安全问题？应采取哪些措施？

14. 工程中安全用电电压、用电电流分别是多少？

15. 保证焊工用电安全的基本措施有哪些？

焊接科学基础

焊接被誉为"工业的裁缝"，它是先进制造技术中最为常用的加工技术之一，在现代工业制造领域得到了广泛的应用。大到"西气东输"、港珠澳大桥、超级 LNG（Liquefied Natural Gas）船（液化天然气船，是在−163℃低温下运输液化气的专用船舶），小到电子芯片制造、微纳连接，都离不开焊接。因此焊接工程安全与社会、人们生活密切相关。为什么会存在焊接工程安全问题？哪些焊接问题影响着焊接工程安全？为什么会有这些问题？如何解决这些问题？这些都是焊接科学所要解决的问题。

本章将结合金属材料焊接的特点，阐明有关焊接科学问题，重点介绍焊接科学的基本原理以及所涉及的物理、化学及相关学科知识领域，使读者了解焊接科学的内容以及焊接科学体系，为专业学习奠定基础。

4.1 焊接基本原理

1888 年，达尔文曾给科学下过一个定义："科学就是整理事实，从中发现规律，做出结论。"焊接是人们熟悉的名词，焊接科学则是大多数人没有接触到的名词。所谓焊接科学就是通过实践，从中发现焊接的规律，得出结论，应用这些规律、结论指导焊接。要了解、掌握焊接科学，首先要基于物理、化学等基础理论理解什么是焊接，焊接的本质是什么。

4.1.1 焊接的物理本质

我国的国家标准将焊接定义为"通过加热或加压，或两者并用，并且用或不用填充材料，使焊件达到永久结合的一种方法"。通过焊接的定义可以知道，焊接是通过加热、加压或两者兼用的方法，将分离的固体材料达到原子或者分子间的结合，从而形成永久性连接的制造加工工艺。

被焊的固体材料一般简称母材、工件或焊件。以熔焊为例，通过加热使分离材料接缝处的金属熔化连接而成的缝称作焊缝。焊缝两侧母材受焊接过程热或力（形变）的影响，使其显微组织、材料性能发生改变的区域称作焊接影响区。如果焊接影响区性能的改变主要是受焊接热影响引起的，则该区称为焊接热影响区；如果主要是受焊接过程的形变影响引起的，则称为焊接形变区；如果焊接影响区性能的改变是由焊接热和形变综合引起的，则该区称为焊接热形变区。对于熔焊来说，焊接影响区主要是受热影响，所以是焊接热影响区。熔焊的焊接接头包括焊缝、热影响区和部分母材金属，图 4-1 所示为金属材料熔焊的焊接接头。

焊接是材料连接的一种方法。根据材料连接接头形成的物理本质不同，材料连接的方法可分为焊接、机械连接（包括螺纹连接、铆接和销键连接等）和粘接。

机械连接的连接面虽然也是紧密接触，但由于接触面上存在着较大的平面度和氧化皮、油污等各种污染物，两个连接面之间基本不存在稳定的原子间的结合，主要是通过机械结构传递力学载荷，依靠摩擦力连接在一起。机械连接件可以根据需要，随时被拆分。

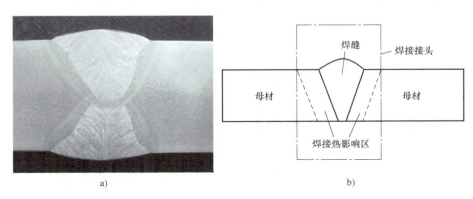

图 4-1　金属材料熔焊的焊接接头

a）熔焊焊缝横截面　b）焊接接头示意图

粘接是一种依靠流体粘结剂对固体材料表面的良好润湿作用，与固体材料表面形成紧密的接触，待流体粘结剂固化以后，这种紧密的接触面就形成了粘接接头。对于金属材料粘接来说，粘接的物理本质是固体金属材料表面与粘结剂材料产生了分子键的作用力，这种作用力本质上也是一种原子间的作用力，只是这种作用力仅限于金属材料与粘结剂材料的表层原子，其实质上是一种界面张力，因此，这种作用力是很小的，很容易被破坏。同时，粘接接头也存在由于固体材料表面平面度引起的机械结合力。粘接接头在非破坏情况下是不可拆分的，这与焊接接头是相似的。

对于塑料材料的粘接，由于粘结剂与塑料本身分子结构的相似性，它们之间极易产生相互溶解、扩散甚至化学反应，待粘结剂固化后，固化剂与塑料之间形成连接。这种连接接头不仅存在分子键的结合，而且还存在一定范围内原子或者分子的扩散和混合。从物理本质上看，塑料粘接接头与焊接接头极为相似，但是之所以不同于焊接，是因为塑料粘接一般不使用加热或加压的方式，而塑料焊接则必须使用加热或加压的方式。即使有时塑料粘接也会使用加热或加压的辅助手段，但加热或加压并不是粘接所必需的，只是起加速粘结剂固化或辅助粘接接头形成的作用。

焊接既不同于机械连接，也不同于粘接。焊接接头内不存在机械连接的物理机制，完全是依靠被焊材料连接区域原子或者分子间结合实现连接的。而且原子或分子间结合的区域需要有一定的深度，不仅仅局限于材料表层原子或者分子间的结合。更重要的是，只有通过热或（和）力的作用而形成的、具有一定空间内产生原子或者分子间结合所形成的连接接头才能称为焊接接头。

图 4-2 所示分别为金属材料粘接与焊接的物理本质区别。粘接的原子结合限于金属固体材料与粘结剂材料表层界面的结合（图 4-2a）。而焊接则是在分离材料界面一定深度区域内原子的结合，即被连接金属材料在界面的一定几何空间内的原子发生了相互扩散与混合，达到原子间的结合（图 4-2b）。

焊接接头的连接机制与粘接相比，产生了本质的变化，在被连接材料原子的混合区内，双方原子不再是依靠单纯的界面张力产生交互作用，而是依靠双方原子间的静电作用共同参与该区域内晶体结构的重建，从而通过在结合区内形成双方共有组织结构使被焊材料"长在了一起"。因此，通过焊接形成的接头是永久的，在非破坏情况下是不可拆分的，而且，金属材料焊接接头连接的可靠性会比粘接接头更高。

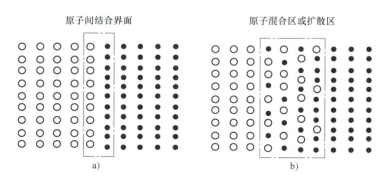

原子间结合界面　　　　　原子混合区或扩散区

a)　　　　　　　　　　b)

图 4-2　金属材料粘接与焊接的物理本质区别

a）粘接接头　b）焊接接头

由此可见，焊接必须满足以下几个要素：

1）焊接必须是被焊材料间在连接区域内存在普遍的原子（或分子）间结合，而且这种原子（或分子）间的结合不仅仅限于被焊材料接触界面的表层原子。

2）要实现被焊材料间普遍的原子（或分子）间结合，被焊材料连接区域内必须产生普遍的原子（或分子）间扩散或者原子（或分子）间混合。

3）使分离材料产生原子（或分子）间结合的驱动力必须是热能的作用或（和）机械能的作用。

由于实际焊接中，施加热能和机械能的方法为加热和加压，因此，根据焊接的物理本质，可以进一步理解焊接的概念：焊接是一种通过加热、加压或两者兼用的方法，使被焊固体材料之间的连接区域内产生普遍的原子（或分子）混合或扩散，达到原子（或分子）间结合，从而形成永久性连接接头的工艺。

4.1.2　基本焊接方法的原理

所谓焊接，实际上就是如何对焊件进行加热或（和）加压，使被焊材料之间产生普遍的原子间结合。基于物理、化学的知识可知，要使两个原子之间产生结合力，其原子间距必须接近到与原子自身尺寸相近的原子间距（图 4-3）。

要把两个分离的固体材料表面接近到原子间距似乎并不困难，但是由于任何焊件的表面都存在着平面度，即使通过精细抛光，焊件表面的平面度也会在微米级的水平，而达到原子间相互作用的距离需要在几十纳米之内。即使将两个经过精细抛光的

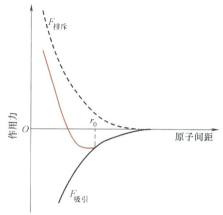

图 4-3　原子间的作用力和距离的关系

被焊母材表面紧密靠在一起，它们之间也只有若干有限数量的点能够真正产生接触。如果这些接触点的表面没有其他污染物，其表层原子间就可以产生作用力。然而，即使所有的接触点表面都是绝对干净的，由于焊件表面平面度的限制，焊件接触时，两焊件间真正实现原子接触的面积是极其有限的，因而产生的结合力也是微乎其微的。更不用说，实际接触点的表面还存在氧化皮、油污等各种污染物，隔离了双方原子之间的真正作用。因此，在实际工程中，单纯依靠提高焊件表面平整度实现焊接是非常困难的。

那么，在工程实践中又是如何实现焊接的呢？即如何让分离材料原子之间在连接区域内产生普遍意义上的相互扩散或其他形式的原子混合呢？从理论上讲，就是采用有效的方法，增加焊件表面的接触面积，去除接触区域内的污染物，以减少原子间扩散阻力和结合障碍。通过长期的探索与实践，人们发明了实施分离材料焊接的基本方法，即熔焊、压焊与钎焊。这些焊接方法的基本原理在第 2 章已经进行了介绍，在此概括如下：

（1）熔焊　分离材料焊接区通过加热熔化形成液态，达到原子间结合实现焊接。熔焊过程中，利用火焰、电弧、激光、电子束等各种能量密度热源对焊件的接触区域进行局部加热，产生快速熔化形成液体混合，移去热源后，熔化的液体快速冷却凝固形成焊缝实现焊接。分离材料焊接区通过加热熔化形成液态是该种焊接方法的根本特征。

（2）压焊　通过对焊件施加压紧力，使焊件接触区域及其附近产生宏观塑性变形，消除焊件表面平面度，增加焊件表面的接触面积，并有效挤出接触界面内的污染物，从而实施焊接的方法。在焊接过程中对焊件施加压力，焊件产生宏观塑性变形是压焊的根本特征。

在压焊过程中，焊件接触面因大量塑性或弹性变形，接触界面的原子能量急剧增加，为接触区内焊件之间的原子扩散提供了动能。在实际压焊中，为了增加焊件塑性变形的能力以及增加焊件接触区原子的扩散能力，在给焊件施加压力的同时，还可以将焊件焊接端面及其附近区域进行加热，甚至将焊接区域加热至熔化状态。

（3）钎焊　利用某些液态金属容易润湿固体金属表面的特点，将熔点低于被焊母材的钎料置于焊件连接处，通过加热，达到低于母材熔点却高于钎料熔点的某一温度使钎料熔化，通过液态钎料在母材表面或间隙中的润湿、铺展和毛细流动填缝，最终冷凝结晶，从而实现原子间结合的一种材料连接方法。焊接过程中，通过加热使钎料熔化形成液体，实现被焊材料的固相焊接是钎焊方法的根本特征。

4.1.3　焊接接头的组织结构与性能

金属材料宏观上表现出来的强度、韧性等力学性能，是由金属材料的化学成分、显微组织结构所决定的。金属材料用于实际工程结构往往需要焊接，由于焊接的局部加热、加压，使被焊金属的连接部位，也就是焊接接头的化学成分、显微组织结构发生变化，导致焊接接头与母材的力学性能出现一定的差异。

平时看到的焊接接头与母材，表面上似乎没有什么差别，实际上却存在着很大的差异。如果采用金相分析方法，在一定放大倍数的金相显微镜下，就可以看到它们的微观组织。用这种方法显示出来的组织称为金属材料、焊接接头的显微组织，它是决定材料、焊接接头性能的重要内在因素之一。

图 4-4 给出的是一种奥氏体中锰钢（其质量分数为：$w_C = 0.98\%$，$w_{Mn} = 8.0\%$，$w_{Mo} = 2.8\%$，$w_{Cr} = 1.4\%$）材料及采用 TIG 焊后，焊接接头的金相显微组织。从图 4-4 中可以看

到，有形状、大小不同的颗粒，这些颗粒称为晶粒；颗粒与颗粒之间有明显的交界，称为晶界。

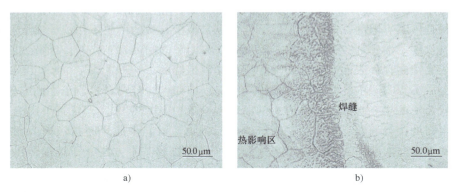

图 4-4　中锰钢及焊接接头的金相显微组织

a）母材　b）TIG 焊接头

图 4-4a 所示为中锰钢的显微组织，其晶粒细小，且晶粒尺寸大小比较均匀。图 4-4b 所示为中锰钢 TIG 焊接头的显微组织，焊缝、热影响区的晶粒比较粗大。焊接热影响区内部靠近焊缝的晶粒尺寸比远离焊缝的晶粒尺寸要大。根据相关的物理、化学基础理论以及试验证明，金属材料的晶粒越细小，其力学性能越好。

由此可见，由于焊接的局部加热，造成焊接接头的显微组织与母材不同，导致焊接接头的物理、化学等性能与母材不同。一般金属材料熔焊接头的性能都会低于母材的性能。

焊接方法、焊接参数等对焊接接头显微组织的影响规律，焊接接头显微组织与性能之间的关系以及变化规律，如何控制焊接接头的显微组织与性能等，都是焊接科学要研究解决的问题。只有弄清了这些科学问题与规律，才能更好地将焊接技术用于工程实际。

4.1.4　熔焊接头的形成过程

对于熔焊来说，焊接接头由焊缝金属和焊接热影响区组成。焊接热影响区既包括成分不受熔敷金属影响的母材热影响区，也包括母材与焊缝熔合的界面区（简称熔合区）。因此，如果细分，熔焊接头的焊缝、焊接热影响区还可细分为焊缝、熔合区和焊接热影响区三个部分（图 4-5）。

因此，要评价一个焊接接头的显微组织与性能往往要对这三个区域的显微组织与性能进行综合评价。了解焊接接头中焊缝金属、熔合区以及热影响区在焊接过程

图 4-5　熔焊接头示意图

中的形成过程，对研究焊接接头显微组织和性能的变化规律具有重要价值。

1. 焊缝

焊缝是熔焊接头的最重要组成部分，是由焊接过程中熔化的焊接材料和部分被熔化的母材形成熔池，其液体金属充分混合后凝固而成的。此时，焊缝金属的成分主要由焊接材料的成分、母材的成分以及两者的熔合比例共同决定。此处的熔合比例简称熔合比，特指焊缝金属中熔化的母材所占的比例。熔合比的大小由焊接材料、母材的物理与化学性能、焊接参数

以及焊工的操作等因素共同决定。焊接科技人员可以通过焊接材料的设计，使焊接材料在焊接过程中产生一系列的高温冶金反应，以达到控制焊缝金属成分、显微组织和性能的目的。

对于一些不用填充材料的母材自熔焊来说，焊缝则完全由局部熔化的母材凝固而成，此时焊缝金属的化学成分与母材基本一致，不过因焊缝凝固条件及随后冷却条件的变化，使焊缝金属的显微组织形态发生变化，从而导致焊接接头性能与母材性能不一样。此种焊接条件下，主要通过焊接方法、焊接参数的选择、调节焊接热输入来控制焊缝的显微组织与性能。

图 4-6 所示为不同激光功率 1.2mm 板厚中铬铁素体不锈钢激光焊焊接接头显微组织。由图 4-6 可见，焊接接头中的焊缝组织晶粒基本都呈板条（柱）状。在焊接速度 v 不变的条件下，随着激光功率 P 的增大，焊接热输入增大，焊缝板条（柱）状晶粒粗大。试验证明，晶粒越粗大，焊接接头的抗拉强度越低，塑性越差，这是显微组织与性能关系中比较重要的规律。

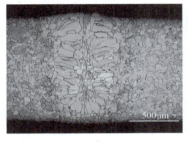  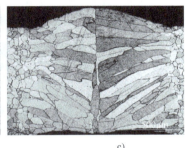

a)   b)   c)

图 4-6　不同激光功率 1.2mm 板厚中铬铁素体不锈钢激光焊焊接接头显微组织
a）$P = 1450\text{W}$，$v = 16.7\text{mm/s}$　b）$P = 1550\text{W}$，$v = 16.7\text{mm/s}$　c）$P = 1650\text{W}$，$v = 16.7\text{mm/s}$

2. 熔合区

熔合区是焊缝金属与母材热影响区的交界区，由焊接过程中处于半熔化状态的母材金属冷却凝固而成。熔合区一侧连着焊缝金属，成分与焊缝金属相近；另一侧连着热影响区，成分则与母材相近。因为处于半熔化状态的母材金属受到了完全熔化的焊缝金属成分的剧烈扩散渗透，所以凝固后的熔合区成分存在显著的不均匀性和梯度分布，是焊缝金属与母材金属的不完全混合区。

一般情况下，由于熔池边缘的温度变化率（温度梯度）很陡，熔合区宽度很窄，大都处于几微米到数百微米之间，在宏观上看，近乎一条线，因此，熔合区也称为熔合线。

图 4-7 所示为 TP321 管焊接接头显微组织，可以清楚地看到焊缝、热影响区、熔合线及母材的显微组织。

熔合区内的材料成分、组织是很不均匀的，所以导致性能不均匀。加上焊缝金属与母材在焊接过程中热胀冷缩方面的差异，导致熔合区承受较大的切应力，使得熔合区有可能成为焊接接头中性能最为脆弱的区域。

3. 焊接热影响区

焊接热影响区（Heat Affect Zone，HAZ）是焊接过程受到焊接热的影响而导致其显微组织、性能发生变化，但并未熔化的那部分母材金属。由于熔合区比较窄，有时也将焊接热影响区和熔合区统称为焊接热影响区。

焊接热影响区常常是焊接接头出问题的区域，即是显微组织与性能不能达到焊接质量要求的区域，也是焊接技术人员最难以掌控的一个区域。

焊接热影响区是母材的一部分，尽管在熔焊加热过程中是不熔化的，但是在焊接加热、冷却过程中，热影响区的母材在固态下也会发生显微组织的变化。例如，从图4-6可以看到，随着激光功率的增加，不仅焊缝中的晶粒会变得粗大，焊缝周围热影响区的晶粒也随着激光功率的增加而变大。除了晶粒大小的变化外，很多金属材料的焊接热影响区还会发生固态相变（4.3.2将介绍其概念），也会导致焊接热影响区显微组织的变化。

由于焊接热影响区是从熔合区一侧到完全未受焊接热影响的母材一侧，整个热影响区在焊接过程中的加热及冷却条件（受热温度、冷却速度等）跨度较大，导致焊接热影响区内的显微组织与性能变化不均匀且较为复杂。从图4-8所示的低碳钢熔焊接头热影响区示意图可以看出，按照受热温度和显微组织分类，焊接热影响区又可以分为：过热区、正火区、部分相变区等。热影响区的组织与焊缝、母材的组织不同，焊接热影响区各区域的组织也不同，导致其性能也不同。

图4-7　TP321管焊接接头显微组织

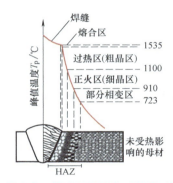

图4-8　低碳钢熔焊接头热影响区

图4-9所示为700MPa级高强度调质钢板采用$\phi1.2mm$BHG-4M焊丝、80%Ar+20%CO_2（体积分数）混合气体保护焊进行对接接头焊接试验的焊接接头显微组织。所用的焊接参数为：焊接电流300A，电弧电压33V，焊接速度50mm/s。由图4-9可以看到，焊接热影响区中的熔合区、过热区与部分相变区的显微组织形态、晶粒大小都有明显的差异。

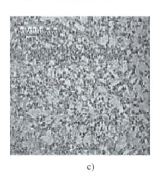

　　　　　　a)　　　　　　　　　　　　　　b)　　　　　　　　　　　　　c)

图4-9　700MPa级高强度调质钢板焊接接头显微组织

a）熔合区　b）热影响区过热区　c）热影响区部分相变区

4.2　焊接传热

　　由于绝大多数的焊接方法都采用了加热的方法，特别是用量最大的熔焊方法，更是采用不同的热源，使焊件产生局部的熔化实现焊接。在焊接热源作用下，被焊金属加热与冷却条件是决定焊接接头显微组织和性能、接头质量以及焊接生产率的重要因素。因此有必要对焊接热过程进行分析研究，也就是焊接传热学。

　　焊接传热学主要研究焊件、填充材料在焊接热源作用下的热量传递和分布规律，是焊接科学中的基础理论之一。

　　本节仅简单介绍焊接传热学的基本概念，使大家对焊接传热学有初步的认识。

1. 焊接传热过程

　　提及焊接传热，人们或多或少有种陌生感，但去掉焊接两字，传热是物理学的基本知识之一。热与热能的传递在人们的生活中无所不在：从一年四季人们穿着的变化到自然界中风霜雨雪的形成，从航天飞机重返大气层时壳体的热防护到计算机的风扇冷却，都与热能的传递密切相关。

　　那么，热能为什么会传递呢？热力学第二定律指出：凡是有温差存在的地方，就有热能自发地从高温物体向低温物体传递（传递过程的热能常称热量）。自然界和各种生产加工过程中都存在着温差，因此，热能的传递就成为自然界和生产技术领域一种极普通的物理现象。根据物理学可知，热的传递有三种基本方式：热传导、热对流与热辐射。

　　在现代焊接制造中，绝大部分焊接方法都需采用不同性质的热源来进行加热。熔焊时，被焊金属在热源的作用下发生加热和熔化，当热源离开以后，加热的金属开始冷却。在整个熔焊过程中必然存在着热的输入、传递和分布问题，其特征取决于热源的性质、热源的功率、被焊金属的热物理性质，以及焊件尺寸和焊接工况环境等。

　　从焊接概念可以看出，加热是材料焊接中使分离材料达到原子之间结合的主要方法。在焊接过程中，被焊金属由于热的输入和传递，而经历加热、熔化（或达到热塑性状态）和随后的凝固及连续冷却过程，称为焊接热过程。

　　不同的焊接方法采用不同的热源，常用的焊接热源有：电弧热、化学热、电阻热、摩擦热、等离子焰、电子束、激光束等，每种焊接热源都有其本身的特点，焊接热过程也存在着一定的差异。

　　焊接热过程贯穿于整个焊接过程的始终，对于焊接质量和焊接生产率有重要影响。熔焊的热过程具有以下四个主要特点：

　　（1）焊接热源的局部集中性　焊件在焊接时往往不是整体被加热，而是将焊接热源直接作用在焊件连接部位，加热集中在很小的区域，导致焊件加热及冷却极不均匀。

　　（2）焊接热源的运动性　熔焊大多数是连续焊缝，焊接过程中热源是连续移动的，使焊件的受热区域不断变化。当焊接热源接近焊件某一点时，该点温度迅速升温，而随着焊接热源的逐渐远离，该点又冷却降温。

　　（3）焊接热过程的瞬时性　熔焊采用的焊接热源能量密度高，在高能量密度集中热源的作用下，分离焊件连接区域加热速度极快（电弧焊时可达到 1500℃/s），即在很短的时间内把大量的热能传给焊件；由于加热的局部集中性和热源的运动性，使焊件连接区域的冷却速度也很快。

（4）**焊接传热过程的复合性**　以最为普遍的电弧熔焊为例，焊接熔池中的高温液体金属处于强烈的运动状态，在熔池内部传热过程以对流传热为主，在熔池外部的焊件则是以固体热传导为主，同时也存在着电弧辐射加热、周围气体对流传热等。

2. 焊接温度场

根据焊接热过程分析可以看出，在焊接过程中的某一个时刻，焊件上各个点的温度是不同的。而对于焊件上的某一个点，各个时刻的温度也是不同的。为了分析焊接热过程，可以将某个时刻，焊件上各个点的温度测量出来，并绘制在一张图上，表示某个时刻焊件上的温度分布，这就是焊接温度场。

在焊接温度场中，可以将相同温度的点连接起来，就形成了等温线或等温面。为了清楚地表示焊接温度场，可以根据分析的需要，设定一定的温度间隔，从而得到以不同温度等温线或等温面描述的焊接温度场，图 4-10 所示为低碳钢薄板电弧焊某瞬时的焊接温度场。图 4-10 中标出了 1600℃、800℃、500℃、250℃ 的等温线，可以清楚地看清某个时刻焊件上的瞬时温度分布。由图 4-10 可以看到该焊接温度场呈椭圆形。焊接过程中，焊件各点的温度每一瞬间都在变化，在一定的焊接条件下，这种变化是有规律的。

焊件上各点瞬时温度分布对分析焊接传热过程以及焊接过程的物理、化学变化至关重要。

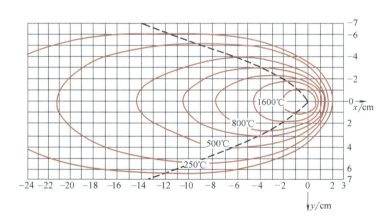

图 4-10　低碳钢薄板电弧焊某瞬时的焊接温度场

影响焊接温度场的主要因素：

（1）**热源的种类及焊接参数**　采用的焊接热源的种类不同（电弧、等离子弧、激光、电子束等），焊接时，焊件的温度场也不同。焊条电弧焊的加热面积较大，温度场范围也较大。而激光熔焊时，热能集中，温度场的范围较小。即使采用同样的焊接热源，由于焊接参数不同，焊接温度场也不同。图 4-11 所示为 10mm 厚低碳钢板件，同样焊接速度下，不同热源热输入 q 下的焊接温度场。

思考一下：热源热输入相同，随着焊接速度的增加，焊接温度场会怎么变化呢？

（2）**被焊材料的热物理性质**　各种材料的热物理性质（例如热导率、比热容、表面散热系数等）不同，会影响焊接温度场的分布。例如不锈钢材料导热很慢，而铜、铝等材料导热很快，在同样的焊接热源、相同的焊件尺寸情况下，焊接温度场有很大差别。图 4-12

所示为在相同的热输入（$q = 4.19J/cm$）、速度（$v = 2mm/s$）、板厚（$\delta = 10mm$）和初始温度（$T_0 = 0℃$）条件下，不同材料板件的焊接温度场。通过图 4-12 能总结出相应的规律吗？

（3）**焊件的形态** 焊件的几何尺寸、板厚和所处的状态（预热及环境温度等），对传热过程均有很大影响，因而影响焊接温度场。

根据焊件的厚度和尺寸形状，传热的方式可以是三维的（三向传热）、二维的（平面传热）和一维的（单向传热）。因此温度场也可以是三维的、二维的和一维的。此外，焊接接头形式、坡口形状、焊件间隙、施焊工艺等对焊接温度场有不同程度的影响。

（4）**热源作用时间** 根据热源作用时间，可以将热源分为瞬时集中热源和连续作用热源，热源作用时间的长短对焊接温度场也有重要的影响。

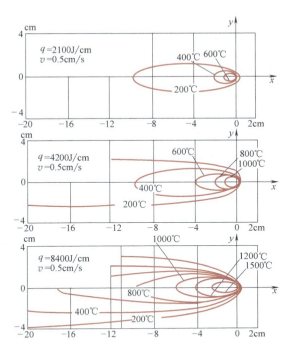

图 4-11　不同热源热输入下的焊接温度场

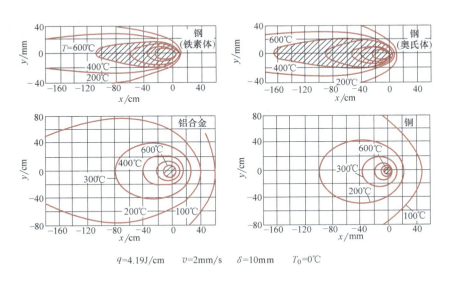

$q=4.19J/cm$　　$v=2mm/s$　　$\delta=10mm$　　$T_0=0℃$

图 4-12　不同材料板件的焊接温度场

3. 焊接热循环曲线

在焊接过程中热源沿焊件移动，在焊接热源作用下，焊件上某点的温度随时间也是变化的。当热源向该点靠近时，该点的温度升高，直到达到最大。随着热源的离开，温度又逐渐降低，这个过程可以用一条曲线来表示，这条曲线称为热循环曲线（图 4-13）。

图 4-13 表示的是焊件上某一个点的焊接热循环曲线，其中 T_{max} 表示加热的最高温度，T_H 表示的是该种材料的相变温度，T_c 表示的是热循环曲线上对应 c 点的瞬时温度。

通过对图 4-13 所示曲线的分析与计算，可以得到热循环曲线的主要参数：

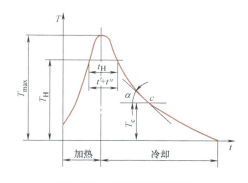

图 4-13　焊接热循环曲线

（1）加热速度（ω_H）　加热速度即加热阶段热源对焊件的加热速度。焊接的加热速度 ω_H 受许多因素的影响，诸如焊接方法、被焊金属材料热物理性质、板厚以及焊接热输入等。焊接热源的集中程度越高，焊接加热速度越快。

（2）峰值温度（T_{max}）　峰值温度即加热最高温度。距焊缝远近不同的各点，加热的最高温度不同。焊接过程中的高温使焊缝附近的金属发生晶粒长大，对焊接热影响区的组织与性能有很大影响，例如，焊接熔合线附近的过热区，就是因为温度高，引起晶粒粗大，致使该区域的韧性下降。

（3）相变温度以上停留的时间（t_H）　相变温度以上停留的时间主要是指具有相变特性的被焊材料在焊接热循环中，在相变温度 T_H 以上停留的时间。该时间对于金属显微组织结构中，相的溶解、析出、扩散均质化以及晶粒粗化等影响很大。

（4）冷却速度（ω_C）或冷却时间　冷却速度即冷却阶段的焊件冷却速度。冷却速度 ω_C 是决定焊缝、焊接热影响区最终显微组织与性能的重要参数，是研究焊接热过程的主要内容。

对于低合金钢，人们感兴趣的是冷却过程中约在 540℃ 的瞬时冷却速度，因为此时的冷却速度对焊接接头显微组织影响很大。为了便于测量与分析，人们采用 800~500℃ 的冷却时间 $t_{8/5}$ 来替代 540℃ 左右的瞬时冷却速度 ω_C。所以，在某些金属材料焊接中，常采用 $t_{8/5}$ 作为热循环曲线的主要参数之一。

图 4-14 表示了焊缝不同距离点的热循环曲线，可以清楚地表明焊缝两侧区域各个点的温度由低到高，又由高到低的变化规律：①离焊缝距离越近的点，其加热速度越大，加热的峰值温度越高，冷却速度也越大；②焊接加热速度远大于冷却速度。

从焊接温度场及热循环曲线可以看出，对于整个焊接接头来说，焊接是一个不均匀加热和冷却的过程，这种不均匀的加热过程将引起焊接接头显微组织和性能的不均匀变化，以及复杂的应变和应力状态。分析研究焊接热循环规律，对于控制和提高焊接接头质量是相当重要的。

4. 焊接热作用

焊接热作用对焊接过程、焊接接头显微组织与性能以及焊接生产率都有重要影响：

1）施加到焊件金属上热量的大小与分布状态决定了熔池的形状与尺寸。图 4-15 是熔化极气体保护电弧焊不同热输入（焊丝送丝速度 v_s 越大代表焊接热输入越大）条件下，铝合金平板熔焊焊缝横截面的几何形状变化图。

2）焊接熔池进行物理、化学反应的程度与热的作用及熔池存在时间的长短有密切的关系。

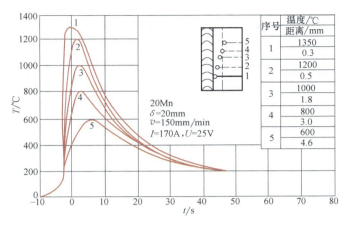

图 4-14 焊缝不同距离点的热循环曲线

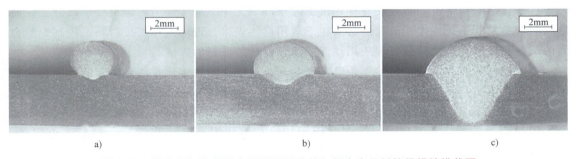

图 4-15 熔化极气体保护电弧焊不同热输入铝合金平板熔焊焊缝横截面

a）$v_s = 3m/min$ b）$v_s = 6m/min$ c）$v_s = 9m/min$

3）焊接加热和冷却参数的变化，影响熔池金属的凝固、相变过程，并影响热影响区金属显微组织的转变，因而焊缝和焊接热影响区的显微组织与性能也都与热的作用有关。

4）由于焊接各部位经受不均匀的加热和冷却，从而造成焊接接头显微组织与性能的不均匀；同时，也造成焊接接头不均匀的受力状态，产生不同程度的焊接应力与变形（将在4.5介绍）。

5）不同材料、不同结构的焊接，在焊接热作用下会发生各种物理、化学变化，有可能产生不同的焊接缺欠。

6）焊接输入热量及其效率决定母材和焊条（焊丝）的熔化速度，因而影响焊接生产率。

4.3 焊接冶金

熔焊中，在焊接热源的作用下，焊件与填充材料熔化形成熔池，在焊接熔滴、熔池中会发生一系列的物理、化学反应，因为这些反应具有冶金反应的特点，所以在焊接领域称为焊接冶金反应。

焊接冶金是指在熔焊过程中所发生的气体-熔渣-金属之间的物理与化学变化、熔化金属的结晶凝固以及由于焊接热循环造成的焊接热影响区内金属显微组织和性能的变化等。

从焊接接头的形成过程可以看到，焊接接头各个区域的显微组织、性能受到焊接过程许多因素的影响。这些因素归纳起来有三个方面：母材、焊接材料和焊接热。焊接材料在焊接热的作用下通过一系列高温冶金作用后形成熔敷金属（焊缝中那些来自焊接材料的金属），而在连接区域附近的母材在焊接热作用下形成焊接热影响区。

焊接冶金学的任务就是研究焊接热与焊接材料、被焊母材的交互作用规律，也就是研究焊接材料和被焊母材在焊接热作用下所发生的一系列高温化学、物理变化，为实现焊接接头的成分控制、组织控制和性能控制，即焊接控性，保证焊接工程结构的使用性能奠定科学理论基础。

4.3.1 焊接化学冶金

在熔焊过程中，焊接区内各种物质在高温下相互作用反应的过程称为焊接化学冶金过程。焊接化学冶金过程对焊缝金属的成分、性能，某些焊接缺欠（如气孔、结晶裂纹等）以及焊接工艺性能都有很大的影响，现已发展成为焊接科学的一个重要分支——焊接化学冶金学。

焊接化学冶金学主要研究在各种焊接工艺条件下，化学冶金反应与焊缝金属成分、性能之间的关系及其变化规律。研究的目的在于运用这些规律合理地选择焊接材料，控制焊缝金属的成分和性能，使之符合工程使用性能要求，设计创造新的焊接材料。

本节以低碳钢和低合金钢的焊条电弧焊为例，简单介绍焊接化学冶金研究的问题，从而了解焊接化学冶金。

1. 焊条的熔化及熔池的形成

（1）焊条的加热及熔化　电弧焊时用于加热和熔化焊条（或焊丝）的热能有电阻热、电弧热和化学反应热。一般情况下，化学反应热仅占 1%～3%，可忽略不计，主要热能是电弧热。

在焊条末端和焊件之间燃烧的电弧使药皮、焊芯及焊件熔化。焊芯熔化形成的滴状液态金属称为熔滴，当熔滴长大到一定的尺寸时，便在各种力的作用下脱离焊条端部，过渡到熔池中去。焊条药皮熔化产生气体和熔渣，不仅可以使熔滴、熔池和电弧周围的空气隔绝，而且会和熔滴、熔池发生一系列化学冶金反应，使熔池金属冷却结晶后形成符合要求的焊缝（图4-16）。分析电弧焊过程中，焊条药皮熔化过程中产生的气体和熔渣与熔滴、熔池发生冶金反应以及对焊缝成分、显微组织影响的规律是焊接化学冶金中的重要内容之一。

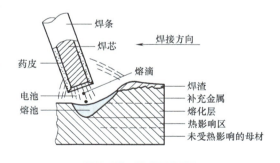

图 4-16　焊条的熔化

（2）熔池的形成　熔焊时，在热源的作用下焊条熔化的同时，母材也发生局部熔化。局部熔化的母材与过渡的焊条金属熔滴，构成了具有一定几何形状的液体金属熔池（图4-17）。如焊接时不填充金属，则熔池仅由局部熔化的母材构成。

熔池的形状、尺寸、温度、存在时间，以及熔池中液体金属的流动状态（图4-18）对熔池中的冶金反应以至焊接缺欠（如气孔和结晶裂纹）的产生等均有极其重要的影响。这也是焊接化学冶金中需要研究的问题。

研究表明，焊接参数、焊接材料的成分、电极直径及其倾斜角度等都对熔池中液体金属的运动状态有很大的影响。熔池中液态金属的强烈运动，使熔化的母材和焊芯金属能够很好地混合，形成成分均匀的焊缝金属；其次，熔池中液体金属的运动有利于熔池内部的气体和非金属夹杂物外逸，有利于消除焊接缺欠（如气孔），提高焊接质量。最后应指出，在液态金属与母材交界处，液态金属的运动受到限制，因此在该处常出现化学成分的不均匀性。

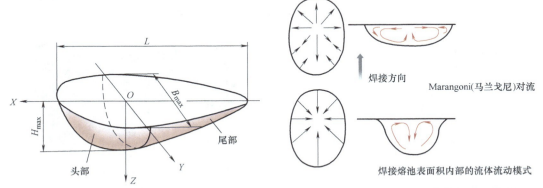

图 4-17　焊接熔池形状示意图　　　　图 4-18　焊接熔池中流体的运动示意图

2. 焊接过程中对金属的保护

焊接过程中必须对焊接区内的金属进行保护，这是焊接化学冶金需要研究的内容之一。

（1）保护的必要性　用低碳钢光焊丝在空气中焊接时，焊缝金属的成分和性能与母材和焊丝比较，发生了很大的变化。这是因为熔化金属与周围的空气发生激烈的相互作用，使焊缝金属中氧和氮的含量显著增加。同时，母材中原有的 Mn、C 等有益合金元素因烧损和蒸发而减少。焊缝金属的化学成分发生了很大的变化，导致焊缝金属塑性、韧性等性能急剧下降。此外，用光焊丝焊接时，电弧在周围空气的作用下，电弧稳定性降低，造成焊缝宏观成形变差。由此可见，光焊丝在无其他保护条件下的电弧焊接是不能满足焊接工程要求的。因此，焊接化学冶金研究的首要任务就是在熔焊中选取有效的措施对焊接区域内的电弧、熔化金属加以保护，以免受空气的有害作用影响。

（2）保护的方式和效果　事实上，大多数熔焊方法都是基于加强保护的思路发展和完善起来的。焊接技术发展到今天，已发明了许多保护材料（如焊条药皮、焊剂、药芯焊丝中的药芯、保护气体等）和保护手段。表 4-1 列出了常用的熔焊保护方法。

表 4-1　熔焊保护方法

保护方式	熔 焊 方 法
熔渣	埋弧焊、电渣焊、不含造气成分的焊条和焊丝焊接
气体	气焊、气体保护焊（惰性气体、活性气体及混合气体）
熔渣和气体	具有造气成分的焊条和焊丝焊接
真空	真空电子束焊
自保护	用含有脱氧、脱氢剂的自保护焊丝焊接

　　各种熔焊采用的保护方式是不同的，例如埋弧焊是利用焊剂及其熔化以后形成的熔渣隔离空气保护金属的（图4-19），焊剂的保护效果取决于焊剂的粒度和结构。图4-20所示为MIG电弧与激光复合焊接气流，可以清楚看到，电弧、熔滴、激光与熔池周围都有外加气体（Ar）的保护。应该指出，目前关于隔离空气的问题已基本解决。

　　但是，仅仅机械地保护熔化金属，在有些情况下仍然不能得到合格的焊缝成分。例如，在多数情况下焊条药皮、焊剂对金属具有不同程度的氧化性，从而使焊缝金属增氧。因此，焊接冶金的另一个任务是对熔化金属进行冶金处理，也就是说，通过调整焊接材料的成分，控制焊接化学冶金反应，例如加强脱氧反应，以获得预期要求的焊缝成分。

图4-19　埋弧焊剂与熔渣保护

图4-20　MIG电弧+激光复合焊接气流

3. 焊接化学冶金反应区及其反应条件

　　与普通化学冶金过程不同，焊接化学冶金过程是分区域（或阶段）连续进行的，且各区的反应条件（反应物的性质和浓度、温度、反应时间、相接触面积、对流和搅拌运动等）也有较大的差异，因而也就影响到各区化学冶金反应进行的可能性、方向、速度和程度。

　　不同焊接方法有不同的冶金反应区。以焊条电弧焊为例，它有三个反应区：药皮反应区、熔滴反应区和熔池反应区，如图4-21所示；而熔化极气体保护焊只有熔滴和熔池两个反应区；不填充金属的TIG焊只有一个熔池反应区。

　　以焊条电弧焊为例讨论焊接化学冶金反应区：

　　（1）药皮反应区　药皮反应区的温度范围从100℃至药皮的熔点（对钢焊条而言约为1200℃）。在该区内的主要反应有：水分的蒸发、某些物质的分解和铁合金的氧化。上述物理、化学反应产生的大量气体，一

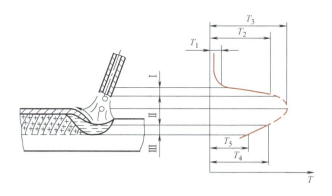

图4-21　焊条电弧焊的焊接化学冶金反应区
Ⅰ—药皮反应区　Ⅱ—熔滴反应区　Ⅲ—熔池反应区
T_1—药皮开始反应温度　T_2—焊条端熔滴温度
T_3—弧柱间熔滴温度　T_4—熔池最高温度
T_5—熔池凝固温度

方面对熔化金属有机械保护作用，另一方面对被焊金属和药皮中的铁合金（如锰铁、硅铁

和钛铁等）有很大的氧化作用。试验表明，温度高于 600℃就会发生铁合金的明显氧化，结果使气相的氧化性大大下降。这个过程即所谓的"先期脱氧"。

药皮反应阶段可视为准备阶段。因为这一阶段反应的产物可作为熔滴和熔池阶段的反应物，所以它对整个焊接化学冶金过程和焊接质量有一定的影响。

（2）熔滴反应区　从熔滴形成、长大到过渡至熔池中都属于熔滴反应区。从反应条件看，这个区有以下特点：

1）熔滴的温度高。对于电弧焊焊接钢而言，熔滴最高温度接近焊芯的沸点，约为 2800℃；熔滴的平均温度根据焊接参数不同，在 1800~2400℃ 的范围内变化。也就是说熔滴金属的过热度可达 300~900℃。

2）熔滴与气体和熔渣的接触面积大。通常熔滴的比表面积可达 $10^5 \sim 10^7 \mathrm{mm}^2/\mathrm{kg}$，约比炼钢时大 1000 倍。

3）气相、液相、渣相等各相之间的反应时间（接触时间）短。熔滴在焊条末端停留时间仅为 0.01~0.1s。熔滴向熔池过渡的速度高达 2.5~10m/s，经过弧柱区的时间极短，只有 0.0001~0.001s。

4）熔滴与熔渣发生强烈的混合。在熔滴形成、长大和过渡过程中，它不断地改变自己的形状，使其表面局部收缩或扩张。这时总有可能拉断覆盖在熔滴表面上的渣层，而被熔滴金属所包围。研究分析表明，熔滴内包含着熔渣的质点，其尺寸可达 $50\mu\mathrm{m}$。

该区的冶金反应时间虽短，但因温度高，相（例如熔渣与液体金属等）接触面积大，并有强烈的混合作用，所以冶金反应最激烈，许多反应可达到接近终了的程度，因而对焊缝成分影响最大。

在熔滴反应区进行的主要物理、化学反应有：气体的分解和溶解、金属的蒸发、金属及其合金成分的氧化和还原，以及焊缝金属的合金化等。

（3）熔池反应区　熔滴和熔渣落入熔池后，继续进行各种物理、化学反应，直至金属凝固，形成焊缝金属。

1）熔池反应区的物理条件。与熔滴相比，熔池的平均温度较低，约为 1600~1900℃；比表面积较小，约为 300~13000mm²/kg；反应时间稍长，例如焊条电弧焊时通常为 3~8s，埋弧焊时为 6~25s。熔池的突出特点之一是温度分布极不均匀，因此在熔池的前部和后部反应可以同时向相反的方向进行。例如在熔池的前部发生金属的熔化、气体的吸收，并有利于发展吸热反应；而在熔池的后部却发生金属的凝固、气体的逸出，并有利于发展放热反应。此外，熔池中的强烈运动，有助于加快反应速度，并为气体和非金属夹杂物的外逸创造了有利条件。

2）熔池反应区的化学条件。熔池反应区的化学条件与熔滴反应区也有所不同。首先，熔池阶段系统中反应物的浓度与平衡浓度之差比熔滴阶段小，所以在其余条件相同的情况下，熔池中的反应速度比熔滴中要小。其次，当药皮重量系数 K_b（单位长度上药皮与焊芯的质量比）较大时，和熔池金属作用的熔渣数量比熔滴金属作用的数量多。最后，熔池反应区的反应物质是不断更新的。新熔化的母材、焊芯和药皮不断进入熔池的前部，凝固的金属和熔渣不断从熔池后部退出反应区。在焊接参数恒定的情况下，这种物质的更替过程可以达到相对稳定状态，从而得到成分均匀的焊缝金属。

由熔池反应区的物理、化学条件可知，熔池阶段的反应速度比熔滴阶段小，并且在整个反应过程中的贡献也较小。

焊接化学冶金过程是分区域连续进行的，在熔滴阶段进行的反应多数在熔池阶段继续进行，但也有的停止反应甚至改变反应方向。各阶段冶金反应的综合结果，决定了焊缝金属的最终化学成分。

4. 焊接工艺条件与化学冶金反应的关系

焊接化学冶金过程与焊接工艺条件有密切的联系。改变焊接工艺条件（如焊接方法、焊接参数等）必然引起冶金反应条件（反应物的种类、数量、浓度、温度、反应时间等）的变化，因而也就影响到冶金反应的过程。这种影响可归结为以下两个方面：

（1）熔合比的影响　如图 4-22 所示，一般熔焊时，焊缝金属是由过渡到熔池中的填充金属（F_H）和局部熔化的母材（F_m）组成的。在焊缝金属中局部熔化的母材（F_m）所占的比例 $[F_m/(F_m + F_H)]$ 称为熔合比。熔合比取决于焊接方法、焊接参数、接头形式和板厚、坡口角度和形式、母材性质、焊接材料种类以及焊条（焊丝）的倾角等因素。通过改变熔合比可以改变焊缝金属的化学成分。例如，在堆焊时，通过调整焊接参数使熔合比尽可能的小，以减少母材成分对堆焊层性能的影响；在焊接异种钢时，熔合比对焊缝金属成分和性能的影响很大，因此要根据熔合比选择焊接材料。

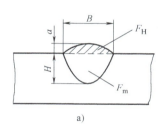
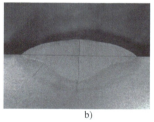

图 4-22　堆焊熔合比

a）示意图　b）埋弧堆焊焊缝

（2）熔滴过渡模式的影响　在熔化极电弧焊中，焊接参数对熔滴过渡模式（图4-23）有很大影响。例如，图 4-23a 是熔化极气体保护焊中，通过熔滴与熔池发生短路完成过渡的模式，其焊接电流比较小，电弧电压比较低；图 4-23b 则是熔滴呈现为滴状过渡的模式滴落到熔池中，其焊接电流比较大，电弧电压比较高。熔滴过渡模式不同，其冶金反应也必然不一样。

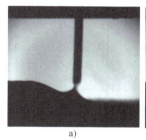
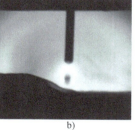

图 4-23　熔化极气体保护焊熔滴过渡模式

a）短路过渡　b）滴状过渡

5. 焊接化学冶金的多相性及不平衡性

焊接化学冶金系统是一个复杂的高温多相反应系统。根据焊接方法不同，组成系统的相也不同。例如，焊条电弧焊和埋弧焊时，系统内有三个相互作用的相，即液态金属、熔渣和电弧气氛。气体保护焊时，主要是气相与液态金属相之间的相互作用。由于多相反应是在相界面上进行的，并与传质、传热和动量传输过程密切相关，影响因素很多，这给焊接化学冶金的研究增加了困难。

由于焊接过程的瞬时性，焊接区域的温度差异很大，使整个系统的化学冶金反应具有不平衡性，这种系统的不平衡性是焊接化学冶金过程的又一个特点。

6. 合金过渡

所谓合金过渡，就是把所需要的合金元素通过焊接材料过渡到焊缝金属（或堆焊金属）中的过程。合金过渡的目的，首先是补偿焊接过程中由于蒸发、氧化等原因造成的合金元素的损失。其次是消除焊接缺欠，改善焊缝金属的组织和性能，例如为了消除因硫引起的结晶裂纹需要向焊缝中加入锰；在焊接某些结构钢时，常向焊缝加入微量的 Ti、B 等元素，以细化晶粒，提高焊缝的韧性。再次是为了获得具有特殊性能的堆焊金属，例如，冷加工和热加工用的工具或其他零件（切削刀具、热锻模、轧辊等），要求表面具有耐磨性、耐热性和耐蚀性等，用堆焊的方法过渡 Cr、Mo、W、Mn 等合金元素，可在零件表面上得到具有上述性能的堆焊层。

常用的合金过渡方式：应用合金焊丝或带极、应用药芯焊丝或焊条、应用合金粉末等。

4.3.2 焊接物理冶金

焊接物理冶金是从金属物理和冶金学角度，阐述焊缝和热影响区的组织转变与脆化、硬化、韧化和软化等，焊接接头的力学行为、拘束应力与应变、熔池金属的凝固结晶、焊缝金属的组织形态、焊缝缺欠的形成及控制等。

1. 焊缝金属的凝固

熔焊时，在焊接热源的作用下，母材将发生局部熔化，并与熔化了的填充金属混合形成焊接熔池，并在此过程中进行短暂而复杂的化学反应。当焊接热源离开以后，熔池金属便开始凝固，如图 4-24 所示。图 4-24 的右半部分表示结晶开始，其左半部分则表示结晶基本完成。

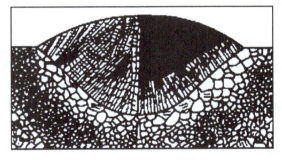

图 4-24 熔池金属的结晶

熔池冷凝结晶过程对焊缝金属的组织、性能具有重要的影响。焊接过程中，由于熔池中的冶金反应条件和冷却条件不同，可得到性能差异很大的组织，同时有许多缺欠也是在熔池金属结晶过程中产生的，例如气孔、夹杂、偏析和结晶裂纹等。

（1）熔池凝固的特点　焊接熔池虽小，但它的结晶规律与铸钢锭一样，都是晶核生成和晶核长大的过程。然而，由于焊接熔池的结晶条件不同，与一般钢锭的结晶相比有如下的特点：

1）熔池的体积小，冷却速度大。在电弧焊的条件下，熔池的体积最大也只有 $3 \times 10^4 mm^3$，质量不超过 100g（单丝埋弧焊）。而钢锭可达几吨至几十吨（图 4-25）。

由于焊接熔池的体积小，而周围又被冷金属所包围，所以熔池的冷却速度很大，平均约为 4~100℃/s。而钢锭的平均冷却速度约为 $(3 \sim 150) \times 10^{-4}$℃/s。焊接熔池的平均冷却速度比钢锭的平均冷却速度要大 10000 倍左右。由于冷却很快，焊接熔池中心和边缘有较大的温度梯度，致使焊缝中柱状晶得到很大发展，所以，一般情况下焊缝中的晶粒比较粗大。

2）熔池中的液态金属处于过热状态。在电弧焊的条件下，对于低碳钢或低合金钢来讲，熔池的平均温度可达（1770±100）℃，而熔滴的温度更高，约为（2300±200）℃。一般钢锭的温度很少超过1550℃，因此，熔池中的液态金属处于过热状态。由于液态金属的过热程度较大，合金元素的烧损比较严重，使熔池中非自发晶核的质点大为减少，这也是促使焊缝中柱状晶得到发展的原因之一。

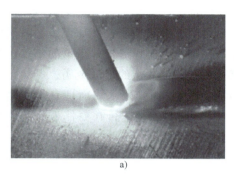 

a)   b)

图 4-25　熔池的对比

a）焊条电弧焊　b）炼钢过程

3）**熔池在运动状态下结晶**。钢锭是在固定的钢锭模中静止状态下进行结晶的，而一般熔焊时，熔池等速随热源移动。在熔池中金属的熔化和结晶过程是同时进行的，在熔池的前半部进行熔化过程，而熔池的后半部进行结晶过程。

（2）熔池中的晶核长大　熔池中晶核形成之后，就以这些新生的晶核为核心，向焊缝中成长。熔池金属总是从靠近熔合线处的母材边缘开始结晶，但是，有的柱状晶体一直可以成长到焊缝中心，有的晶体却只成长到半途而停止。图4-26所示为焊缝中晶粒的长大情况。

焊缝结晶机制与影响因素是焊接物理冶金研究的重要问题。焊缝结晶的影响因素之一是焊接散热方向，当晶体最易长大方向与散热最快方向（或最大温度梯度方向）相一致时，最有利于晶粒长大，可以一直长至熔池的中心，形成粗大的柱状晶体。而且柱状晶体的形态与焊接热输入（焊接电流、焊接速度等）、焊缝位置、熔池的搅拌与振动等密切相关。

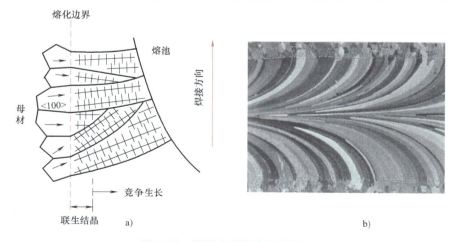

a)   b)

图 4-26　焊缝中晶粒的长大情况

a）焊缝中晶粒长大示意图　b）99.96%纯铝的 TIG 焊焊缝

（3）焊缝的结晶形态　通过对焊缝的断面进行宏观观察发现，焊缝中的晶体形态主要是柱状晶和少量等轴晶。如果在显微镜下进行金相分析时，可以发现在每个柱状晶内还有不同的结晶形态。结晶形态的不同，是由于金属的化学成分和散热条件不同所导致的。

图 4-27 是高铬铸铁堆焊中，采用不同 Mo 含量的焊条获得的焊缝组织。由图 4-27 可见，随着 Mo 含量的增加，焊缝组织明显地变细小，说明了焊缝金属化学成分对结晶形态有影响。除此之外，焊接电流、焊接速度等焊接参数对焊缝组织结晶形态也有很大的影响。

图 4-28 是桥梁制造中广泛使用的 Q370qD 钢板焊缝显微组织。板厚为 44mm，采用的是多道多层双丝埋弧焊。图 4-28a 显示的焊缝选用的焊接电流较小、焊接速度较快，即热输入要小于图 4-28b 焊缝的热输入。可见，其焊缝组织结晶形态不同。

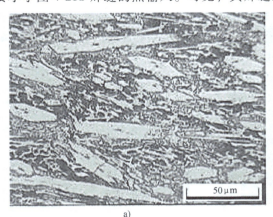
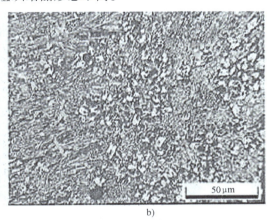

a)　　　　　　　　　　　　　　　　b)

图 4-27　不同 Mo 含量的焊条获得的焊缝组织

a）焊条中钼铁质量分数为 1.25%　　b）焊条中钼铁质量分数为 2.5%

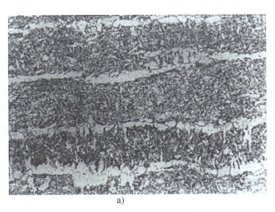
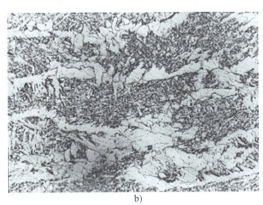

a)　　　　　　　　　　　　　　　　b)

图 4-28　不同热输入的 Q370qD 钢板焊缝显微组织（400×）

a）较小热输入　　b）较大热输入

2. 焊缝组织的固态相变

焊接熔池完全凝固以后，焊接接头还是处于高温状态，还将继续冷却。随着焊接接头连续冷却过程的进行，对于大多数金属材料来讲，焊缝金属将发生固态下的组织转变，称为固态相变。

所谓相是指当材料中的一组原子或分子的集聚体，具有均一的原子或电子组态时，这一集聚体称为相（Phase）。不同的相具有不同的显微组织结构、不同的性能。金属固态相变就是金属材料在固态条件下，通过原子扩散或晶格切变，原子或分子发生重组，产生新相的过程称为固态相变。

焊缝金属之所以会发生固态相变，主要是因为熔池凝固后得到的焊缝显微组织是不稳定组织，随着温度的下降，不稳定组织要转变为稳定的显微组织。焊缝组织的固态相变不仅与焊缝的化学成分有关，而且与焊接冷却条件关系更大。不同的焊接冷却速度会发生不同的固态相变，最终得到的室温焊缝显微组织不同。由于固态相变，焊缝中会发生显微组织结构、形态的变化，会发生某些元素的析出，使新相的化学成分发生变化，从而导致焊缝的性能发生变化。

图 4-29a 是 Q420 钢材焊条电弧焊（采用 E5015 焊条）焊缝的显微组织照片，该照片放大倍数为 160，其显微组织为侧板条铁素体（FSP）；图 4-29b 是 X70 管线钢焊缝的显微组织照片，该照片放大倍数为 200，其显微组织为针状铁素体（AF）。

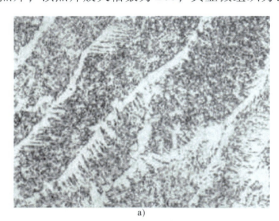 

a)　　　　　　　　　　　　　　　　　　b)

图 4-29　低合金钢焊缝的显微组织

a）Q420 焊缝（E5015 焊条）中的 FSP（160×）　b）X70 管线钢焊缝中的 AF（200×）

图 4-30 所示为某高铬铁素体不锈钢焊缝中析出相。其中，图 4-30a 显示了该铁素体不锈钢采用脉冲 TIG 焊焊缝中析出的 Ti 和 Nb 碳氮化物图像；图 4-30b 显示了该铁素体不锈钢脉冲 TIG 焊热影响区内的 TiN 析出相；而图 4-30c 则是该铁素体不锈钢激光焊缝中析出的 TiN 放大的图像。

 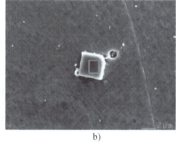 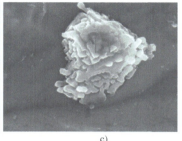

a)　　　　　　　　　　b)　　　　　　　　　　c)

图 4-30　某高铬铁素体不锈钢焊缝中析出相

a）脉冲 TIG 焊焊缝 Ti、Nb 碳氮化物析出相　b）脉冲 TIG 焊热影响区 TiN 析出相　c）激光焊缝中析出的 TiN

3. 焊接热影响区的组织转变特点

早期制造焊接结构所使用的材料主要是低碳钢，焊缝质量是至关重要的，只要焊缝不出问题，焊接热影响区也不会出问题。因此，当时人们在考虑焊接质量时，把注意力主要集中在解决焊缝中存在的问题。

随着经济建设的发展，要求高参数、大容量的成套设备不断增多，各种高温、耐压、耐蚀、低温的容器、深水潜艇、宇航装备，以及核动力装置、管道等制造得越来越多，所采用的金属材料自然就被各种高强度钢、不锈钢、耐热钢以及某些特种材料所代替（如铝合金、钛合金、镍基合金、复合材料和陶瓷等）。在这种情况下焊接质量不仅仅取决于焊缝，同时也取决于焊接热影响区，有些金属焊接热影响区的问题比焊缝更为复杂、更为重要。以低合金高强度钢焊接为例，钢种强度级别越高，热影响区的脆化和裂纹倾向越严重。在某些情况下，焊接热影响区可能成为焊接接头的薄弱地带。因此，许多国家对焊接热影响区都给以很大的重视。

焊接热影响区的组织变化与焊接热循环有关，焊接热循环曲线如图4-13所示。焊接热循环的主要参数与晶粒大小、相变组织的关系如图4-31所示。

焊接时母材热影响区上各点距焊缝的远近不同，所以各点所经历的焊接热循环不同，这就会出现不同的组织，因而也就具有不同的性能。图4-8低碳钢熔焊接头热影响区的示意图将热影响区分为熔合区、过热区、正火区以及部分相变区，说明了焊接热影响区的显微组织是不均匀的。

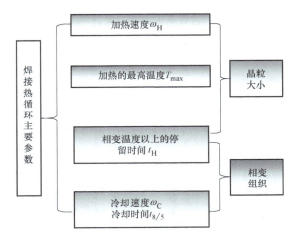

图 4-31　焊接热循环的主要参数与晶粒大小、相变组织的关系

由于焊接热影响区的显微组织是不均匀的，因而在性能上也不均匀。焊接热影响区与焊缝不同，焊缝可以通过化学成分的调整再配合适当的焊接工艺来保证性能的要求，而热影响区的性能不可能进行成分上的调整，它是在焊接热循环作用下才产生的不均匀性问题。对于一般焊接结构来讲，主要考虑热影响区的硬化、脆化、韧化、软化，以及综合的力学性能、耐蚀性能和疲劳性能等，这要根据焊接结构的具体使用要求来决定。其相关的规律也是今后需要学习的内容。

4. 焊接裂纹

焊接裂纹是最为重要的焊接缺欠。焊接结构中焊接裂纹的存在不仅直接降低了焊接接头的有效承载面积，而且会在裂纹尖端形成强烈的应力集中，使裂纹尖端的局部应力大大超过焊接接头的平均应力。因此带有裂纹的焊接接头容易造成突然的脆性破坏，是焊接结构和压力容器发生灾难性事故的重要原因之一，是需要防止的焊接缺欠中的重点。

焊接裂纹产生的机理与原因具有一定的复杂性，有的裂纹在焊后立即产生，有的在焊后延续一段时间才产生，有的在使用过程中经一定外界条件的诱发才产生。产生的裂纹既可出现在焊缝，又可出现在热影响区，既可能出现在焊缝表面，又可能出现在焊缝内部，有时呈现为宏观裂纹，有时呈现为微观裂纹。图4-32所示为焊接裂纹的宏观形态及分布。

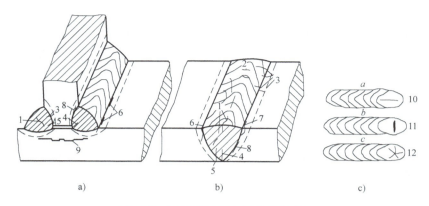

图 4-32 焊接裂纹的宏观形态及分布

a）T 形接头的宏观裂纹　b）对接接头的焊接裂纹　c）焊缝收弧处的弧坑裂纹

1—焊缝中纵向裂纹　2—焊缝中横向裂纹　3—熔合区裂纹　4—焊缝根部裂纹　5—热影响区根部裂纹

6、7—焊趾裂纹　8—焊道下裂纹　9—层状撕裂　10—弧坑纵向裂纹　11—弧坑横向裂纹　12—弧坑星形裂纹

　　根据裂纹产生的机理，焊接裂纹可分为焊接热裂纹（图 4-33）、焊接冷裂纹（图 4-34）、再热裂纹、层状撕裂及应力腐蚀裂纹等。

　　各种焊接裂纹产生的机制、影响因素及规律也是焊接物理冶金学研究的主要内容。

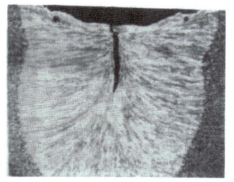

图 4-33 Q420 埋弧焊焊接热裂纹

图 4-34 12CrNi3MoV 钢焊接冷裂纹（延迟裂纹）

4.4 材料焊接性

　　从焊接的定义可以知道，任何两个分离的物体（材料）只要能够达到原子之间的结合，就可以实现焊接。但是实际上，材料能够实现焊接的难易程度不同，有些材料容易焊接，有些材料不容易实现焊接，材料具有的这种性能，可以称为材料的焊接性。

　　所谓焊接性，是指材料在采用一定的焊接工艺（包括焊接方法、焊接材料、焊接参数及焊接结构形式等）条件下，获得优良焊接接头的难易程度。一种材料，如果能用较多普通又简便的焊接工艺获得优质接头，则认为这种材料具有良好的焊接性能。由于目前金属材料应用焊接比较多，本节所说的焊接性主要以金属材料焊接性为主。

　　材料焊接性主要包括两方面的内容：

1）接合性能。接合性能指金属材料在一定的焊接工艺条件下，形成焊接缺欠的敏感性。决定接合性能的因素有：金属材料的物理性能，如熔点、热导率和膨胀率，焊件和焊接材料在焊接时的化学性能和冶金作用等。当某种材料在焊接过程中经历物理、化学和冶金作用而形成没有焊接缺陷的焊接接头时，这种材料就被认为具有良好的接合性能。

2）使用性能。使用性能指某种金属材料在一定的焊接工艺条件下，其焊接接头对使用要求的适应性，也就是焊接接头承受载荷的能力，如承受静载荷、冲击载荷和疲劳载荷等，以及焊接接头的抗低温性能、高温性能和抗氧化、耐蚀性能等。

材料焊接性涉及的因素很多，又可分为工艺焊接性、冶金焊接性和热焊接性。其中，冶金焊接性主要涉及化学冶金过程，热焊接性所涉及的主要是物理冶金问题，影响工艺焊接性的因素更多，包括材料因素、工艺因素、结构因素和使用条件等。在国际标准 ISO/TR581 对焊接性内涵的界定中还包含结构焊接性。

影响焊接性的因素十分复杂，为了确保焊接质量和焊接结构运行时的可靠性，对每一种钢，在一定的工艺和冶金条件下，都应对其焊接性进行评定。

本节仅对常用的三种钢材的焊接性做一简单介绍，使人们对材料焊接性的概念有初步的了解。

1. 传统合金结构钢的焊接性

传统合金结构钢是靠调整钢中碳及合金元素的含量并配以适当的热处理来实现各种优良使用性能的，总的趋势是随着碳及合金元素的含量增加，强度提高，钢的焊接性变差。由于过去受冶炼技术和焊接技术水平的限制，传统合金结构钢的焊接性问题层出不穷。在合金结构钢中，随着碳及合金元素含量增多，势必会引起接头的脆化、软化，使得冷裂纹、热裂纹、层状撕裂和再热裂纹等裂纹倾向增大。

为了解决传统合金结构钢出现的焊接性问题，在国家"六五""七五"经济建设期间，原国家科委和原冶金工业部组织了全国各有关科研院所、院校、设计、生产、使用等部门，对国产常用低合金钢的焊接性、焊接材料和焊接工艺进行联合攻关。通过系统地试验研究，完善了常用低合金结构钢焊接的基本数据，取得了众多研究成果，并在生产中得到了应用，有效地解决了传统低合金结构钢出现的焊接性问题。

2. 微合金钢的焊接性

微合金钢的主要特点是高强、高韧、易焊。该钢种由于含碳量低、洁净度高、晶粒细化、成分组织均匀，因此具有较高的强韧性。

微合金钢易焊是指焊接时不预热或仅采用低温预热而不产生裂纹；采用大或较大热输入焊接时热影响区不产生脆化。但由于不同微合金钢的成分、组织、性能存在较大差异，故其焊接性也不尽相同。总体来说，其焊接性问题依然在不同程度上存在焊接裂纹问题、脆化问题和焊缝金属的合金化问题，需要结合工程实际进行有关焊接性问题的研究与分析。

3. 耐热钢的焊接性

耐热钢利用先进冶炼技术、微合金化技术以及控轧控冷等先进技术，显著地提高了钢材的高温性能，但耐热钢在焊接和应用过程中遇到了新的问题。例如，奥氏体耐热钢在焊接过程中，焊缝可能出现结晶裂纹和高温液化裂纹，而焊接热影响区则可能出现高温液化裂纹和高温脆性裂纹；而铁素体耐热钢焊接接头存在的主要问题是焊接冷裂纹、焊缝韧性低、热影响区软化等。试验及实际安装使用都证实该类耐热钢的热裂纹和再热裂纹敏感性低。因此，对于耐热钢的焊接性问题还需要结合工程实际进行分析解决。

4.5　焊接结构与焊接力学

　　焊接是工程结构或者产品制造过程中最常用的制造方法之一，焊接质量是否能满足要求，主要就是指采用焊接加工方法建造的工程结构或制造的产品能否满足使用性能要求。

　　由于大多数焊接方法采取了局部加热的方法，造成了焊件受热不均匀，从而引发了一系列的物理现象，最主要的就是焊件变形与焊接接头残余应力，导致焊接接头往往成为工程结构或者产品最薄弱的环节。

　　由于大多数工程结构都有强度、刚度的要求，也就是在自身重力载荷、外部载荷和自然载荷的作用下，焊接结构应具有保持其自身形状不变的能力，即具有抵抗变形和破坏的能力，因此，焊接结构必须具有满足使用性能的力学性能。如何保证焊接接头的力学性能往往成为焊接工作者最为关心的问题。

　　所谓焊接力学，也就是针对焊接加工的特殊性，应用传统的力学基础理论，进行焊接结构的受力分析，探索出普遍性规律，形成焊接力学体系，为焊接结构与焊接接头设计、焊接工艺方法的选择与制订、焊接结构断裂分析及安全评定等提供理论依据，从而实现焊接结构的控形与控性。由此可见，焊接力学是焊接科学的重要组成部分。

　　本节简要介绍有关焊接结构与焊接力学的一些基本概念。

4.5.1　焊接应力与变形

　　大多数焊接方法都要采用局部加热的方法，由于热胀冷缩的物理现象，以及未受热影响的母材对于局部加热接头热胀冷缩的约束，使得焊接接头中不可避免地产生内应力和变形，由于这些应力和变形是由于焊接引起的，所以称其为焊接应力和焊接变形。

　　焊接应力和变形是直接影响焊接结构形状、性能、安全可靠性和制造工艺性的重要因素；也可能导致焊接接头中产生冷、热裂纹等缺欠；在一定条件下还会影响结构的承载能力，疲劳强度等性能；还将影响结构的形状尺寸精度及其稳定性。因此，在焊接结构设计和制造中要充分考虑焊接应力和焊接变形。

1. 常用的力学性能概念

　　有关材料性能的几个基本概念：

　　（1）材料的弹性　弹性是指材料在外力作用下发生变形，当外力解除后，能完全恢复到变形前形状的性质。这种变形称为弹性变形或可恢复变形。

　　（2）材料的塑性　塑性是指材料在外力作用下发生变形，当外力解除后，不能完全恢复原来形状的性质。这种变形称为塑性变形或不可恢复变形。

　　（3）材料的屈服强度　材料受外力到一定限度时，即使不增加负荷，它仍继续发生明显的塑性变形。材料屈服强度是使试样产生给定的永久变形时所需要的应力，即材料在开始塑性变形时，单位面积上所能承受的拉力。这个指标表示了金属材料抵抗塑性变形的能力。

　　金属材料试样承受的外力超过材料的弹性极限时，虽然应力不再增加，但是试样仍发生明显的塑性变形，这种现象称为屈服，即材料承受外力到一定程度时，其变形不再与外力成正比，而是产生明显的塑性变形，产生屈服时的应力称为屈服强度。

焊接接头的常用力学性能：

（1）强度　强度是指在外力作用下接头抵抗产生弹性变形、明显的塑性变形和断裂的能力。常用的性能指标有屈服强度和抗拉强度（R_m）等。

（2）硬度　硬度是指焊接接头局部抵抗硬物压入其表面的能力。常用布氏硬度（HBW）、洛氏硬度（HRC）、维氏硬度（HV）等来表征。

（3）塑性　塑性是指在外力作用下接头产生塑性变形而不致破坏的能力。常用的性能指标有伸长率（A）、断面收缩率（Z）等。

（4）韧性　韧性是指焊接接头在塑性变形和断裂过程中吸收能量的能力。韧性又分为冲击韧性和断裂韧性。冲击韧性是反映焊接接头对外来冲击负荷的抵抗能力，常用的性能指标有冲击韧度 $[a_K \ (\mathrm{J/cm^2})]^{\ominus}$ 和冲击吸收能量 $[K \ (\mathrm{J})]$。断裂韧性是指阻止宏观裂纹失稳扩展的能力，也是抵抗脆性破坏的韧性参数，常用断裂力学的一些性能指标来表征。

除此之外，还有焊接接头的疲劳强度、抗蠕变形等。这些力学性能一般采取测试的方法来获得，具体的测试方法在材料力学或工程力学、材料力学性能等课程中进行介绍。

2. 焊接应力与变形的概念

在没有外力条件下平衡于物体内部的压力称为内应力。内应力包括热应力（由于构件受热不均匀而存在着温度差异，各处热胀冷缩变形不一致，相互约束而产生的内应力）、装配应力（零部件装配后产生的应力叫装配应力，通常由预紧性的装配而产生）、相变应力（由于某些合金材料在凝固后冷却过程中产生相变，随之带来体积尺寸变化而产生的内应力）等。

在没有外力的作用下，物体内部原子的相对位置发生变化，其宏观表现为形状和尺寸的变化称为变形。按变形性质分类，可以分为弹性变形和塑性变形；按照变形的约束条件分类，可以分为自由变形和非自由变形。

焊接过程中局部加热，使焊件在焊接过程中产生不均匀的温度场以及由此引起的局部塑性变形和金属内部组织结构发生变化（相变），从而产生内应力和应变，反映出来的就是焊接应力和焊接变形。

当焊接引起的不均匀温度场尚未消失时，焊件中的这种应力和变形称为瞬态焊接应力和变形；焊接温度场消失后的应力和变形称为残余焊接应力和变形。

由此可以得到焊接应力与焊接变形的概念：

1）焊接应力是指焊接构件由焊接而产生的内应力，主要是热应力和相变应力。焊后残留在焊件内部的焊接应力称为残余焊接应力。

2）焊接变形是指焊接构件由于焊接而产生的变形（形状、尺寸）。焊后焊件残留的焊接变形称为残余焊接变形。

3. 焊接应力与变形产生的原因

热胀冷缩是自然界中普遍存在的一种物理现象。物体受热后会膨胀，冷却后会收缩，也就是说，温度的变化会使物体产生变形。如果物体的这种胀缩变形是自由的，即变形不受约束，则说明变形是温度变化的唯一反应；如果这种变形受到约束，就会在物体内部产生热

$\ominus$　冲击韧度 a_K 已废止。

应力。

热应力是由于构件不均匀受热所引起的。如图 4-35 所示，将钢棒固定在刚性台上，如果加热钢棒使其受热膨胀（相当于平板堆焊），由于钢棒受到刚性台的约束，钢棒的热膨胀不能自由进行，因此，钢棒就受到了压应力。相反，固定钢棒的刚性台受到加热钢棒的作用，受到了拉应力。这种应力是在没有外力作用的情况下出现的，并且拉应力和压应力在钢棒与刚性台构成的系统内部平衡，因此称其为内应力。而此内应力的产生是由于钢棒与刚性台的不均匀加热造成的，因而又称为热应力。

如果钢棒受热产生的热应力低于钢棒材料的屈服强度，即钢棒不发生塑性变形，则当钢棒冷却后，其热应力将随之消失。

如果钢棒受热使其温度超过 250℃，此时产生的热应力就会超过钢棒材料的屈服强度，钢棒就开始产生压缩塑性变形。随着加热温度的继续升高，钢棒材料的屈服强度不断降低，而钢棒的压缩塑性变形量会不断增加，钢棒内的压应力会不断减小。

当钢棒温度达到 750℃时，由于钢棒材料的屈服强度下降为零，所以热应力也降为零，在此升温过程中的应力变化曲线如图 4-35b 中的曲线 I 所示。此时热膨胀量全部转变为钢棒的压缩塑性变形。

随后使钢棒降温，则钢棒的冷却收缩同样受到刚性台的约束，因而产生拉伸塑性变形并产生拉应力，降温时的应力变化曲线如图 4-35b 中的曲线 II 所示，而刚性台则受到压应力的作用。

如图 4-35b 中的曲线 II 所示，当温度降低到室温，钢棒与刚性台温度均匀后，钢棒与刚性台仍然存在着内应力，该内应力称为残余应力。

同理，当温度降低且均匀后，如果被加热焊件还存在着变形，则称为残余变形。

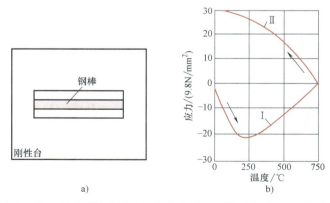

图 4-35 加热和冷却产生内应力的试验装置及温度-应力曲线
a) 试验装置 b) 温度-应力曲线

在焊接过程中，每一时刻只是焊件某一局部进行加热致熔化。焊接的不均匀加热，使得焊缝及其附近的温度很高，而远处大部分金属不受热，其温度还是室内温度。这样，不受热的冷金属部分（相当于图 4-35 中的刚性台）便阻碍了焊缝及近缝区金属的膨胀和收缩。如图 4-36 所示（图中的 ε_e、ε_p、σ_s 分别是焊件的弹性变形、塑性变形以及材料的屈服强度），在焊接加热阶段，焊缝受热要膨胀，而周围冷金属不让焊缝膨胀，因此，焊缝及其附近受热区域受到压应力，而焊缝附近冷金属受到拉应力，如图 4-36a 所示；在焊接冷却阶段，焊缝温度下降需要收缩，而周围冷金属不让焊缝收缩，因此，焊缝及其附近受热区域受到拉应力，而焊缝附近冷金属受到压应力，如图 4-36b 所示。因而，焊接冷却后，焊缝就产生了不同程度的收缩和具有拉伸性质的拉应力（纵向和横向），也造成了焊接结构的各种焊接变形。图 4-37 所示为平板对接焊缝的焊接应力与变形，焊缝承受拉应力，焊缝会产生收缩变形和角变形。

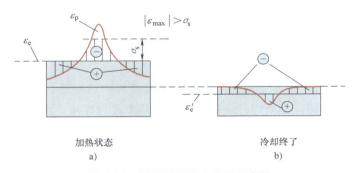

图 4-36　焊接过程应力变化示意图

a) 中心受压，两边受拉　b) 中心受拉，两边受压

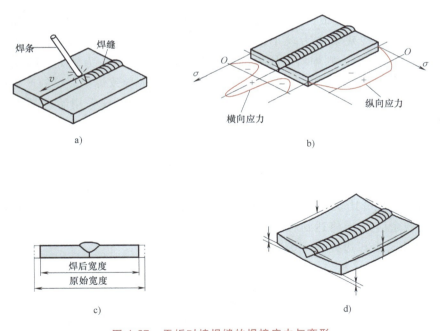

图 4-37　平板对接焊缝的焊接应力与变形

a) 平板对焊　b) 焊接应力　c) 焊接收缩变形　d) 焊接角变形

　　焊接接头金属内部发生晶粒组织转变的不均匀性所引起的体积变化也可能引起焊接应力与焊接变形。

　　通过分析，可以得出产生焊接应力和变形的主要原因：

1）焊接时的焊件不均匀加热是产生焊接变形与焊接应力的主要原因，焊后，焊缝及其附近区域的金属受拉应力，而离焊缝较远处的金属受压应力。

2）焊接熔敷金属的收缩。焊缝金属在凝固与冷却过程中，体积要发生收缩，这种收缩使焊件产生变形与内应力。焊缝金属的收缩量取决于金属熔化量。例如，平板对接采用V形坡口时，由于焊缝上部宽，熔化金属多，收缩量大，焊缝上下部收缩量不一致，容易发生角变形（图4-37d）。

3）金属组织的变化。金属焊接加热到很高的温度并随后冷却，焊接接头内部组织要发生变化，由于各种组织的比体积（单位质量的物质所占有的容积称为比体积）不同，所以焊接接头金属冷却下来时要发生体积的变化。这种体积变化也受到周围金属的约束，其结果在焊接接头内部产生内应力，这种应力称为组织应力。

4）焊件刚度。焊件刚度本身限制了焊件在焊接过程中的变形，所以刚度不同的焊接结构，焊后变形的大小不同。如果焊件夹持在焊接夹具中进行焊接，由于夹紧力的限制，限制了焊件随温度变化的自由膨胀与收缩，从而减小了焊接变形，但焊件中会产生较大的焊接应力。

在焊接过程中，对焊接应力与变形影响因素众多，包括焊接方法、焊接速度、焊件的装配间隙、对口质量、焊件的自重，特别是装配和焊接顺序对焊接应力和焊接变形有很大影响。

金属结构在焊接过程中产生各种各样的焊接变形和大小不同的焊接应力。焊接变形和应力是对孪生子，两者相辅相成，此消彼长。如果焊件在焊接过程中能够自由收缩，则焊后焊件的变形较大，而焊接残余应力较小；如果由于外力的限制或焊件本身刚度大（板厚较大），焊件不能自由收缩，则焊后焊件的变形较小，而焊接残余应力较大。因此在大刚度焊件焊接时，要特别注意采取有效工艺措施，防止焊接应力大导致焊接裂纹的产生；在薄板结构焊接时，因为刚度小，焊件往往会产生大的变形，所以要考虑采用胎夹具，增大焊接刚度，防止焊接变形。

4. 焊缝中的焊接残余应力分布

在厚度不大的焊件中，焊接残余应力基本上是平面应力，板厚方向的应力很小。在自由状态下焊接的平板，沿焊缝方向的纵向残余应力在焊缝及其附近一般为拉应力，在远离焊缝处则为压应力。当焊缝比较长时，在焊缝中段会出现一个稳定区，对于低碳钢材料来说，稳定区中的纵向残余应力 σ_x 将达到材料的屈服强度 σ_s。在焊缝的端部存在应力过渡区，纵向应力 σ_x 逐渐减小，在板边处 $\sigma_x = 0$（图4-38）。

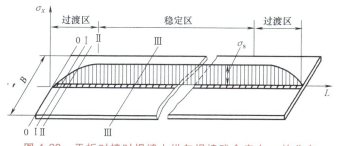

图4-38　平板对接时焊缝上纵向焊接残余应力 σ_x 的分布

垂直于焊缝方向的横向残余应力 σ_y 的分布与焊接顺序和方向有关,后焊的区段一般为拉应力,但平板对接焊时焊缝两端经常为压应力 (图 4-39)。

对于厚板以及复杂结构焊缝的残余应力将在专业学习中进行深入的分析。

焊接残余应力对被焊工程结构主要有以下影响:

1) 对焊接接头强度的影响。如果在高残余拉应力区中存在严重的缺陷,而焊件又在低于脆性转变温度下工作,则焊接残余应力将使静载强度降低。在循

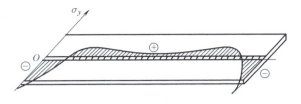

图 4-39 焊缝上的横向残余应力

环应力作用下,如果在应力集中处存在着残余拉应力,则焊接残余拉应力将使焊件的疲劳强度降低。

2) 对刚度的影响。焊接残余应力与外加载荷(外载)引起的应力相叠加,可能使焊件局部提前屈服产生塑性变形,焊件的刚度会因此而降低。

3) 对加工精度的影响。焊接残余应力的存在对焊件的加工精度有不同程度的影响。焊件的刚度越小,加工量越大,对精度的影响也越大。

4) 对尺寸稳定性的影响。焊接残余应力随时间发生一定的变化,焊件的尺寸也随之变化。焊件的尺寸稳定性又受到残余应力稳定性的影响。

5) 对耐蚀性的影响。焊接残余应力和外载荷应力一样都会导致焊接接头应力腐蚀开裂。

为了消除和减小焊接残余应力,应采取合理的焊接顺序,先焊接收缩量大的焊缝。焊接时适当降低焊件的刚度,并在焊件的适当部位局部加热,使焊缝能比较自由地收缩,以减小残余应力。也可以采取热处理方法消除焊接残余应力。

5. 焊接残余变形

焊接残余变形可分为纵向收缩变形、横向收缩变形、弯曲变形、角变形、波浪变形、错边变形、扭曲变形七类。在焊接结构中焊接残余变形往往不是单独出现的,而有可能几种变形同时出现,互相影响。焊接残余变形是焊接结构生产中经常出现的问题,不但影响焊接结构的尺寸精度和外形,也可能降低焊接结构的承载能力,引起事故发生。

焊接变形主要有以下几种:

1) 纵向收缩变形。构件焊后在沿焊缝长度方向发生的收缩变形称为纵向收缩变形,如图 4-40 中的 ΔL。它随焊缝长度的增加而增大;母材线膨胀系数越大,焊后纵向收缩量越大。例如,铝和不锈钢材料焊后收缩量较大。

2) 横向收缩变形。构件焊后在垂直于焊缝方向发生的收缩变形称为横向收缩变形,如图 4-40 中的 ΔB。对接焊的横向收缩随板厚的增加而增大;同样板厚,坡口角度越大,横向收缩量越大。

横向收缩变形产生的过程比较复杂,不管是堆焊、角焊还是对接焊缝等,主要表现为横向收缩引起的横向收缩变形。在焊接过程中,实际上横向收缩是与纵向收缩同时发生的,产生收缩的基本原理也是相类似的,即焊缝区域熔化的金属在冷却过程中的收缩和近缝区金属由于高温下存在压缩塑性变形,冷却后而表现出来的收缩。在热源附近的金属受热膨胀,受

图 4-40 纵向和横向收缩变形

周围温度较低的金属的约束而承受压应力，这样就会在板宽方向上产生压缩塑性变形，并使其厚度增加，最终结果表现为横向收缩。

3）焊接挠曲变形。焊接挠曲变形是指构件焊后发生挠曲。挠曲可以由纵向收缩引起，也可以由横向收缩引起（图 4-41）。挠曲变形是一种面内变形。焊接挠曲变形常见于焊接梁、柱和管道焊件，变形的大小以挠度 f 来表示，即焊后焊件的中心偏离原焊件中心轴的最大距离为 f；f 越大，挠曲变形越大。

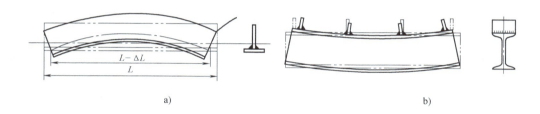

a)   b)

图 4-41 焊接挠曲变形

a）由纵向收缩引起的挠曲变形   b）由横向收缩引起的挠曲变形

4）焊接角变形。焊后由于焊缝横向收缩不均匀使得两个连接件间相对角度发生变化的变形称为焊接角变形。表现为焊后构件的平面围绕焊缝产生角位移，图 4-42 给出了角变形的常见形式。

5）焊接波浪变形。焊接波浪变形又称失稳变形，是指构件的平面焊后呈现出高低不平的波浪状。这是一种在薄板焊接时易于发生的变形形式，如图 4-43 所示。

波浪变形产生的原因，一是焊接薄板时，横向和纵向的压应力使薄板失去稳定性而造成的；再有就是由于角焊缝的横向收缩引起的角变形而造成的。

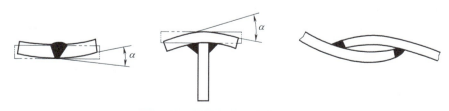

图 4-42 焊接角变形的常见形式

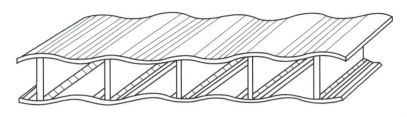

图 4-43　焊接波浪变形

6）焊接错边变形。焊接错边变形指由焊接所导致的构件在长度方向或厚度方向上出现错位。图 4-44 所示为由于两板材在焊接过程中因刚度或散热程度不等所引起的纵向或厚度方向上的位移不一致而造成的变形。产生的具体原因有被焊件装夹时夹紧力不一致，或者两焊件的刚度或物理性质不同，或者焊接热源偏离了坡口中心。

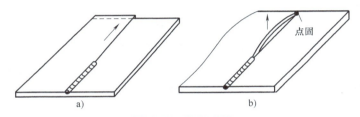

图 4-44　错边变形
a）长度方向的错边　b）厚度方向的错边

7）焊接螺旋形变形。焊接螺旋形变形又叫扭曲变形，表现为构件焊后两端绕中心轴相反的方向扭转一角度，如图 4-45 所示。产生焊接螺旋形变形的原因主要是构件形状不正确，而采取强行装配焊接，或者是焊件焊接位置摆放不当、焊接顺序及焊接方向不当引起的。

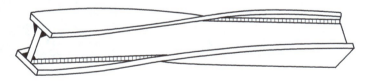

图 4-45　螺旋形变形

在实际焊接生产过程中，各种焊接变形常常会同时出现，互相影响。这一方面是由于某些种类的变形的诱发原因是相同的，因此这样的变形就会同时表现出来。另一方面，构件作为一个整体，在不同位置焊接不同性质、不同数量和不同长度的焊缝，每条焊缝所产生的变形要在构件内相互制约和相互协调，因而相互影响。焊接变形的出现会带来一系列的问题，因此，焊接结构一旦出现变形，常常需要进行校正，耗工耗时。有时比较复杂的变形的校正工作量可能比焊接工作量还要大，而有时变形太大，可能无法校正，因而造成废品。对于焊后需要进行机加工的焊件，变形增加了机加工工作量，同时也增加了材料消耗。焊接变形的出现还会影响构件的尺寸精度，并且还可能降低结构的承载能力，引发事故。

4.5.2 基本焊接结构与焊接接头

工程中应用的焊接结构有很多，所谓焊接结构，是指常见的最适宜于用焊接方法制造的金属结构。由于焊接结构的种类繁多，其分类方法也不尽相同。例如，按半成品的制造方法可分为板焊结构、冲焊结构等；按照结构的用途则可分为车辆结构、船体结构、飞机结构等；按照结构形式则可分为梁、柱、桁架以及容器等；根据焊件的材料厚度则可分为薄壁结构和厚壁结构；根据焊件的材料种类则可分为钢制结构、铝制结构、钛制结构等。

焊接结构都是通过焊接接头构成的。在工程中需要对结构、焊接接头进行受力计算、设计。同时，还要通过焊接工艺控制结构的焊接应力与焊接变形。

本节仅对梁、柱、桁架以及容器等基本焊接结构与焊接接头进行简单介绍，使读者对焊接结构与焊接接头有一个初步了解。

1. 基本焊接结构

基本焊接结构包括梁、柱、桁架以及容器。梁、柱、桁架结构是主要的支撑结构，对强度、刚度有一定要求。而容器除了有力学性能要求外，还有密封要求。

（1）焊接梁　焊接梁主要是指由钢板焊接而成的钢梁。焊接梁常根据其受力要求，设计成不同截面形式，最常见的是由三块钢板焊接而成的工字形截面的焊接梁结构（图4-46），对于载荷较大的是由四块钢板焊接而成的口字形截面的箱形梁结构（图4-47）。

图 4-46　工字梁

图 4-47　箱形梁

在这两种基本梁结构的基础上，又有其他各种形式的焊接梁。图4-48所示为工厂里常用的桥式起重机，起重机的梁就是典型的焊接梁结构，它是由两个箱形主梁和两端的箱形端梁组成的，主梁主要用于承载小车行走、吊装货物，端梁上的轮子可以在电动机驱动下，带动整个起重机沿着厂房两侧水泥柱架上的轨道行走。

图4-49所示为箱形梁熔化极气体保护焊现场，采用双枪同时焊接方法。图4-50所示为工字梁自动焊现场，采用了船形埋弧焊方法。

（2）焊接柱　焊接柱主要是指由钢板或者钢管焊接而成的支柱。柱结构的断面形状多为工字形、箱形或管式圆形断面等。柱类焊接结构也常用角钢、槽钢等各种型钢组合焊接成形。

a)   b)

图 4-48 桥式起重机

a）桥式起重机产品 b）桥式起重机箱形梁复合结构

图 4-49 箱形梁熔化极气体保护焊现场

图 4-50 工字梁自动焊现场

　　图 4-51 所示的卫星发射架、图 4-52 所示的钢结构厂房采用的都是焊接柱结构。图 4-53 所示为广州电视塔，也是焊接柱结构。广州电视塔是为 2010 年亚运会建设的广播电视塔，建筑结构由一个向上旋转的椭圆形钢外壳变化生成，相对于塔的顶、底部，其腰部纤细、体态生动，昵称为"小蛮腰"。通过外部钢斜柱、斜撑、环梁充分展现了特有的建筑造型。塔身主

图 4-51 卫星发射架

图 4-52 钢结构厂房

体高454m，用钢总量5.5万t。采用了屈服强度为420MPa的耐候钢，立柱尺寸从ϕ2000 mm×50mm～ϕ1200mm×30mm；斜撑尺寸从ϕ850mm×40mm～ϕ700mm×30mm；环梁构件直径为ϕ800mm，壁厚为30mm、25mm。采用药芯焊丝CO_2气体保护焊和焊条电弧焊进行多层多道焊。图4-53b为建造中的电视塔，图4-53c是预制的外部钢结构节点接头，现场焊接主要是对接焊，降低了现场焊接难度，保证了焊接质量。

图 4-53　广州电视塔

a）广州电视塔外形　b）工程施工现场　c）预制的接头

（3）焊接桁架　焊接桁架主要是由直杆件在节点处通过焊接相互连接组成的受力钢结构。每个节点处都连接着若干的直杆，从而构成格构式结构，一般具有三角形单元的平面或空间结构。桁架杆件主要承受轴向拉力或压力，从而能充分利用材料的强度，在跨度较大时可比其他结构节省材料，减轻自重和增大刚度。

第1章介绍的北京新机场航站楼是世界上规模最大、技术难度最高的单体航站楼之一，就是采用的钢桁架结构。图4-54所示为北京新机场桁架结构，以及工人在进行桁架节点与直杆焊接的情况。

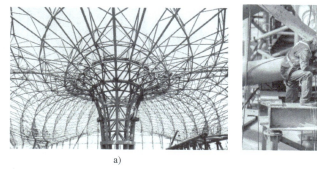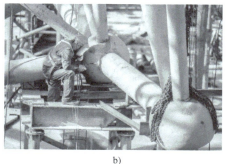

图 4-54　北京新机场桁架结构

a）桁架结构　b）现场焊接

国家体育场"鸟巢"是最具有影响力的建筑之一，采用的是100%全焊钢桁架结构，所有构件的作用力全部由焊缝承担。首次采用 Q460E-Z35 高强度结构钢，而且大多为厚板，最大板厚达 110mm，焊缝总长度超过 310km。据不完全统计，"鸟巢"所消耗的焊接材料达到 2100t。图 4-55a 所示为国家体育场"鸟巢"施工现场，图 4-55b 所示为"鸟巢"焊接现场。

图 4-56 所示为孙口黄河大桥，是中国第一座采用整体节点焊接技术的钢桁架结构桥梁。

a)　　　　　　　　　　　　　　　　　　　　b)

图 4-55　体育场焊接桁架结构

a)"鸟巢"施工现场　b)"鸟巢"焊接现场

（4）**焊接容器**　焊接容器主要是指由钢板通过焊接而形成的容器结构。这类结构承受较大的内部压力，因而要求焊接接头具有良好的气密性，如容器和存储器等。承受压力的容器结构，其横断面形状多呈圆形，高压容器常做成球形，以求受力合理，节省材料。图 4-57 所示为油气球形储罐的焊接制造现场。图 4-58 所示为石油化工行业广泛应用的加氢反应器及焊接制造现场。

图 4-56　孙口黄河大桥　　　　　　**图 4-57　油气球形储罐的焊接制造现场**

2. 基本焊接接头

任何焊接结构都是由焊接接头连接在一起的，正确地选用、设计焊接接头是焊接结构设计、施工中的关键环节之一。在焊接接头设计中必须要考虑焊接结构的受力情况、服役环境和结构安全等因素。

在焊接接头设计中，需要掌握基本焊接接头的形式与特点。本节简要介绍熔焊的基本焊接接头及受力的概念。基本焊接接头主要包括对接、搭接、角接和 T 形接头（图 4-59）。

对接接头是指两焊件相对平行的接头。该接头受力状况较好，应力集中较小，能承受较

图 4-58　加氢反应器及焊接制造现场

a）加氢反应器制造现场　b）加氢反应器焊接现场

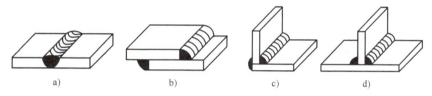

图 4-59　基本焊接接头

a）对接接头　b）搭接接头　c）角接接头　d）T 形接头

大的静载荷或动载荷，是焊接结构中采用最多的一种接头形式。有条件的情况下，尽量采用对接接头形式。

　　搭接接头是指两焊件相叠，在端部或侧面进行角接的接头。由于搭接的两钢板中心线不一致，受力时会产生附加弯矩，而且接头应力分布不均匀，应力集中情况较复杂。在受力较大的结构中避免使用。

　　角接接头是指两个连接件端部之间具有一定的角度，在端部连接处形成角接。角接接头多用于箱形结构件、管接头等。单面焊角接头承受反向弯矩能力极低，受力复杂，应力分布极不均匀，应力集中现象严重。

　　T 形接头是将相互垂直的被连接件用角焊缝连接起来的接头，也称为十字接头。T 形接头能够承受各种方向的力和力矩，但是受力情况复杂，应力分布极不均匀，应力集中现象严重。

　　图 4-60 给出了熔焊对接接头、搭接接头及 T 形接头受力情况。

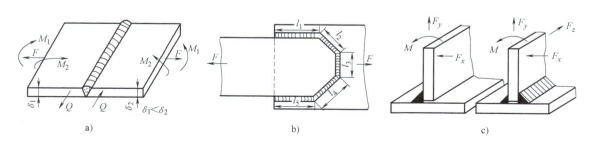

图 4-60　接头受力示意图

a）对接接头　b）搭接接头　c）T 形接头

4.5.3　减少焊接变形的焊接工艺设计

在焊接结构制造中不仅在结构设计中要考虑焊接接头受力等情况，正确选择焊接接头与焊接工艺，在制造过程中还要考虑如何控制焊接应力与变形问题，因为不同的焊接工艺对焊接应力与焊接变形有很大影响。本节简要介绍焊接工艺设计中，不同的焊接坡口、多层多道焊以及焊接装焊顺序对焊接应力与焊接变形的影响。

1. 减少焊接变形在工艺设计方面的措施

1）焊缝布置不要密集，尽量对称布置；焊缝截面重心与焊件截面重心尽量重合，避免弯曲变形或角变形；长对称焊缝尽量采用对称焊。

图 4-61a 焊缝布置不对称，而且采用角接头，焊接变形大，属于焊缝布置不合理。图 4-61b 采用了对称焊缝布置，但是选用的仍是角接头，属于比较合理。图 4-61c 采用了对称焊缝布置，而且采用了对接接头，焊缝布置合理。

图 4-62a 采用两条对称焊缝布置，焊接变形小。图 4-62b 采用四条对称焊缝布置，但是由于焊缝较多，容易引起焊接变形。图 4-62c 虽然只有两条焊缝，但是由于不对称布置，极易引起焊接变形，属于不合理的焊缝布置。

2）尽量选择填充量少的焊缝尺寸及坡口形式，因为坡口角度越大，熔敷金属填充量越大，焊缝上下收缩量差别越大，越容易产生角变形。因此，V 形坡口可改为 X 形坡口，优先选用窄间隙焊接。

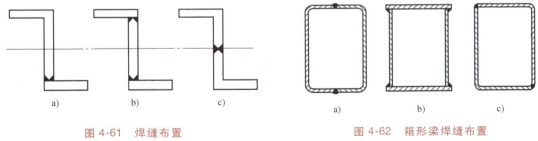

图 4-61　焊缝布置
a）不合理　b）较合理　c）合理

图 4-62　箱形梁焊缝布置
a）合理　b）较合理　c）不合理

3）选择合理的焊接参数，尽量减少焊接热输入量，因为随着焊接热输入增加，加热宽度增加，焊接变形增大。因此，厚板焊接时可以采用多层多道焊，降低每道焊缝的热输入量。

4）多层焊时要有合理的焊接顺序。在多层焊时，往往需要进行焊接顺序的合理设计。图 4-63a 采用正反面交替焊接，正反面焊接的焊接角变形方向是相反的，所以交替焊接可以相互抵消一部分焊接变形。在多层焊接时，一般先焊的焊缝受到的拘束作用小，变形会比较大，而后焊的焊缝由于已有的焊缝对焊件变形有了一定的拘束，其焊接变形会比较小，因此，图 4-63a 焊接顺序是先正面焊一层，反面焊二层。而图 4-63b 采取的焊接顺序则是先焊完正面三层，再焊背面三层的焊接顺序，其焊接顺序设计是不合理的。

5）减少焊缝数量（降低累积效应），尽量采用冲压-焊接结构、铸-焊结构；焊缝尽可能地短；对于次要焊缝，可将连续焊改为断续焊（图 4-64）；复杂焊缝最好采用分部件组合焊接；最好的焊接结构是没有焊缝的结构。

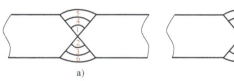

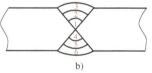

图 4-63　多层焊焊接顺序布置

a）合理　b）不合理

图 4-64　断续焊

2. 焊接顺序对焊接变形控制的影响举例

1）焊接顺序对角变形的影响。图 4-65 所示为焊接顺序对平板对接 X 形坡口焊接角变形的影响。因为，初始焊缝的自由变形较大，容易产生焊接变形；而后续焊缝受到前道焊缝的拘束影响，焊接变形减小；越后焊的焊缝拘束越大。由此可见，图 4-65a 采用的是单侧焊完再焊另一侧，焊接角变形很大；而图 4-65d 采用双面对称焊接，焊接角变形最小。

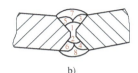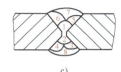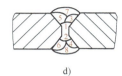

a）　　　　　　　　b）　　　　　　　　c）　　　　　　　　d）

图 4-65　焊接顺序对焊接角变形的影响

a）单侧先焊　b）两侧交替焊　c）交替控制焊　d）双面对称焊

2）箱形梁外部焊缝焊接顺序。采用四块钢板焊接成箱形梁是比较普遍的。在一些结构中可以利用焊接变形获得所需的焊接结构形状。例如，桥式起重机横梁（主梁）需要有一定的上拱度（图 4-48a），以保证起重机吊起重物时，主梁在吊起重物重力作用下变得平直，有利于吊机上悬吊重物的小车沿着主梁上的轨道无障碍地移动。

桥式起重机的主梁就是采用四块钢板拼焊的，但是对其装焊顺序必须进行严格的控制。图 4-66 所示为桥式起重机箱形梁外部焊缝焊接顺序。实际焊接中，先对称焊 3、4 焊缝，后对称焊 1、2 焊缝，可以获得较大的上拱度，但是由于焊接变形也是有限的，而且又是很难控制的，在实际工程中主要采用反变形方法保证所需的上拱度，而焊接顺序起辅助作用。如果上拱度达不到，还需要采取矫正的方法进行矫正处理。

3）箱形梁内部焊缝焊接顺序。为了增加箱形梁的强度与刚度，在其内部往往添加一些隔板，这些隔板需要与下盖板和旁边的腹板进行焊接，在安装时将隔板与盖板的组合称为 π 形梁。图 4-67 给出了两个装焊方案。图 4-67a 显示的是装焊方案一，即采用一边安装隔板，一边完成隔板与盖板的焊接，最后再完成隔板与腹板的焊接，其效果是 π 形梁的挠曲变形比较小；图 4-67b 显示的是装焊方案二，即首

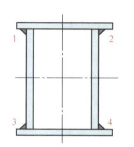

先焊1、2焊缝
后焊3、4焊缝　拱度下降

先焊3、4焊缝
后焊1、2焊缝　拱度增大

图 4-66　箱形梁外部焊缝焊接顺序

先将全部隔板与盖板、腹板点定组装在一起，统一完成隔板与盖板、隔板与腹板之间焊缝的焊接，效果是 π 形梁的挠曲变形比较大，也就是箱形梁的上拱度较大。因此，可以根据需要选取合理的装焊顺序。

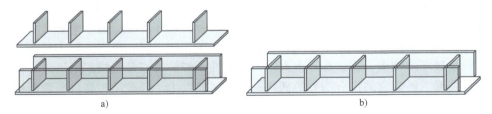

图 4-67　π 形梁装焊顺序方案示意图

a）方案一　b）方案二

4.5.4　焊接结构失效分析与安全评定

焊接是材料连接的最常见制造工艺之一。焊接接头的质量直接影响焊接构件的性能和使用寿命，甚至关系到社会安全和企业的经济效益。有些焊接结构长期工作在恶劣复杂的环境中，其失效问题越来越引起人们的高度重视。同时，焊接结构中想要没有任何焊接缺欠是非常困难的，所以焊接结构属于有损伤的结构，那么结合工程结构使用性能与寿命要求，确定焊接缺欠的容限，或者对于存在焊接缺欠的焊接结构进行安全评定与寿命评估是焊接结构制造与运行中必须要解决的问题，也是焊接科学中所要解决的问题。

1. 焊接结构失效的概念与形式

焊接失效就是焊接接头由于各种因素，在一定条件下断裂（如受力、温度、材质、焊接质量和实际使用工况条件等）。焊接接头一旦失效，就会使相互紧密联系成一体的焊接构件局部分离、撕裂并扩展，造成焊接结构破坏。焊接结构的破坏往往会引起灾难性事故，造成生命与财产的重大损失，必须要防止焊接结构失效破坏事故的发生。

焊接结构的失效形式有很多，比较典型的有脆性失效、塑性失效、疲劳失效、应力腐蚀失效等。

2. 焊接结构失效分析

由于焊接结构失效往往都源于焊接接头出现宏观裂纹，并在一定条件下产生裂纹扩展，最终造成焊接结构的破坏。所以在进行焊接结构失效分析时，都以断裂力学作为理论基础。

断裂力学是研究含裂纹物体的强度和裂纹扩展规律的科学，是固体力学的一个分支，又称裂纹力学，也是结构损伤容限设计的理论基础。断裂力学是起源于 20 世纪初期，发展于 20 世纪后期，并且仍在不断发展和完善的一门科学。

断裂力学所研究分析的裂纹是指宏观的、肉眼可见的裂纹。焊接结构中的各种缺欠可近似地看作裂纹。断裂力学的基本研究内容包括：①裂纹的起裂条件；②裂纹在外部载荷和（或）其他因素作用下的扩展过程；③裂纹扩展到什么程度物体会发生断裂。另外，为了工程实际的需要，还研究含裂纹的结构在什么条件下破坏；在一定载荷下，可允许结构含有多大裂纹；在结构裂纹和结构工作条件一定的情况下，结构还有多长的寿命等。由此可见，断裂力学不仅是焊接结构失效分析的理论基础，也是含有缺欠的焊接结构安全评估与寿命预测的理论基础，因此，是焊接科学的理论基础之一。

本节仅就常见的脆性失效、疲劳失效特征及断口特点做一些分析，使读者对相关焊接科学问题与理论有初步了解。

（1）脆性失效　脆性失效是指焊接结构发生脆性断裂导致焊接结构的破坏失效。

脆性断裂是焊接结构的一种最为严重的、非常危险的破坏形式。脆性断裂失效是在实际受力情况低于结构设计许用受力条件下发生的，结构发生断裂时，断裂部分无显著的塑性变形，具有突发破坏的性质，往往造成重大损失。脆性断裂的特点是裂纹扩展迅速，很少发现可见的塑性变形，断裂之前没有明显的征兆，而是突然发生。焊接结构脆性断裂断口表面发亮，呈颗粒状。同时，脆性断裂是在低受力条件下发生的，因而这种断裂往往带来恶性事故和巨大损失。

脆性断裂断口在宏观上有小刻面和放射状或人字花样两种形式。将脆性断口在强光下转动时，可见到闪闪发光的特征。一般称这些表面发亮呈颗粒状的小平面为小刻面，即断口是由许多小刻面组成的。因此，根据这个宏观形貌很容易进行判别；放射状或人字花样是脆性断口的另一个宏观形貌特征。人字花样指向裂纹源，其反向即倒人字为裂纹扩展方向。因此，可以根据人字花样的取向，很容易地判断裂纹扩展方向及裂纹源的位置。另外，放射状花样的收敛处为裂纹源，其放射方向均为裂纹的扩展方向。脆性断口的微观特征形态常出现河流花样、舌状花样和扇形花样等。图 4-68 所示为焊接结构典型的脆性断口显微形貌。

（2）疲劳失效　疲劳失效是指焊接结构在交变载荷作用下发生断裂导致焊接结构的破坏失效。

焊接结构在整个疲劳失效过程中，不发生肉眼可见的宏观塑性变形，多数情况下疲劳断裂也是突然发生的，因而这种断裂方式给焊件失效前的预报和预防工作带来一定的困难。

疲劳断裂还具有区别于其他任何性质的断口形貌。一个典型的疲劳断口往往由裂纹源区、裂纹扩展区和瞬时断裂区三个部分组成。这种独特的形貌是区别于其他断裂形式的极为重要的凭证。

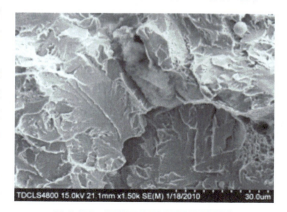

图 4-68　典型的脆性断口显微形貌

裂纹源区出现于焊件表面的疲劳裂纹，由于这一阶段扩展速率较慢，通常需要经过多次循环才能形成，所以源区的断口形貌多数情况下较平坦、光亮且呈半圆形，与包围它的扩展区之间有明显的界线，很容易识别。当交变载荷较高或者在应力集中处萌生裂纹时，往往出现多个疲劳源。在此情况下，源区不再像单个疲劳源那样具有规则和典型的形状；海滩状或贝壳状花样是疲劳裂纹扩展区断口上的特征花样。疲劳断口为单疲劳源时，断口的海滩花样往往呈扇形或椭圆形；而断口出现多疲劳源时，海滩花样呈波浪形。弧线之间的宽度取决于交变载荷水平，一般随远离源区而宽度逐渐增大；疲劳后期的瞬时断裂属于静载断裂，瞬时断裂区的宏观形貌与静载断裂的断口形貌基本一致。图 4-69 所示为焊接结构典型的疲劳断口显微形貌。由图可见明显的疲劳辉纹。

3. 焊接结构失效的主要原因与防止措施

焊接结构失效的主要原因如下：

1）焊接结构设计不合理。例如在焊接结构局部或整体焊缝的布置与设计上存在问题，导致出现焊接结构局部刚性过大、应力集中的问题。

2）焊接结构的材料本身存在缺陷。例如母材存在化学成分偏析、局部微观裂纹等。

3）制订的焊接工艺不合理。例如焊接材料、焊接工艺及参数的选择不合理等，

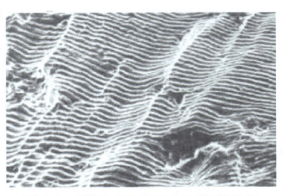

图 4-69　焊接结构典型的疲劳断口显微形貌

导致焊接过程中近缝区存在较高的残余应力（包括焊缝及热影响区相变的组织应力），以及焊接过程高温下的组织软化和冷却后产生的脆化等，都是造成接头失效的根源，也为接头的脆断或扩展提供了条件。

4）焊接质量存在问题。例如焊工技术水平高低与焊接位置的难易，以及焊接环境温度等对焊接质量都会产生影响。如果焊接结构中存在着冷热裂纹、未焊透、夹渣、气孔及咬边等焊接缺欠，存在缺欠的焊接结构件进入使用阶段，就很容易发生结构的失效、破坏。

5）焊接结构所处的工作环境、工况条件差。例如焊接结构承受较大的交变或冲击载荷，或者在低温环境下工作，导致接头的使用性能下降。

综上所述，要防止焊接结构的失效问题，单纯从某一个方面防止，很难得到满意的结果，它是多种因素的综合，但在一定条件下，则是某种因素起到主要作用而产生的结果。因此，需要从结构与焊接接头设计、焊接工艺、母材、焊接材料及焊接施工等多方面考虑，尽量使以上几方面的因素达到优化，并结合工程实际，找出可能发生失效的最主要原因，采取必要的工艺措施加以防止，以便有效地保证焊接结构的安全运行。

具体的一些防止措施如下：

1）根据结构的设计和使用要求（如承受静、动载荷，交变载荷，冲击载荷等），合理地选取母材。母材的选择不仅是工艺技术问题，也是一个经济效益问题。选用性能过高的母材，会使产品经济成本增加，而选用母材材质性能过低，则会降低结构的使用寿命，增加焊接失效的隐患。

2）钢材从进货到投入生产使用，都要进行严格的检验，以保证化学成分和力学性能指标符合国家标准规定。材质检验分宏观和微观两种，宏观检查是用肉眼或放大镜进行外观检查；微观检查主要采用无损探伤、金相切片低倍组织检验等手段，目的是提前发现材料有无裂纹、夹层、撕裂等缺陷。

3）在结构设计时，要尽量减少过大的刚度及应力集中现象出现，如在设计时防止焊缝分布过分密集，尽量消除有可能产生应力集中的部位；对部件连接部位，要尽量避开结构上应力最大处，有利于控制焊后变形，提高构件强度。另外，根据其结构的使用和受力状况，分清其焊缝是工作焊缝还是联系焊缝，应用专业知识合理地设计焊缝的分布、焊缝成形尺寸。同时还要考虑焊接制造的经济性。

4）正确选择焊接参数是保证焊接质量和生产率的关键。在焊接生产中，根据实际需要

应该配备相应的焊接辅助装置，如定位夹紧装置、翻转胎、焊接变位机等，利用胎夹具可保证焊接结构组装点对精度的要求，方便地得到恰当的焊接位置，有利于大批量组织生产。

5）有条件的情况下，尽量采用自动焊，避免人为因素对焊接质量的影响。对于采用人工焊接的焊接结构，则要加强对焊工的培训，焊工技术水平的高低将直接影响焊缝的质量。

6）制订焊接工艺要充分考虑原材料（母材）、设备、焊接材料（填充材料），以及工人的技术水平、生产量大小、环境温度等各种因素，选择合理的焊接工艺。另外，对环境温度的影响也要考虑，冬季气候严寒，材料在切割、焊接过程中，裂纹倾向增大，需采取一定的预热和缓冷措施。

7）对焊接接头一定要进行严格的检验，主要利用射线探伤、超声波探伤、磁力探伤等无损检验方法，以便及早发现焊接缺欠，并及时加以处理。

4. 焊接结构安全评定的概念

焊接结构的显著特点之一就是整体性强，焊接结构的完整性就是保证焊接结构在承受载荷和环境介质作用下的整体性要求，包括焊接接头强度、结构的刚度与稳定性、抗断裂性和耐久性等。如何在经济可承受的条件下保证焊接结构的完整性是焊接安全的关键之一。

焊接结构的绝对完整往往是很难做到的，其完整程度被接受的准则目前是"合于使用"原则。"合于使用"原则是针对"完美无缺"原则而言的。在焊接结构发展初期，要求结构在制造和使用过程中均不能有任何焊接缺欠存在，否则就要返修和报废。后来通过大量试验证明，在铝合金接头中，纵然有大量的气孔，但是对该接头的强度没有任何不利的影响，而返修反而会造成结构或接头使用性能的降低。基于这一研究，英国焊接研究所首先提出了"合于使用"的概念，在断裂力学出现及广泛应用后，这一概念更受到人们的重视和接受。

焊接结构的"合于使用"安全评定是以断裂力学、弹塑性力学及可靠性系统工程为基础的工程分析方法。焊接结构在制造及运行过程中不可避免地存在或出现各种各样的缺陷或损伤、材料组织性能劣化以及可能超出设计预期的载荷等因素对结构使用性能产生影响。特别是随着结构服役时间的增长，损伤的累积与扩展将破坏结构的完整性，进而威胁结构系统的安全性。在制造过程中结构出现了缺欠，根据"合于使用"原则确定该结构是否可以验收。在结构使用过程中发现了缺欠，评定该缺欠的存在是否会对焊接结构造成失效破坏；在新的焊接结构设计时，规定允许焊接缺欠存在的验收标准等。

"合于使用"的安全评定也称为缺陷评定，缺陷是否被接受的经济学意义是不可忽视的。如果在结构正常使用条件下发现缺陷，通过"合于使用"安全评定要决定在下次检修之前是否能安全运行。如果评定结果认为缺陷是可以接受的，则使用者可以避免因非正常中断运行所带来的损失。即使在维修期间（正常或非正常），如果评定结果认为在下次正常维修之前可以安全运行，则可以免去或推迟结构运行期间的非必要维修。此外，构件的非正常报废也是不经济的，替代构件的延期到货更会影响生产，依据"合于使用"评定受损构件能否继续使用至替代构件的到货同样具有经济意义。如果焊接结构寿命消耗速率能够通过"合于使用"评定精确评估，结构效用将得到充分发挥，从而大大提高产出，以获得显著的经济效益，这将是"合于使用"评定技术发展的重要目标。

国内外长期以来广泛开展了断裂评估技术的研究工作，形成了以断裂力学为基础的焊接结构"合于使用"的评定方法，建立了应用于焊接结构设计、制造和验收的"合于使用"原则的标准，有关应用已产生显著的经济效益和社会效益。

有关焊接结构安全评定的原理、方法及应用将在有关专业课程中进行学习。

由此可见，焊接科学问题主要就是焊接控形控性问题，决定了产品的焊接质量、焊接结构寿命与焊接安全，其次是焊接效率，决定了焊接成本、经济效益以及产品的市场竞争力。焊接科学的基础离不开物理、化学、数学基础以及现代科学技术的发展，涉及冶金、材料、机械、热力学、断裂力学、电工电子、计算机技术、控制理论等多个学科，属于跨学科的科学。

复习思考题

1. 什么是焊接科学？焊接科学主要研究什么？
2. 焊接热过程的特点是什么？焊接热作用对焊接接头有什么影响？
3. 什么是焊接热循环曲线？通过焊接热循环曲线能够得到哪些信息？
4. 焊接冶金主要研究什么？焊接物理冶金与化学冶金有什么区别？
5. 由于焊接加工，接头的金相显微组织会发生什么变化？对接头性能有什么影响？
6. 焊接热源种类、焊接参数对焊接接头的显微组织及性能会有什么影响？
7. 什么是材料的焊接性？
8. 焊接力学主要研究什么？
9. 焊接的局部加热对焊接变形、焊接应力有哪些影响？
10. 焊接变形及焊接残余应力现象的物理本质是什么？
11. 常见的焊接变形有哪些？控制焊接变形可以采取哪些措施？
12. 焊接残余应力的分布特征是什么？
13. 焊接残余应力对被焊工程结构有哪些影响？
14. 焊接结构主要有哪些分类？常见的焊接结构有哪些？
15. 什么是焊接结构失效？失效的形式是什么？
16. 焊接失效分析需要哪些力学知识？
17. 焊接失效分析的目的是什么？
18. 思考焊接结构安全评定与寿命评估的作用。
19. 通过网络检索了解不同焊接工程结构焊接的特点及采用的焊接方法。
20. 通过网络检索了解焊接工程结构失效的案例与原因。

先进焊接技术 第5章

随着国民经济与科技的发展，产品性能的要求越来越高，焊接也从最初的毛坯件加工方法发展成为产品制造中关键环节的重要加工方法之一，甚至成为某些产品的最后一道加工工序，因此对产品的焊接质量、效率、成本等均提出了更高的要求。传统的焊接方法与技术已经不能满足当今制造领域的要求，促使一些新的焊接技术出现并得到了迅速的发展。

新材料在工程中的大量应用，使得越来越多的异种材料需要连接，也期待焊接新方法和新工艺的出现，或者需要对现有焊接方法和工艺进行改进或者组合，以解决现代焊接过程中出现的问题。

本章简要介绍近年来应用越来越广泛的激光焊、电子束焊、搅拌摩擦焊、超声波焊、复合热源焊、高效弧焊，以及材料表面工程技术中的热喷涂技术与堆焊技术。

5.1 高能束焊接

高能束焊接是指利用高能束粒子携带的能量作为热源加热、熔化材料进行焊接的方法。根据携带能量的粒子不同，高能束主要分为激光束、电子束。高能束焊的特点是能量集中、能量密度大、焊接熔深大、热影响区窄、焊接精度较高，既能用于较厚零件的一次焊透成形，也能用于很薄零件的快速焊接。对于难熔材料、活泼性金属、高质量要求产品的焊接，均可取得满意的效果。

5.1.1 激光焊

激光焊（Laser Beam Welding，LBW）是以高能量密度的激光作为热源，对金属进行加热、熔化形成焊接接头的方法。

1. 激光焊原理

激光器的种类很多，焊接中常用的有气体激光器、固体激光器等。以固体激光器为例，简要介绍激光产生的原理。图 5-1 所示为固体激光器基本结构。

如图 5-1 所示，激光工作物质（又称激光棒）是激光器的核心。泵浦源一般采用氙灯或氪灯。全反射镜与部分反射镜构成光学谐振腔，所谓光学谐振腔，实际是在激光器两端，面对面装上两块反射率很高的光镜，一块是全反射镜，另一块是大部分反射、少

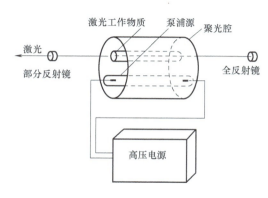

图 5-1 固体激光器基本结构

量透射的光镜，产生的激光将通过这块部分反射镜输出。

激光产生原理概括地说，就是由泵浦源氙灯辐射的光能，经过聚光腔，使激光棒能够有效地吸收光能，激活粒子（原子）从低能级到高能级，并形成低能级与高能级粒子数的反转（一般情况下，低能级远比高能级粒子数多）。如果处于激发态的高能级粒子在外界光感应作用下，几乎同步完成受激辐射回到低能级，这时物质就会发出一束光。所产生的这束光在光学谐振腔中往复振荡造成连锁反应，增强了粒子的受激辐射强度，从而起到了光放大作用，最终形成并输出一束强度很高的光束，就是激光（如果要深入地理解激光产生的原理，需要学习固体物理等相关知识）。

激光焊的本质就是将激光的能量转化为焊接所需的热能。如图 5-2 所示，在激光焊过程中，激光照射到被焊材料表面，与其发生作用，光能转变为热能，导致金属材料表面温度升高，再传向被焊材料内部。在激光作用下，被焊材料焊接区域发生局部熔化形成熔池，随着激光向前移动，后面的液体金属熔池冷凝结晶形成焊缝。

激光焊接时，材料吸收的光能向热能转换是在极短的时间内完成的，在这个时间内，热能仅局限于材料被激光辐照区，而后通过热传导，由材料高温区传向低温区。

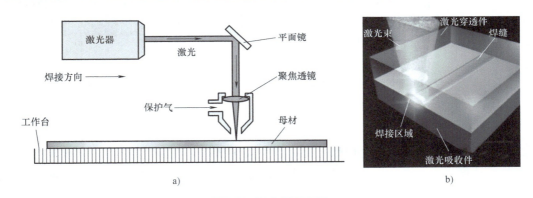

a)   b)

图 5-2 激光焊接过程
a）激光焊接原理 b）激光加热原理

2. 激光焊分类

激光焊有不同的分类方法，按照激光器种类可以分为 CO_2 激光焊、固体激光焊、半导体激光焊、光纤激光焊等；按照激光对焊件的作用方式可以分为脉冲激光焊和连续激光焊；根据实际作用在焊件的功率密度可以分为热导焊与深熔焊。

1）热导焊所用激光功率密度较低（$10^5 \sim 10^6 \, \mathrm{W/cm^2}$），其作用原理如图 5-3a 所示。焊件吸收激光后，金属材料表面将吸收的光能转变为热能，金属表面加热到熔点与沸点之间，焊件表面熔化，并依靠热传导向焊件内部传递热量，使熔化区逐渐扩大，形成熔池。其熔池轮廓近似为半球形。热导焊熔深浅，深宽比较小，类似于 TIG 焊。

热导焊的主要特点是激光的功率密度小，金属表面的光吸收率低，焊接速度慢，适合薄板的焊接。

2）深熔焊又称小孔焊接、锁孔焊接，要求激光能量密度高（$10^6 \sim 10^7 \, \mathrm{W/cm^2}$），其焊接原理如图 5-3b 所示。金属材料在激光的照射下被迅速加热熔化，其表面温度在极短的时间内升高到沸点，乃至汽化形成金属蒸气，金属蒸气以一定速度离开熔池，对熔化的液态金属产生反向压力，使液态金属熔池表面形成凹陷，甚至形成小孔。激光束可直接作用到小孔底部，光束在小孔底部继续加热金属，所产生的金属蒸气一方面压迫孔底的液态金属使小孔进一步加深，另一方面金属蒸气将熔化的金属挤向熔池四周，使小孔不断延伸，直至小孔内的蒸气压力与液体金属的表面张力和重力平衡为止。小孔随着激光束沿焊接方向移动，前方熔化的金属绕过小孔流向后方，凝固后形成焊缝。

深熔焊熔深大，深宽比也大。在制造领域，除了微薄零件之外，一般采用深熔焊。

在激光焊接中可以填充焊丝，也可以不填充焊丝。图 5-3c、d 所示分别为不填丝的激光深熔焊及填丝的激光深熔焊焊缝横截面。

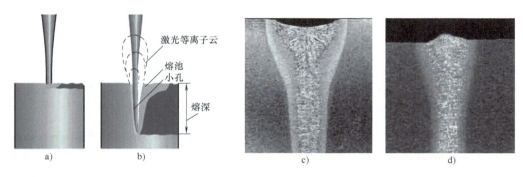

图 5-3 激光焊接

a) 热导焊　b) 深熔焊　c) 不填丝激光深熔焊焊缝横截面　d) 填丝激光深熔焊焊缝横截面

3. 激光焊主要特点

与一般焊接方法相比，激光焊具有以下主要特点：

1）以高能束激光为热源的熔焊，聚焦后的激光具有很高的功率（$10^5 \sim 10^7 \, W/cm^2$ 或更高），加热速度快，可以实现深熔焊和高速焊；另外，由于激光加热范围小（<1mm），焊接热影响区小，残余应力和变形小；但是对焊件加工、组装、定位要求均很高。

2）激光对于材料的适用性强，可焊接常规焊接方法难以焊接的材料，如高熔点金属等，甚至可用于非金属材料的焊接，如陶瓷、有机玻璃等，适合焊接热敏材料，但是激光在焊接高反光率材料时受限。

3）激光能在空间传播相当远距离而衰减很小，可进行远距离或一些难以接近部位的焊接；固体激光、半导体激光、光纤激光可以通过光导纤维等传输，特别适合于机器人自动焊，以及微型零件、一般焊枪难以接近的焊件部位的焊接。

4）与电子束焊（将在 5.1.2 中介绍）相比，激光焊最大的优点是不需要真空室，不产生 X 射线，同时光束不受电磁场影响。对于一些产生有毒气体和物质的材料，由于激光可穿过透明物质，可以将其置于玻璃制成的密封容器中进行激光焊。

5）激光器价格昂贵，设备（特别是高功率连续激光器）一次性投资大。

综上，激光焊具有能量密度高、可聚焦、深穿透、高效率、高精度等优点。激光焊对于一些特殊材料及结构的焊接具有非常重要的意义，这种焊接方法在航空航天、电子、汽车制造、核动力等领域中得到应用，并且日益受到重视。

4. 激光焊应用举例

脉冲激光焊主要用于微型件、精密元件和微电子元件的焊接，连续激光焊可以用于各种零部件连续焊缝的焊接。低功率脉冲激光器可以用于直径为 0.5mm 以下金属丝与丝或薄膜之间的焊接，高功率连续激光焊主要用于厚板深熔焊。

激光还可以用于其他方面的焊接，如激光钎焊、激光-电弧复合焊等。激光焊的部分应用见表 5-1。

表 5-1　激光焊的部分应用

应用领域	应用实例
航空	发动机壳体、机翼隔架、膜盒等
电子仪表	集成电路内引线、显像管电子枪、调速管、仪表游丝等
机械	精密弹簧、针式打印机零件、金属薄壁波纹管、热电偶、电液伺服阀
钢铁冶金	焊接厚度 0.2~8mm 硅钢片，高、中、低碳钢和不锈钢
汽车	汽车底架、传动装置、齿轮、点火器中轴与拨板组合件
医疗	心脏起搏器以及心脏起搏器所用的锂碘电池等
食品	食品罐
其他	燃气轮机、换热器、干电池锌筒外壳、核反应堆零件

图 5-4 所示为中国自行制造的 C919 大型客机。C919 大型客机是我国按照国际民航规章自行研制、具有自主知识产权的大型喷气式民用飞机，飞机总长 38m，翼展 33m，高度 12m，标准航程为 4075km，增大航程为 5555km。图 5-5 所示为 C919 客机的机舱。

图 5-4　C919 大型客机

图 5-5　C919 客机的机舱

随着全球对环境保护的重视程度不断提高，国际飞机制造业把通过减轻自重、降低油耗、提高有效载荷作为提高企业产品竞争力的关键。选用新型轻质材料可以减轻飞机的自重，C919 机身采用了铝锂合金、复合材料等先进材料，飞机减重 3%。同时，C919 与国际先进飞机制造公司一样，在铝合金飞机机身壁板制造中采用了双光束激光焊，"以焊代铆"进一步减轻了飞机的自重。

20 世纪 90 年代，欧洲空客公司就开始进行铝合金飞机机身壁板的激光焊研究，经过近 10 年的研究，成功地将双光束激光焊技术应用于铝合金机身壁板结构，替代了传统的铆接结构，使飞机机身从组装结构过渡到整体结构。针对飞机机身壁板的蒙皮-加强筋结构，采用两台激光器在加强筋两侧进行同步焊接。图 5-6 所示为 A380 机身壁板的蒙皮-加强筋激光焊结构。采用双光束激光焊技术在不降低飞机壁板结构强度及疲劳寿命的前提下，能减少

5%~10% 的结构自重，并降低成本 15%，目前已在 A380、A340、A318 三个机型上得到应用，并预测每架客机 25 年服役期限内可以节约 9 亿欧元的燃料费用。图 5-7 所示为飞机机身壁板双光束激光焊系统。

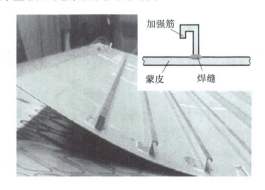

图 5-6　A380 机身激光焊结构　　　　　　图 5-7　飞机机身壁板双光束激光焊系统

焊接技术是汽车制造中的关键技术，汽车的发动机、车厢、变速器、车桥、车架的生产都离不开焊接技术。传统的汽车主要是黑色金属，随着铝、镁轻金属材料以及新型复合材料等应用于汽车，对汽车焊接技术提出了更高的要求。

汽车车身大多属于薄板焊接，电阻点焊应用最为普遍。大多数汽车白车身的焊点在5000 个左右，如凯迪拉克 ATS-L 焊点多达 6000 多个。在车身顶盖、油箱等部位需要进行连续焊，一般汽车的连续焊缝总长度达 30~50m。以往的汽车主要采用熔化极气体保护电弧焊（MIG 焊、MAG 焊）或电阻缝焊等。

在汽车制造中采用激光焊代替电阻点焊，可以将搭接结构改为对接结构，从而减少车身材料的用量，实现车身的轻量化。当激光用于车身结构件焊接时，可以提升车身的强度。与电弧焊、电阻缝焊相比，激光焊速度快、生产效率高。因此，目前轿车生产中，激光焊的应用越来越多，例如，在大众高尔夫轿车中，激光焊焊缝长度达 52.5m；迈腾轿车激光焊焊缝长度为 42m。图 5-8 所示为汽车顶盖和侧围的激光焊。采用激光焊的汽车顶盖和侧围连接处不再需要密封装饰条，这是因为激光焊的焊缝很窄，焊接变形小，经焊后处理后可以直接涂装，既节省了密封条镶边的成本，又提高了气密性，同时外表美观。图 5-9 所示为汽车车门的激光焊，将车门内板、窗框加强板等通过激光焊完成车门总成。从图 5-9 能够看出激光焊、

图 5-8　汽车顶盖和侧围的激光焊　　　　　图 5-9　汽车车门的激光焊

机器人电阻点焊的区别：激光焊的焊缝细而长、表面变形小；机器人电阻点焊是一个焊点，表面有凹坑。图 5-10 所示为汽车零部件的激光拼焊成形，薄板焊接变形小，成形美观。

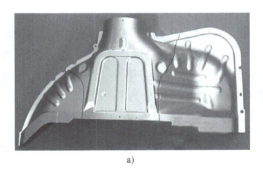 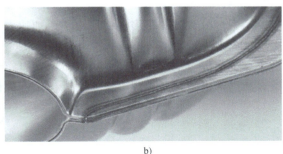

图 5-10　汽车零部件的激光拼焊成形

a）激光拼焊的轮罩　b）激光拼焊焊缝

5.1.2　电子束焊

电子束焊（Electron Beam Welding，EBW）是利用加速和聚焦的电子束轰击置于真空或非真空中的焊件所产生的热能进行焊接的一种焊接方法。

1. 电子束焊原理

图 5-11 所示为电子束焊接原理。如图 5-11a 所示，由于电子束发生器的阴极受热以及阴极、阳极间的高电压电场作用，以热发射和场致发射方式从阴极表面逸出的电子在高压电场（高电压一般在 25~300kV）中向阳极移动并被加速到 0.3~0.7 倍的光速，穿过阳极形成高速运动的电子束流，通过电磁透镜聚焦后，形成能量密集度极高（可达 $10^6 W/cm^2$ 以上）的电子束。当高能量密度的电子束轰击焊件表面时，在电子束流很小的焦点范围内，电子的动能大部分迅速转变为热能，其焊接区域最高温度可达 6000℃ 左右，使焊件结合处的金属发生熔化形成熔池。当电子束焊枪或焊件移动，焊接熔池冷凝结晶形成焊缝（图 5-11b）。

目前电子束焊大多是在真空室中完成，焊件置于真空室中，可以采取电子束焊枪固定焊件运动，也可以是焊件固定电子束焊枪移动。

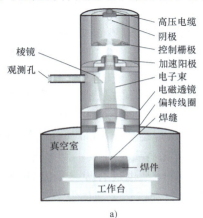 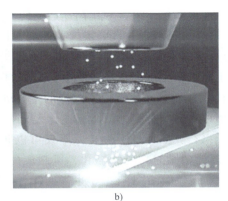

图 5-11　电子束焊接原理

a）焊接设备示意图　b）电子束焊示意图

图 5-12 所示为真空电子束焊接设备，包括电子束焊枪、真空工作室（真空系统）、高压电源、工作台以及控制系统（操作台）等部分。

2. 电子束焊分类

电子束焊分类方法很多。按照电子束加速电压可以分为高压（120kV 以上）电子束焊、中压（60~100kV）电子束焊和低压（40kV 以下）电子束焊。按照焊件所处环境可以分为高真空电子束焊（真空度 $10^{-4}~10^{-1}$Pa）、低真空电子束焊（真空度 $10^{-1}~10$Pa）、非真空电子束焊和局部真空电子束焊。根据实际作用在焊件的能量密度可以分为热导焊与深熔焊。

图 5-12　真空电子束焊接设备

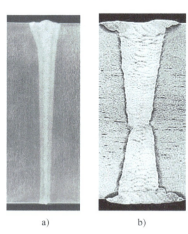

a)　　　　　b)

图 5-13　金属材料焊接熔深
a）电子束焊缝　b）电弧焊缝

电子束热导焊与深熔焊的原理与激光热导焊和深熔焊的原理相类似，只是加热的高能束一个是电子束，另一个是激光束。电子束深熔焊的深宽比可高达 60∶1。图 5-13 所示为金属材料焊接熔深，金属材料板厚为 150mm，采用电子束焊方法一次熔透，而采用电弧多层多道焊则需要 157 道焊缝。

3. 电子束焊主要特点

目前的电子束焊大多在真空下完成，真空电子束焊应用较广。真空电子束焊具有以下主要特点：

1）焊接能源为电子束，利用高速运动的电子动能转化的热能加热焊件，对于材料的限制非常少，可焊材料多，并且可实现异种金属材料的焊接，图 5-14a 所示为采用真空电子束焊接的铜与不锈钢零件。但是电子束易受电磁场干扰，焊接磁性材料受限。

2）电子束功率密度大，热量集中，热影响区小，焊接变形小，可实现高速、高质量焊接。图 5-14b 所示为采用真空电子束焊的直升机用高精密齿轮，焊接变形小。

3）电子束穿透能力强，焊缝深宽比大，可以一次焊透达 300mm 厚的不锈钢板。

4）电子束在真空环境下焊接，不仅可以防止熔化金属受到氧、氮等有害元素的污染，而且有利于焊缝金属的除气和净化，可制成高纯的焊缝。也适合焊接钛及钛合金等活性材料，图 5-14c 所示为采用真空电子束焊的钛合金航空发动机转子部件。

5）电子束焦点直径小，要求焊件连接间隙小，因此焊接前对焊件接口的加工、装配要求严格，以保证焊接位置的准确。

a)   b)   c)

图 5-14　部分电子束焊应用

a）铜与不锈钢焊接　b）精密齿轮焊接　c）钛合金航空发动机转子焊接

6）在真空电子束焊中，焊件尺寸受真空室大小的限制，焊接设备复杂，价格高，使用维护要求高。

7）高压电子束设备需严加防护焊接时产生的 X 射线，以保证操作人员健康和安全等。

4. 电子束焊应用举例

目前，电子束焊接产品已从原子能、火箭、航空航天等国防尖端部门扩大到机械工业等民用部门。电子束焊接既可以一次焊透 300mm 的铜板，也可以焊接薄板。板厚在 0.03～2.5mm 的薄板零件多用于仪表、压力或真空密封接头、膜盒、封接结构、电接点等结构中。当被焊钢板厚度在 60mm 以上时，应将电子束焊枪水平放置进行横焊，以利于焊缝成形。电子束焦点位置对熔深影响很大，在给定的电子束功率下，将电子束焦点调节在焊件表面以下，熔深的 0.5～0.75 处电子束的穿透能力最好。电子束焊的部分实例见表 5-2。

表 5-2　电子束焊的部分实例

工业领域	应用实例
航空	发动机喷管、定子、叶片、双金属发动机、导向翼、双螺旋线齿轮、齿轮组、主轴活门等
汽车	双金属齿轮、齿轮组、轴承环、汽车大梁、微动减振器、转矩转换器、旋转轴等
宇航	火箭部件、导弹外壳、宇航站安装等
原子能	燃料元件、反应堆压力容器及管道
电子器件	集成电路、密封包装、电子计算机磁芯存储器、微型继电器、卫星组件、薄膜电阻、电子管
电力	发动机整流子片、双金属式整流子、汽轮机定子、电站锅炉联箱与管子的焊接
化工	压力容器、球形储罐、换热器、环形传动带、管子与法兰的焊接
重型机械	厚板焊接、超厚板压力容器的焊接
修理	各种有缺陷容器的修补或修复；设计修改后要求返修的工件，可以进行工件焊接裂纹补焊、工件结构补强焊、堆焊等
其他	双金属锯条、钼坩埚、波纹管、焊接管道精密加工切割等

图 5-15a 所示为采用我国自行研制的电子束焊机成功焊接的 4500m 深潜器载人球壳。球壳材料是钛合金，两个成形钛合金半球采用真空电子束焊接而成，焊缝长度达到 6m，焊缝深度 80mm。该球壳要求的焊接质量高、变形小（保证潜器的圆球度），而且焊缝不允许存在缺陷。我国科研人员开展了水平电子束焊接工艺攻关，获得了最优化的焊接参数，一次完成了球壳的电子束焊接，突破了大厚度钛合金焊缝成形等关键技术。图 5-15b 所示为模拟试板电子束焊缝。

控制棒导向筒是核岛主设备核反应堆内构件的主要部件之一，为控制核燃料棒的运动提供定位和导向，因此其制造精度要求非常高。目前，百万千瓦级核电站控制棒导向筒组件中的半方管和 C 形板均采用真空电子束焊接。控制棒导向筒组件中的 C 形管和半方管所用材料均为不锈钢，控制棒导向筒先由双联管、C 形管、法兰板等装配、焊接成连续导向组件，再将其和固定板装入两片半方管内，通过真空电子束焊接而成。图 5-16 所示为控制棒导向筒、半方管的电子束焊。

图 5-17 所示为采用真空电子束焊的汽车传动轴。图 5-18 所示为采用电子束多束流焊的齿轮。采用电子束多束流焊接时，既可以提高焊接效率，还可以利用对称焊控制焊接变形等。

a)　　　　　　　　　　b)

图 5-15　深潜器载人球壳电子束焊

a）4500m 深潜器载人球壳　b）模拟试板电子束焊缝

a)　　　　　　　　　　b)

图 5-16　核岛控制棒导向筒、半方管电子束焊

a）控制棒导向筒　b）半方管

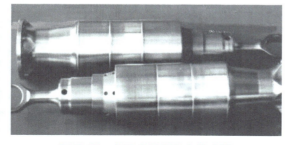

图 5-17　电子束焊的汽车传动轴

图 5-18　电子束多束流焊的齿轮

5.2　压焊新技术

压焊是焊接中非常重要的一大类焊接方法，其中大多数属于材料的固相焊接。近年来随着国民经济建设的发展和科技的进步，压焊新技术得到了很大的发展和越来越广泛的应用。

本节主要介绍 20 世纪 90 年代发明的搅拌摩擦焊技术以及 20 世纪 50 年代发明的超声波焊技术，了解其他压焊新技术需要阅读相关的文献资料与参考书。

5.2.1　搅拌摩擦焊

传统的摩擦焊是在恒定或递增压力以及转矩的作用下，利用焊件接触端面之间的相对运动，在摩擦面及其附近区域产生摩擦热和塑性变形热，使其温度上升到接近材料熔点的温度区间，在顶锻压力的作用下，伴随材料产生塑性变形及流动，通过界面的分子扩散和再结晶而实现焊接的固相焊接方法。但传统摩擦焊的对象主要是回转形零件，而对于其他形状，特别是大型平板对接则显得无能为力。

搅拌摩擦焊（Friction Stir Welding，FSW）是一种新型的摩擦焊技术，由英国焊接研究所于 1991 年发明并申请专利。与传统摩擦焊一样，搅拌摩擦焊也是利用摩擦热作为焊接热源，不同之处在于搅拌摩擦焊不是依靠焊件之间相对运动产生摩擦热，而是通过一个专门的搅拌摩擦焊工具（或称搅拌头）的高速旋转，与焊件相对运动产生摩擦热进行焊接的一种方法，该方法使摩擦焊技术可以用于大型平板的对接。

1. 搅拌摩擦焊原理

常用的搅拌头如图 5-19a 所示，由搅拌针和轴肩构成。如图 5-19b 所示，搅拌摩擦焊是利用搅拌头高速旋转，将搅拌针插入焊件待连接处，并在轴向压力作用下使轴肩与焊件表面紧密接触，通过搅拌头与焊件摩擦生热使连接部位材料温度升高而软化，与此同时搅拌头将高温塑性态被焊材料进行搅拌混合，将分离材料达到原子间结合而实现焊接。

在搅拌摩擦焊过程中，焊件要刚性固定在背垫上，搅拌头在高速旋转的同时沿焊件的接缝与焊件相对移动。搅拌针的主要作用是插入被焊材料内部，并充分搅拌焊缝处的材料，使其充分混合。轴肩的主要作用是在压力作用下与焊件表面摩擦生热，并用于防止塑性状态材料的溢出，同时可以起到清除表面氧化膜的作用。由于高速旋转的搅拌头与焊件之间的摩擦热，使搅拌头前面的材料发生强烈塑性变形。随着搅拌头的移动，高温塑性变形的材料逐渐沉积在搅拌针的背后，冷却后形成连续焊缝。图 5-20 所示为钢铁材料搅拌摩擦焊。

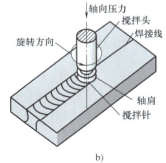

a)   b)

图 5-19　搅拌摩擦焊原理
a）搅拌头　b）搅拌摩擦焊原理示意图

图 5-20　钢铁材料搅拌摩擦焊

在搅拌摩擦焊过程中，搅拌针附近材料塑性流动是不均匀的，且整个焊接区域也存在明显的温度梯度。这种塑性流动和温度分布的不均匀性导致搅拌摩擦焊接头不同区域的组织和性能也具有明显差异。如图 5-21 所示，以铝合金的搅拌摩擦焊为例，搅拌摩擦焊接头通常可分为四个区域：焊核区（Nugget Zone，NZ）、热力影响区（Thermal Mechanically Affect Zone，TMAZ）、热影响区（Heat Affect

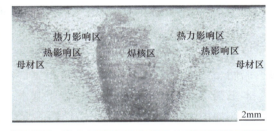

图 5-21　铝合金搅拌摩擦焊接头的宏观截面形貌

Zone，HAZ）及母材区（Base Material，BM）。

搅拌摩擦焊大量应用于铝合金的焊接。对于可热处理强化的铝合金，由于搅拌摩擦过程中热的作用，将导致焊接接头的热力影响区和热影响区中的强化相发生溶解，故在焊后两区域发生软化；焊核区在焊接过程中虽然也会有大量强化相溶解，但由于其在剧烈塑性流动而发生动态再结晶，使晶粒得到细化，起到一定的强化作用。对于不可热处理强化的铝合金，由于搅拌摩擦焊过程中焊核区的剧烈塑性变形，使得该区域材料发生动态再结晶，晶粒细化，强度升高；在焊接热影响区，由于焊接热的作用使晶粒粗化，强度降低。除铝合金外，搅拌摩擦焊还可用于钢铁材料、钛合金、铜合金等高熔点材料的焊接。

由于搅拌摩擦焊过程中的载荷较大，需要搅拌摩擦焊设备具有较高的刚度和强度，因此多采用龙门式机床结构。图 5-22 所示为典型的龙门式搅拌摩擦焊设备，主要包括：床身（又称龙门架）、搅拌摩擦焊机头（又称主轴）、工作台、控制系统及焊件装夹夹具等。搅拌摩擦焊离不开工装夹具，可以采用手动夹紧装置，而工业生产中更多地采用气动或液压夹紧装置。图 5-23 所示为搅拌摩擦焊夹紧装置。

图 5-22　龙门式搅拌摩擦焊设备

图 5-23　搅拌摩擦焊夹紧装置

2. 搅拌摩擦焊的主要特点

搅拌摩擦焊属于固相焊接，被焊材料不发生熔化。搅拌摩擦焊的主要特点如下：

1）焊接热输入低，变形小，接头性能好，效率高，缺陷率低。
2）能一次完成较长焊缝、大截面、不同位置的焊接。
3）一般的搅拌摩擦焊无须添加焊丝，不需要保护气体，成本低。
4）焊接自动化水平高，操作过程方便，能耗低，功效高。
5）焊接过程安全、无污染、无烟尘、无辐射等，属于绿色焊接。
6）焊件必须刚性固定，反面应有底板；焊接设备比较复杂，设备投资较大。
7）搅拌摩擦焊适于较规则的长焊缝，其应用范围有一定局限性。
8）搅拌头的磨损消耗太快；焊缝端头会形成一个键孔，并且难以对其进行修补。

3. 搅拌摩擦焊应用举例

搅拌摩擦焊特别适用于铝合金、镁合金等难焊材料的焊接，因此在航空航天、轨道交通、船舶、汽车、能源等领域已经取得了广泛应用。

本书第 1 章对大火箭结构已经做了基本介绍，了解了贮箱是火箭的关键结构件，用来贮存燃料，如图 1-9 所示。运载火箭贮箱主要由贮箱箱底、筒段等部件焊接而成。随着搅拌摩擦焊技术的发展，近年来在大火箭贮箱焊接制造中采用搅拌摩擦焊技术代替了原来的弧焊技术。图 5-24a 是我国自行研制的、用于长征五号助推贮箱的大直径薄壁舱体环缝对接铣装焊一体化数控设备，该设备集成了可伸缩式快速装夹、高精度数控铣削、高质量数控搅拌摩擦焊于一体，可实现在一个工位上完成推进剂贮箱结构多节筒段组件的精确装夹、焊件焊接边缘的精密铣削、筒段环缝的高质量数控搅拌摩擦焊。该设备最大焊接直径为 3.35m，焊接长度 12m，焊接厚度 16mm。图 5-24b 所示为助推剂贮箱箱底搅拌摩擦焊系统，可以实现箱底瓜瓣纵缝、圆环/顶盖环缝、圆环/型材框环缝的搅拌摩擦焊。

 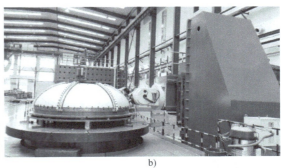

a)   b)

图 5-24　大火箭贮箱的搅拌摩擦焊
a）环缝对接铣装焊一体化数控设备　b）助推剂贮箱箱底搅拌摩擦焊系统

采用铝合金材料可以使轨道客车自重大大减轻，所以铝合金材料在高铁、动车、城市轨道客车中的应用越来越普遍。1996 年开始，德国阿尔斯通公司利用搅拌摩擦焊技术代替传统 MIG 焊技术进行了轨道客车铝合金车身地板及侧板的焊接（图 5-25）。采用搅拌摩擦焊焊接 12mm 厚铝合金车身，每天可焊接长度接近 1000m，每年可生产焊缝长度超过 300km。英国焊接研究所公布的数据显示，相比于熔焊技术，采用搅拌摩擦焊技术制造的轨道客车车身具有更高的承载能力和更长的使用寿命。

目前，我国也已经将搅拌摩擦焊技术用于高铁列车铝合金车身的焊接，主要用于焊接厚度在 2.5~4mm 范围的侧墙板、地板、空调板等非承力构件；在车体枕梁及车钩板焊接中也将采用搅拌摩擦焊工艺。对于 12mm 厚的 6005A-T6 铝合金壁板，搅拌摩擦焊接头的抗拉强度可达到母材的 73.9% 以上，中车长春轨道客车股份有限公司测试了在高铁客车搅拌摩擦焊车身结构的疲劳性能，结果表明经 1000 万次加载测试，模拟件表面以及内部搅拌摩擦焊焊缝未发现明显缺陷，并且对疲劳测试后的焊接接头进行拉伸测试，其强度数值仍与未疲劳测试之前相近。图 5-26 是我国自行研制的龙门式高铁铝合金车身的搅拌摩擦焊设备及其焊接情况。

搅拌摩擦焊技术在造船及海洋工程领域也有广泛应用，主要用于大型耐蚀、高强铝合金船体结构及海上生活平台的焊接。由于搅拌摩擦焊大型铝合金结构的变形小、效率高、成本低，因此在该领域应用发展迅速。1996 年挪威 MARINE 公司将搅拌摩擦焊技术成功地应用于铝合金快速舰船宽幅铝合金甲板、侧板的制造。图 5-27 所示为采用搅拌摩擦焊拼接的宽幅铝合金壁板。图 5-28 所示为挪威 Fosen 船厂的 "The World" 号大型铝合金游轮，大量采用了搅拌摩擦焊预制的铝合金船甲板和壁板。日本三井造船株式会社利用搅拌摩擦焊技术焊接铝合金面板，保证了客货两用船 "Super Liner Ogasawara" 的最大航速达到 42.8 节（1 节 =

a)

b)

图 5-25　德国阿尔斯通公司轨道客车铝合金车身搅拌摩擦焊

a）铝合金车身地板　b）铝合金车身侧板

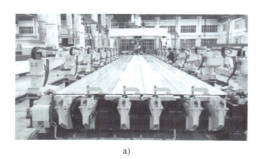
a)

b)

图 5-26　高铁铝合金车身搅拌摩擦焊

a）铝合金车身搅拌摩擦焊设备　b）铝合金车身搅拌摩擦焊现场

1n mile/h，1n mile = 1852m），可载 740 人和 210t 货物。美国华盛顿 Freeland 的尼克尔斯兄弟造船公司采用搅拌摩擦焊铝合金面板建造了最大航速为 55 节的"Sea Fighter"号军用舰船。

　　2008 年，英国某公司订购了近 100t 铝合金搅拌摩擦焊甲板，用于建造挪威北海海域瓦尔霍尔油气再开发项目的大型海上生活平台，该生活平台总重达到 3100t，铝合金甲板焊接部位的厚度为 5~7mm，其中最大甲板尺寸为 9m 宽、13m 长，如图 5-29 所示。

图 5-27　采用搅拌摩擦焊拼接的
宽幅铝合金壁板

图 5-28　大型铝合金游轮

a)   b)

图 5-29　海上生活平台

a）搅拌摩擦焊铝合金甲板　b）生活平台

5.2.2　超声波焊

超声波焊发明于 20 世纪 50 年代中期。随着国民经济和科技的发展，工程塑料等很多新材料在工程中得到应用，而且大量精密器件的焊接需求也越来越多，所以，近年来超声波焊接技术与应用得到了迅速发展。

本节对超声波焊接的原理与应用做一简单的介绍。

1. 超声波焊接原理

超声波焊接是利用超声频率（超过 16kHz）的机械振动能量并在静压力的共同作用下，连接同种或异种金属、半导体、塑料及金属陶瓷等的特殊焊接方法。

超声波焊在汽车行业有很多应用，如汽车前照灯、仪表板（图 5-30），还有阀门、通气通道、安全带扣等。以汽车前照灯为例，需要将透明的塑料透镜焊到塑料基体上。车灯形状复杂多样，焊接要求表面质量高、气密性好，目前大多采用超声波焊接。

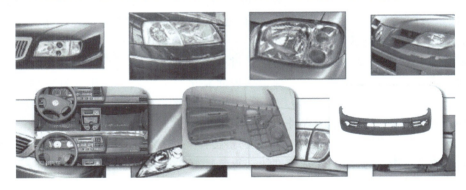

图 5-30　汽车前照灯和仪表板超声波焊接

超声波焊接工作原理及设备如图 5-31 所示。超声波焊接是在一定静压力条件下实施的，往往采用气动系统加压（如图 5-31a 中的气缸加压）。如图 5-31a 所示，超声波发生器将 50Hz 工频电流转换成 15~60kHz 高频电能，高频电能通过换能器（逆压电效应）转换为同等频率的机械振动能，利用聚能器放大机械振动的振幅，通过耦合杆将超声机械振动传递到焊头。焊头将接收到的机械振动能量传递到母材的接合部位,在焊接区域,机械振动能量转变为焊件间的摩擦功、形变能及热能,使分离母材连接部位达到原子或者分子之间的结合,实现焊接。由于超声波焊接过程中,分离材料的结合是在材料不熔化的情况下实现的,因而属于固态焊接。

超声波焊接可以用于塑料、金属等材料的焊接。图 5-31b 是一种用于塑料焊接的超声波焊接设备。超声波焊接设备主要由超声波发生器、换能器、聚能器、耦合杆、焊头、电源、气动加压系统以及控制系统组成。

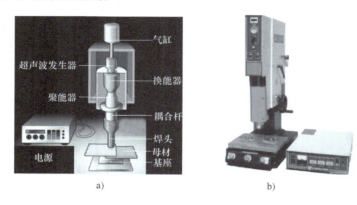

图 5-31　超声波焊接
a)焊接原理　b)塑料超声波焊接设备

2. 超声波焊接的主要特点
超声波焊接是固态焊接,其主要特点如下:

1)超声波焊接属于固态焊接,不受冶金焊接性的约束,几乎所有塑性材料均可以采用超声波焊接,特别适合于物理性能差异较大(如导热、硬度)、厚度相差较大的异种材料的焊接;对于金、银、铜、铝等高热导率、高电导率材料更适合选用超声波焊接。

2)超声波焊接过程中,焊件不通电,也不需其他热输入,接头中无宏观气孔等缺欠,不产生脆性金属间化合物,也无类似电阻焊时出现的熔融金属喷溅等问题,接头质量高,焊缝金属的物理和力学性能不发生宏观变化。

3)超声波焊接中,没有气、液相污染,过程清洁。

4)焊接过程中存在摩擦过程,被焊金属表面氧化膜或涂层对焊接质量影响小,焊前准备简单。

5)由于超声波焊所需功率随焊件厚度及硬度的提高呈指数剧增,焊接板厚受到限制,目前多用于片、箔、丝等微型、精密、薄件的搭接接头焊接,一般不适于对接接头的焊接。

6)该焊接方法操作简单、焊接速度快、重复性好、质量可靠并且经济性好。

3. 超声波焊接应用
超声波焊接广泛用于电子工业,如微电子器件的互连、晶体管芯焊接、晶闸管控制极的焊接以及电子器件的封装等,其中最重要、最成功的应用是集成电路元件的互连。例如,在 $1mm^2$ 的硅片上,将直径为 $25\sim50\mu m$ 的 Al 丝或 Au 丝通过超声波焊将结点部位互连起来。在新材料行业,如在玻璃、陶瓷或硅片的热喷涂表面上连接金属箔及丝;超导材料之间以及超导材料与导电材料之间的焊接也常采用超声波焊接。

图 5-32 所示为采用超声波焊接方法制造的铝塑复合管，中间的铝合金采用搭接接头的超声波焊接，铝塑复合管在输水管、煤气管及电力行业得到广泛的应用。

超声波焊接已经用于汽车内饰件、汽车挡泥板、车灯、散热器、油箱、汽车保险杠、遮阳板、仪表板、转向盘、汽车前罩、汽车隔音罩、汽车发动机盖等的焊接。图 5-33 所示为采用超声波焊接的汽车进气歧管。

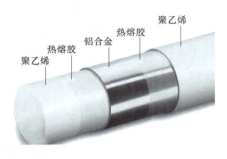

图 5-32　铝塑复合管

图 5-33　超声波焊接的汽车进气歧管

5.3　复合热源焊

纵观焊接发展史可以发现，焊接技术在一定程度上是随着能源的发展而发展的。每一种新能源的出现，都可能伴随着一种新焊接方法的出现。

随着各种能源复合技术的发展，各种热源复合的焊接技术成为当今焊接领域研究与应用的热点，譬如激光+电弧复合焊接、电弧+电弧复合焊接等。

1. 激光+电弧复合焊接

1）激光与电弧前后复合。这种复合方式，主要利用电弧放置在激光前面或后面，分别进行电弧预热或后热来改善被焊材料对激光能量的吸收率与焊缝成形，或者改善焊缝组织，提高接头性能。

2）激光与电弧复合成为同一热源进行焊接。激光与电弧等离子体相互作用，即激光+电弧复合热源焊接。激光与电弧的相互作用主要表现在：一是电弧可以稀释激光等离子体，减少材料对激光的反射，提高材料对激光能量的吸收率，即所谓的电弧强化激光，可以增大焊接熔深，这里主要是利用激光加热熔化焊件；二是激光引导电弧，即电弧沿激光光束稳定燃烧，可以大大提高电弧燃烧的稳定性，实现低电流电弧的高速焊接，这里主要是利用电弧加热熔化焊件，激光功率较小，主要起引导电弧的作用。

根据复合热源中电弧种类的不同，激光与电弧的复合主要有：激光+TIG、激光+MIG、激光+等离子弧复合等。

图 5-34 所示为激光+MIG 电弧复合焊接原理，可以看到激光与电弧的相对位置。激光与 MIG 电弧相互作用形成复合热源加热焊件和焊丝，熔化的母材金属与焊丝熔化的熔滴共同形成一个焊接熔池。由于电弧的作用，焊接熔池上部较宽；由于激光的作用，焊接熔深较大，熔池下部焊接宽度迅速变窄，形成激光深熔焊的小孔现象。

在激光+MIG 复合焊接中，通过选用不同成分的 MIG 焊丝，可以调节焊缝的化学成分、显微组织等。但是焊丝的加入引入了熔滴过渡，虽然通过焊接参数的调整，可以改变熔滴过渡模式及减小飞溅量，但是增加了焊接过程控制的复杂性。相对于单纯的激光焊，由于电弧的存在，激光+MIG 复合焊提高了对于焊道间隙的适应性，而且减缓了焊接冷却速度，降低了接头的冷裂倾向。

目前激光+MIG 复合焊主要用于厚板及铝合金等高反射率金属的焊接。图 5-35a 是船厂板架加强筋的激光+MIG 复合焊接现场。板架加强筋通常为 T 形接头，采用激光+MIG 复合焊接可以实现单边全焊透，腹板厚度约为 10mm，激光光束与水平板呈 12°的入射角，MIG 焊枪倾角为 45°，实现了高效高速焊接。图 5-35b 所示为 T 形接头横截面。

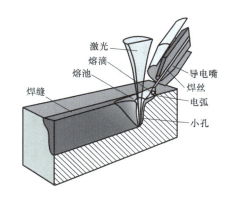

图 5-34 激光+MIG 电弧复合焊接原理

 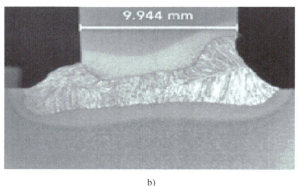

a)　　　　　　　　　　　　　　b)

图 5-35　激光+MIG 复合焊接

a）船厂板架加强筋焊接　b）T 形接头（10mm 厚）横截面（一次性焊透）

由此可见，激光+电弧复合热源焊接具有如下特点：①焊接适应性增加；②焊接效率提高；③改善了焊缝成形；④可减少焊接缺陷和改善微观组织；⑤可降低焊接成本等。因此，目前广泛应用于高速薄板焊接、中厚钢板焊接和铜、铝合金等材料的焊接，涉及汽车、造船、航空和石油管道等行业。

2. 电弧+电弧复合焊接

目前，各种复合热源的焊接方法越来越成为焊接技术研究与应用的热点，美国焊接学会将复合焊定义为：将两种明显不同的焊接方法组合为一种焊接方法。除了激光与各种弧焊方法复合外，不同的弧焊方法也可以进行复合，例如，TIG+MIG 复合焊接、等离子弧+TIG复合焊接、等离子弧+MIG/MAG 复合焊接等。本节仅以等离子弧+MIG/MAG 复合焊接为例，介绍电弧+电弧复合焊接。

等离子弧+MIG/MAG 复合焊接是将等离子弧和 MIG 或 MAG 结合在一把焊枪内，适合于机器人（自动化）焊接。图 5-36 所示为典型的等离子弧+MIG/MAG 机器人焊接系统，主要包括：一体化焊枪、等离子弧焊电源、MIG/MAG 电源和送丝装置、焊接机器人以及控制系统等。

等离子弧与 MIG/MAG 电弧复合方式可以采用等离子弧与 MIG/MAG 电弧偏置式焊枪

（相当于等离子弧焊枪在前、MIG/MAG 焊枪在后），也可以采用同轴式焊枪（图 5-37）。

图 5-36　等离子弧+MIG/MAG 机器人焊接系统

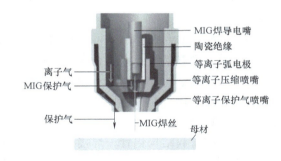

图 5-37　同轴式等离子弧+MIG 焊枪

等离子弧和 MIG/MAG 复合焊接是将两种不同弧焊方法的热源复合在一起，从而实现优势互补，提高焊接的效率和质量。图 5-38 所示为偏置式等离子弧+MIG 复合焊接原理图，等离子弧和 MIG 电弧的电流方向如图 5-38b 所示，等离子弧在焊接熔池前方，MIG 电弧在等离子弧后面。在焊接过程中，等离子弧能量集中，在熔池前方形成较大的焊接熔深；在熔池的后方，焊丝在等离子弧+MIG 电弧的作用下加热熔化，形成熔滴进入熔池，从而得到了图 5-39 所示的焊缝形状。如图 5-39 所示，焊缝由两部分组成，焊缝上半部分焊接宽度较宽，主要是 MIG 焊在后面填充焊缝的结果；而焊缝下半部分焊接宽度较窄，主要是前面等离子

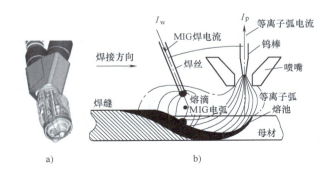

图 5-38　偏置式等离子弧+MIG 复合焊接原理图

a）偏置式焊枪　b）焊接原理

弧深熔焊的结果。由此可见，采用等离子弧+MIG/MAG 复合焊接既可以得到较大的熔深，也可以得到较大的正面焊缝宽度。

等离子弧+MIG 复合焊接相对于传统的 MIG 焊接工艺有以下主要特点：

1）能量密度集中，熔敷效率高，焊接熔深大，焊接速度是传统 MIG 焊的 2~3 倍。

2）焊接能量集中，热影响区较窄，不

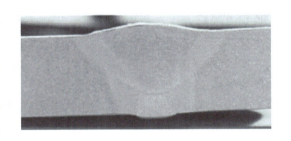

图 5-39　等离子弧+MIG 复合焊接焊缝

易造成零部件变形。

3）焊接电弧稳定，熔滴过渡可控性提高，使得焊接过程更加清洁，焊接飞溅显著减少。

4）等离子弧对焊丝和焊件有预热作用，焊缝区晶粒小，并且可以有效减少气孔，因此焊缝质量高，尤其适合焊接铝合金等导热性好的材料。

5）焊接过程中的参数多，焊接参数的调节较为复杂。

等离子弧+MIG 复合焊作为一种高效焊接方法，可以很方便地实现自动焊，在铝合金、低碳钢、不锈钢以及铜的焊接和堆焊上得到了成功的应用。例如，1980 年，西德国际原子公司需要焊接管簇结构铝管，焊接件由 32 个 ϕ165mm 的铝管组成，结构复杂特殊。用等离子弧+MIG 焊接得到了其他焊接方法不能得到的高焊接质量。美国 Babcock Power 公司采用等离子弧+MIG 复合焊接替代了原有的 TIG 焊，在保证焊接质量的同时，管子对接焊的效率提高了 10 倍；采用等离子弧+MIG 复合焊接，可以将常规立式电弧堆焊效率提高 1 倍以上，图 5-40 所示为等离子弧+MIG 复合堆焊。图 5-41a 是大功率等离子弧+MIG 复合焊接专门用于角焊缝的焊枪，可以用于 20~50mm 厚钢板的焊接；图 5-41b 所示为采用等离子弧+MIG 复合焊接制造的角焊缝，角焊缝熔深较大且焊接宽度也较大，一次复合焊接成形就能够满足焊接要求，可以大大提高焊接效率。

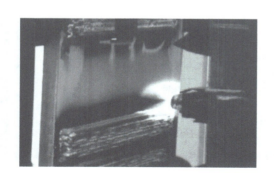

图 5-40　等离子弧+MIG 复合堆焊

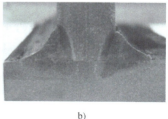

a)　　　　　　　　　　　b)

图 5-41　角接头等离子弧+MIG 复合焊接

a）专用焊枪　b）角焊缝

5.4　高效弧焊方法

将现有焊接方法及工艺进行改进，提高焊接效率也备受关注。改进的方法有很多，如双弧或多弧焊接、热丝焊接、活性剂焊接、气电立焊等。

1. 双弧或多弧焊接

提高焊接效率最直接的想法之一就是增加电弧或焊丝数量，从而实现单位时间内热输入或填充金属量成倍地增加，例如图 5-42 所示的多丝单熔池高速埋弧焊。想法很简单直接，但是实现起来却并不是 1+1=2 那么容易。相邻的两个电弧可以看成两个柔性的导体，导体周围有相应的电磁场存在，导体内部电流方向可能相同或相反，就会出现柔性的电弧发生相吸或相斥的现象。直到数字化焊接电源出现，相邻电弧间的电磁干扰问题才得以解决。这里以典型的双弧为例介绍这种高效焊接方法。

根据焊接方法的不同，双弧焊可分为双丝埋弧焊、双丝 MAG 焊、双钨极 TIG 焊等，甚至可以采用不同焊接方法电弧的组合。根据电弧在焊件的位置（正面或背面）不同，可以分为单面双弧焊和双面双弧焊。根据电路配置和焊丝装配不同，又可以将单面双弧焊分为串列双弧焊、并列双弧焊、串联双弧焊等。其中单面双弧焊里串列的双丝 MAG 焊（也称 Tandem 双丝焊）商业化比较早，这里就以它为例来介绍双弧焊接。

图 5-43 所示为采用 Tandem 双丝焊焊接的汽车铝合金油箱。材料厚度为 2mm，环形焊缝。采用直径为 1.2mm 的焊丝，焊接速度为 130cm/min，送丝速度为 8.2m/min（主焊丝）+6.1m/min（从焊丝）。焊缝外观美观。

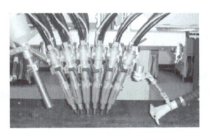

图 5-42　多丝单熔池高速埋弧焊

图 5-43　Tandem 双丝焊焊接的汽车铝合金油箱

如图 5-44 所示，Tandem 双丝焊接过程中，将两根焊丝以一定的角度放在一个特别设计的焊枪里，共用一个气体保护喷嘴，但是用独立且绝缘的导电嘴，两根焊丝分别由各自的电源供电，所有的参数可以独立调节，以实现最佳的电弧控制。为了防止电流方向相同的电弧相互吸引或异向的电弧相互排斥，破坏电弧稳定性，双焊接电源采用协同控制，为此，在两个电源之间附加一个协同装置，供给两个焊丝合适相位的电流与电压。一般多采用脉冲电流焊接，以降低两个电弧对焊丝熔化熔滴过渡的影响。图 5-45 所示为电流波形以及脉冲峰值电流电弧，图 5-45a 上、下半部分分别是前丝与后丝的焊接电流波形，两个电弧的电流相位相差 180°，相应的焊接电弧形态及熔滴过渡情况如图 5-45b 和 c 所示。

a)

b)

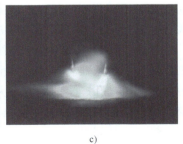

c)

图 5-44　Tandem 双丝焊工作原理

a）Tandem 焊接　b）Tandem 焊枪　c）Tandem 电弧

分析 Tandem 双丝焊接过程可以得到该工艺的主要特点如下：

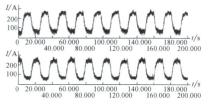  

a)　　　　　　　　　　　b)　　　　　　　　　　　c)

图 5-45　Tandem 双丝焊

a）双丝焊电流波形　b）前丝脉冲峰值电流电弧　c）后丝脉冲峰值电流电弧

1）两根焊丝互为加热，充分利用电弧的能量，从而大大提高熔敷效率和焊接速度。焊接厚度为 2~3mm 的薄板时，焊接速度可达 6m/min，焊接 8mm 以上厚板时，熔敷效率可达 24kg/h，每根焊丝的送丝速度可达 30m/min。和普通 MAG 焊相比，熔敷速度提高 3~6 倍，焊接速度提高 2~3 倍。

2）与单丝 MAG 焊相比，同样的坡口情况下，Tandem 双丝焊热输入小，焊接变形小。

3）双丝串联电弧焊接的熔池尺寸大，高温停留时间长，冷却速度慢，加上双电弧强烈的搅拌作用，晶粒细化，气孔率低。

4）焊枪体积大，自重大，焊速通常很高，不适于手工焊，适于焊接长、直及环形等比较规则焊缝的自动焊。

综上所述，Tandem 双丝焊适用于高强铝合金等轻合金、不锈钢、超高强度钢等各种大型复杂、薄壁、精密、厚大、变壁厚等构件产品，已在汽车及零部件制造业、重型车辆、轨道车辆、航空航天、造船、机械工程、压力容器等产品上获得应用。焊缝形式有搭接焊缝、平角焊缝、船形焊缝和对接焊缝。

2. 热丝焊接

热丝指填充金属丝在被送入熔池之前，通过加热使之达到一定温度（低于焊丝熔点温度），也就是对焊丝进行预热。热丝焊接可以分为热丝 TIG 焊、热丝等离子弧焊、热丝埋弧焊等。

以热丝 TIG 焊为例进行分析，传统 TIG 焊中电弧热的 30% 左右用于熔化焊丝，熔敷率的提高受制于加热和熔化焊丝所需的时间，因此，加入热丝可以大大提高焊接效率。热丝的方式有电阻加热方式、电感加热方式、氩弧加热方式等。

热丝 TIG 焊不仅保持了传统 TIG 焊电弧稳定、焊缝性能优良、无飞溅等优点，而且通过热丝提高了熔敷效率和焊接效率。热丝使焊丝温度升高，可以有效地去除焊丝表面的水分及污物，使氢气孔产生的倾向大大降低。热丝能量的加入，减小了 TIG 焊的热输入需要，焊件变形小；降低了熔池过热度，合金元素烧损少。

热丝 TIG 焊过程由于质量好、熔敷率也高，在焊接厚壁材料以及窄间隙时有明显的优势，在海底管道、油气输送管道、核工业、压力容器及表面堆焊等领域有着广泛的应用。图 5-46 所示为采用热丝 TIG 窄间隙自动焊进行管道连接。图 5-47 所示为采用热丝 TIG 焊进行管子堆焊。

在电站锅炉中，利用各种直径的管子作为热交换用；电站锅炉管子的材料类别、规格很多，焊接工作量很大，质量要求也很高。常规电站锅炉存在数十万米长度的管子，单根管子

图 5-46　采用热丝 TIG 窄间隙自动焊进行管道连接

图 5-47　采用热丝 TIG 焊进行管子堆焊

长度一般为 10m，因此，需要大量的小直径管子对接。为了保证焊接质量、提高效率，一般采用热丝 TIG 焊，其焊接系统如图 5-48 所示。

a）

b）

图 5-48　小直径管子热丝 TIG 焊

a）自动焊系统　b）实际施焊情景

3. 活性剂焊接

在待焊焊件表面适当区域涂敷某种物质成分的活性剂，以改善电弧形态、稳定性或改变熔池表面张力、熔融金属流动方向等，获得大的熔深。

活性剂焊接方法有很多，包括活性 TIG 焊、活性激光焊等。根据活性剂的涂敷区域不同，活性 TIG 焊又可以分为 A-TIG（Activating flux TIG）焊（图 5-49a）和 FB-TIG（Flux-bounded TIG）焊（图 5-49b）。

如图 5-49 所示，A-TIG 焊是将活性剂涂敷在焊件表面，包括焊接区域的表面；而 FB-TIG 焊是将导电性能差的活性剂涂敷于焊接区域两侧，利用活性剂对电弧的限制压缩电弧，利用活性剂成分改变熔池表面张力梯度，从而达到增大熔深的效果。如果将 FB-TIG 焊活性剂中间的距离缩小为零，则变成了 A-TIG 焊。A-TIG 焊与 FB-TIG 焊在增加焊接熔深的机理上有很多相似之处。

活性剂焊接（A-TIG 焊或 FB-TIG 焊）相对于传统 TIG 焊主要有以下特点：

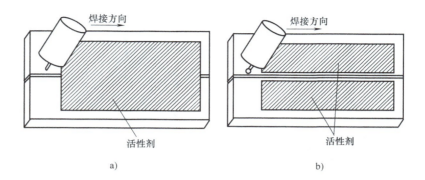

图 5-49　活性 TIG 焊

a）A-TIG 焊　b）FB-TIG 焊

1）提高了焊缝熔深（图 5-50），生产率提高。

2）相同热输入能获得较大熔深，即焊接时所需热输入小，焊接变形小。

3）由于涂层厚度、均匀性对焊接质量，尤其是熔深有影响，因此，高效便捷、能控制涂层厚度及均匀性的涂层涂敷方法成为了活性剂焊接的瓶颈。

不仅活性剂 TIG 焊能够提高焊接熔深、焊接效率，活性激光焊的焊接熔深也大于普通激光焊熔深（图 5-51）。

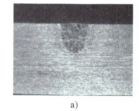
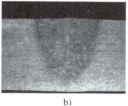

图 5-50　铁素体不锈钢 TIG 焊熔深　　图 5-51　铁素体不锈钢激光焊熔深

a）普通 TIG 焊　b）A-TIG 焊　　　　a）普通激光焊　b）活性激光焊

目前，活性剂焊接可以用于碳素钢、钛合金、不锈钢、镍基合金、铜镍合金等的焊接。也有学者尝试将活性剂应用到其他焊接方法中，如等离子弧焊、电子束焊、激光-电弧复合焊接，以改善焊缝成形或性能。

4. 气电立焊

气电立焊是熔化极气体保护焊和药芯焊丝电弧焊两种方法的融合。气电立焊利用水冷铜滑块挡住熔化熔池金属外淌，从而可以实现较大电流的立焊位置焊接。如果采用实芯焊丝，可外加气体进行保护。气电立焊焊接过程平静，飞溅极少，通常焊接以单道焊完成。该方法适用于厚壁大型结构立缝的焊接，例如造船立向焊缝的焊接就是其典型应用。

图 5-52 所示为气电立焊原理与机头。在气电立焊焊接过程中，实心或药芯焊丝由上向下送入待焊焊件坡口和两个水冷铜滑块组成的凹槽中。电弧在焊丝和焊件底部的引弧板之间引燃。电弧的热量熔化焊件坡口表面和焊丝。熔化焊丝和母材不断汇流到电弧下面的熔池中，并凝固形成焊缝。在厚壁焊件中，焊丝可摆动，也可以添加多根焊丝，以保证均匀分布

热量和熔敷金属量。随着焊件之间焊道空间的逐渐填充，水冷铜滑块跟随焊接机头向上移动，下面的熔池冷凝结晶形成焊缝。虽然焊缝的轴线和行走方向是垂直向上的，但实际是平焊位置，因此可以采用较大的焊接电流，具有较高的焊接效率。

分析气电立焊过程，可以得出其主要特点如下：

1）采用水冷铜滑块，防止熔化金属溢出，只能焊接立焊位置、规则形状的焊缝。

2）焊缝保护好，凹槽内熔池受到熔渣与气体的保护。

3）热输入大，焊接单程完成（理论上可以忽略焊件厚度），生产效率高，比焊条电弧焊高 10 倍以上。

4）焊接过程是机械化的，操作简便，工艺过程稳定。

5）焊接热输入大，容易出现粗大晶粒组织。

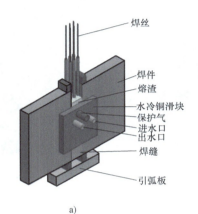

a)   b)

图 5-52　气电立焊

a）气电立焊原理　b）气电立焊机头

气电立焊主要用于碳素钢和合金钢的焊接，也可用于奥氏体不锈钢及其他金属和合金焊接。气电立焊用于连接必须在垂直位置焊接或可放在垂直位置焊接的厚板，焊接通常以单程完成，接头越长，效率越高，适用于船体壳体、桥梁、沉箱、海上钻井设备等大型结构件的焊接。

高效弧焊方法还有很多，例如，窄间隙焊接方法，通过增大钨极直径、提高电流、加强水冷等获得压缩电弧的 K-TIG 焊方法等，这些都将在今后的专业课程中进行学习。

随着焊接技术的发展，焊接新方法及新工艺不断涌现。在越来越多的场合，如新材料或异种材料焊接、质量可控焊接、高效焊接、"绿色"焊接、复杂或精密构件焊接、超大尺寸或微纳尺寸焊接、极限条件焊接等发挥了重要作用，这里不再一一列举了。

5.5　热喷涂与堆焊

材料表面的化学成分、微观组织、微观结构和应力状态等因素对于材料的耐磨损、耐腐蚀、耐高温、抗疲劳、防辐射等性能具有重要影响。从石器时代开始，人们在使用材料的过程中，就开展了材料表面处理技术的研究和应用，例如为了使刀、剑等兵器刃口表面强化，采用了热扩渗技术，这些技术最早起源于我国战国时期。

随着社会的发展、科技的进步，材料表面处理方法与技术越来越多，其中热喷涂技术、材料表面堆焊技术得到广泛的应用。本节简要介绍热喷涂技术、堆焊技术，使读者对材料的表面工程技术有一个初步了解。

5.5.1　金属表面的磨损、腐蚀与失效

材料在服役过程中，主要的失效形式有磨损（Wear）、腐蚀（Corrosion）、疲劳（Fatigue）、断裂（Fracture）。也可以是几种类型的组合形式，如腐蚀疲劳、冲刷腐蚀等。图5-53所示为轴类零部件的失效，其中图5-53b 左下角是材料疲劳断裂断口的截面图。

a)　　　　　　　　　　　　　　　　　　　　　b)

图 5-53　轴类零部件的失效

a）轴类零部件磨损　b）轴类零部件疲劳断裂

1. 金属材料表面的磨损与失效

磨损是相互接触的物体相对运动时产生的物体表面损伤或变形，是一种普遍存在的现象，也是机械零部件失效的主要形式之一。根据不完全统计，约80%的零部件失效是由于磨损引起的。在冶金、矿山、建材、电力、化工、煤炭等行业，磨损占生产成本相当大的比例，如矿山在碎矿、磨矿过程中所消耗的耐磨材料占其选矿成本的一半。

影响磨损的因素很多，包括零部件的工作条件（载荷、速度、运动方式等）、润滑状态、环境因素（温度、湿度、周围介质等）、材料因素（成分、组织、力学性能等）、零件表面质量及物理与化学特性等。

2. 金属表面的腐蚀与失效

金属在周围介质中发生化学或电化学作用而造成的破坏称为金属腐蚀（Metallic Corrosion）。金属锈蚀是最常见的腐蚀形态。腐蚀时，在金属的界面上发生了化学或电化学多相反应，使金属转入氧化（离子）状态。这会显著降低金属材料的强度、塑性和韧性等力学性能，破坏金属构件的几何形状，增加零件间的磨损程度，恶化电学和光学等物理性能，缩短设备的使用寿命，甚至造成火灾、爆炸等灾难性事故。据统计，每年由于金属腐蚀造成的钢铁损失约占当年钢产量的 $10\% \sim 20\%$。金属的腐蚀现象非常普遍，如铁制品生锈（$Fe_2O_3 \cdot xH_2O$）、铝制品表面出现白斑（Al_2O_3）、铜制品表面产生铜绿［$Cu_2(OH)_2CO_3$］和银器表面变黑（Ag_2S，Ag_2O）等都属于金属腐蚀，其中用量最大的铁制品的腐蚀最为常见。

金属腐蚀按照腐蚀机理可以分为化学腐蚀和电化学腐蚀；按照腐蚀破坏形式可以分为全面腐蚀和局部腐蚀，其中局部腐蚀又可以分为点蚀、缝隙腐蚀、应力腐蚀、晶间腐蚀和磨损腐蚀等。图 5-54a 所示为金属材料表面点蚀，图 5-54b 所示为金属零部件缝隙腐蚀。

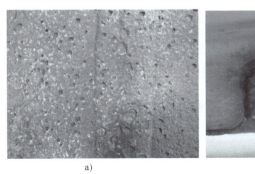
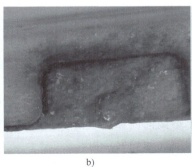

a)   b)

图 5-54　金属材料与零部件的腐蚀

a）材料表面点蚀　b）零部件缝隙腐蚀

5.5.2　热喷涂

为了减少材料表面的磨损、腐蚀失效，需要对材料表面进行改性，提高材料表面的耐磨损、耐腐蚀性能。常采用的材料表面工程技术之一就是热喷涂技术。

1. 热喷涂技术的定义

热喷涂技术在国家标准 GB/T 18719—2002《热喷涂　术语、分类》中定义：热喷涂技术是利用热源将喷涂材料加热至熔化或半熔化状态，并以一定的速度喷射沉积到经过预处理的基体材料表面形成涂层的方法。

热喷涂技术是在材料表面制造一个特殊的工作表面，使其具有防腐、耐磨、抗高温、抗氧化、隔热、绝缘、导电、防微波辐射等多种功能，从而满足零部件使用性能的要求。

2. 常见的热喷涂方法及工艺特点

热喷涂按照热源可分为火焰喷涂、电弧喷涂、等离子弧喷涂以及冷喷涂等。每一种热源的喷涂又可以进行细分，例如火焰喷涂又分为线材火焰喷涂、粉末火焰喷涂以及超音速火焰喷涂等；等离子弧喷涂又分为大气等离子喷涂、低压等离子喷涂、超音速等离子喷涂等。

热喷涂具有以下主要工艺特点：

1）涂层材料选择广泛。由于热喷涂热源的温度范围很宽，因而可喷涂的材料几乎包括所有的工程材料，如金属、合金、陶瓷、金属陶瓷、塑料以及由它们组成的复合物等，因而能赋予材料基体各种功能（如耐磨、耐蚀、耐高温、抗氧化、绝缘、隔热等）的表面。

2）基体材料受热程度小。喷涂过程中基体材料表面受热的程度较小，一般不超过250℃，因此可以在各种材料上进行喷涂（如金属、陶瓷、玻璃、木材、纸张、塑料等），并且对基体材料的组织和性能几乎没有影响，喷涂件变形也小。

3）工艺灵活。既可对大型构件进行大面积喷涂，也可在指定的局部区域进行喷涂；既可在工厂室内进行喷涂，也可在室外现场进行喷涂；涂层的厚度可从几十微米到几毫米，可调范围大；涂层表面光滑，加工量小，用超细粉末喷涂时，不加研磨即可使用。

4）生产效率高。喷涂操作的程序较少，施工时间较短，每小时可以喷涂数千克材料，有些热喷涂甚至高达 50kg/h，生产效率高，经济性好。

5）需要安全防护。热喷涂过程中有噪声、粉尘、烟雾、电弧弧光等问题，需加强安全防护。

3. 热喷涂涂层形成基本原理

热喷涂方法虽然很多，但是热喷涂过程具有相似性，可以划分为如下四个阶段：

1）喷涂材料（粉末、棒材、液相）的熔化阶段。该阶段利用喷涂热源将喷涂材料加热到熔化或半熔化状态。

2）雾化阶段。线材喷涂时，线材在高温热源的作用下熔化为液滴，然后被高速气流或焰流雾化成细小熔滴向前加速喷射；粉末喷涂时，粉末在高温热源的作用下熔化，被高速气流或焰流推动向前加速喷射。

3）飞行阶段。熔化或半熔化的细小液滴被高速气流或焰流加速飞行，随着距离的增加，液滴飞行速度先增加后降低。

4）沉积涂层。具有一定速度和温度的细小液滴到达喷涂基体表面，发生高速碰撞、扁平化、凝固、堆积而形成涂层。

图 5-55 所示为热喷涂涂层的微观沉积过程，可以分为：喷涂材料加热加速过程（图 5-55a）、喷涂材料与基体材料碰撞过程（图 5-55b）、喷涂材料扁平化过程（图 5-55c），以及喷涂材料堆积过程（图 5-55d）。

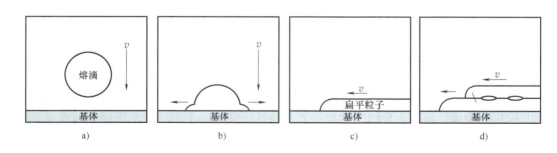

图 5-55　热喷涂涂层的微观沉积过程

a）加热加速　b）碰撞　c）扁平化　d）堆积

4. 热喷涂材料

热喷涂材料一般需要满足以下性能：

1）稳定性好。即材料在热喷涂过程中，必须能够耐高温，具有良好的化学稳定性和热稳定性。

2）使用性能好。即根据喷涂件的要求，所得的涂层应该满足各种使用要求和性能要求，如耐磨、耐蚀、隔热、导电、绝缘等。

3）润湿性好。即涂层与基体的结合强度高。

4）粉末流动性好。即粉末在送粉过程中流动均匀，从而确保送粉的均匀性。

5）涂层材料与基体的热膨胀系数相匹配。即涂层与焊件的热膨胀系数相差小，从而防止由于热膨胀系数的差别导致涂层出现裂纹。

热喷涂材料根据形状可以分为线材、棒材、管材和粉末等。根据喷涂材料的化学成分可以分为金属、合金、陶瓷、高分子材料和复合材料等。

5. 热喷涂的典型工业应用

（1）热喷涂技术在航空发动机上的应用　发动机是飞机的"心脏"。近年来美国和欧洲相继制定和实施了多项高性能航空发动机计划，这些研究计划均把发展新型热障涂层技术作为主要的战略研究目标之一。美国、欧洲以及我国的航空发动机推进计划中，均把热障涂层技术列为与高温结构材料、高效叶片冷却技术并重为航空发动机高压涡轮叶片三大关键技术。

热障涂层是将耐高温、耐腐蚀、高隔热的陶瓷材料涂覆在高温合金叶片的表面，以提高叶片抗高温氧化腐蚀的能力，降低叶片表面工作温度的一种热防护技术。目前，热喷涂技术被广泛应用于发动机叶片热障涂层的制备。图 5-56 所示为天津大学研发的具有自主知识产权的超音速火焰喷涂系统的超音速火焰焰流，图 5-57 所示为涡扇喷气式发动机和热喷涂制备的发动机动叶片与静叶片。

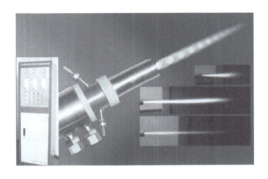

图 5-56　超音速火焰喷涂系统的超音速火焰焰流

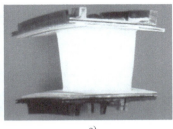

a)　　　　　　　　　　　　b)　　　　　　　　　　　　c)

图 5-57　涡扇喷气式发动机和热喷涂制备的发动机动叶片与静叶片
a）涡扇喷气式发动机　b）发动机动叶片　c）发动机静叶片

（2）热喷涂技术在舰船上的应用　由于舰船上的装备载荷大，长期面临着高盐雾、高温、高湿、强紫外线暴晒和干湿交替的海洋大气环境的腐蚀，导致舰船装备运行故障频繁、服役寿命短、维护成本大，严重威胁舰船的安全服役。热喷涂制备的氧化物陶瓷涂层、WC涂层、钛镍合金涂层、金属涂层等已广泛应用于航母偏流板、舰船涡轮发动机轴、潜艇声呐换能器板、甲板垂直起降区、舵轴和转向轴等结构的表面。图 5-58 所示为表面热喷涂隔热涂层的航母偏流板。

图 5-58　表面热喷涂隔热涂层的航母偏流板

（3）热喷涂技术在石化领域的典型应用　在石油化工业中使用的各种马达转子、球阀、阀板、抽油泵柱塞、钻头、钻杆、钻杆接头需要承受金属间磨损和磨粒磨损，应用超音速火焰喷涂耐磨耐腐蚀涂层，可大幅度改善球阀的耐腐蚀和耐磨损性能，提高使用的可靠性和寿命。图 5-59a 所示为石油螺杆钻具在工程中的应用，图 5-59b 所示为采用机器人超音速火焰喷涂技术进行螺杆钻具马达转子表面喷涂硬质合金涂层的现场，图中马达转子长 4950mm，直径 125mm。图 5-60 所示为采用超音速火焰喷涂的石油化工球阀，图 5-60b 中的球阀直径可达 2m。

为了适应腐蚀油井生产的需要，美国 Continental Oil Company 利用 AISI316 不锈钢粉末，对抽油杆进行了表面等离子喷涂，制成了喷涂不锈钢涂层的抽油杆。该抽油杆具有优异的防腐性能，替代了价格昂贵的不锈钢抽油杆。

a)　　　　　　　　　　　　　　b)

图 5-59　石油螺杆钻具的马达转子

a）工程应用现场　b）转子表面喷涂

（4）热喷涂技术在电力行业中的典型应用　提高发电设备的利用率，减少设备的检修费用对降低发电成本有重要意义。热喷涂技术在电厂气缸平面，水轮机叶片，吸风、排风机叶轮，磨煤机系统，以及"锅炉四管"（锅炉水冷壁管、过热器管、再热器管、节煤器管）具有广泛的应用。例如，采用热喷涂修复技术解决了大亚湾核电站发电设备气缸平面因冲刷腐蚀和变形引起的密封问题。图 5-61 所示为热喷涂锅炉四管，图 5-62 所示为热喷涂电厂风力流量计和叶轮。

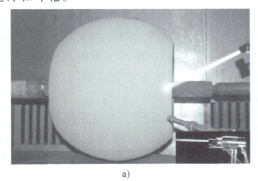

a)　　　　　　　　　　　　　　　　　　b)

图 5-60　采用超音速火焰喷涂的石油化工球阀

a）超音速火焰喷涂焰流和喷涂过程　b）喷涂后的球阀

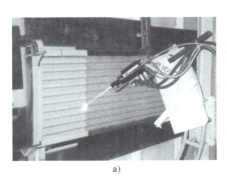

a)　　　　　　　　　　　　　b)

图 5-61　热喷涂锅炉四管

a）自动喷涂　b）人工喷涂

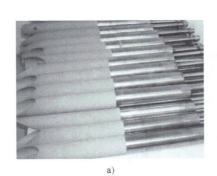

a)　　　　　　　　　　　　　b)

图 5-62　热喷涂电厂风力流量计和叶轮

a）风力流量计　b）叶轮

5.5.3　表面堆焊

1. 堆焊的概念与分类简介

堆焊是在零件表面熔敷耐磨、耐蚀或特殊性能的金属层来制造双金属零件或修复金属零件外形损伤的工艺方法。

通过堆焊可以获得特定的材料表层性能和外表尺寸，从而达到延长零件或设备服役寿命的目的。堆焊既属于焊接技术领域，又是表面工程中的一种主要技术手段。随着社会的进步和科学技术的发展，各种机械设备正沿大型化、高效率、高质量的方向发展，对机械产品的可靠性和使用性能要求越来越高。堆焊作为材料表面改性的一种经济而快速的工艺方法，可以提高产品的性能、延长使用寿命、降低成本，因此广泛应用于化工容器、汽车、冶金机械、矿山机械以及工具、模具等产品制造和修理中。

我国堆焊技术起源于20世纪50年代末，发展初期主要应用于修复零件的形状尺寸；60年代将恢复产品形状尺寸与零部件表面强化及表面改性相结合；70年代以后堆焊技术的应用领域进一步扩大，从修理业扩展到制造业；90年代药芯焊丝的应用和发展使得一些高合金含量、高硬度的堆焊材料能够制成用途广泛的自动化生产用药芯焊丝，极大地提高了堆焊自动化水平。

堆焊技术按照堆焊方法可分为氧乙炔火焰堆焊、焊条电弧堆焊、埋弧堆焊、熔化极气体保护电弧堆焊、钨极氩弧堆焊、等离子弧堆焊等；按堆焊材料的性能又可分为耐磨、耐蚀、耐热堆焊等；按堆焊材料的形状可分为粉末、焊丝和焊条堆焊等；按堆焊材料的合金种类又可分为铁基合金、镍基合金、钴基合金、铜及铜基合金、碳化钨合金堆焊等。

堆焊主要以获得特定性能的表层、发挥表面层性能为目的，所以堆焊中应该注意考虑以下主要问题：

1) 根据技术要求合理地选择堆焊材料。因为被堆焊的焊件的使用环境不同，所以对于堆焊层的性能要求不同。堆焊前应首先分析零件的工作状况和使用性能要求以及原有零件的基体材料和性质，根据堆焊层的技术要求，正确选择堆焊材料。

2) 堆焊层与基体金属间应有相近的性能。由于通常堆焊层与基体的化学成分差别很大，为防止堆焊层与基体间在堆焊、焊后热处理及使用过程中产生较大的热应力与组织应力，常要求堆焊层与基体的热膨胀系数和相变温度最好接近，否则容易造成堆焊层开裂及剥离。

3) 以降低稀释率为目的选择堆焊方法。工程中需要堆焊的零件基体大多是低碳钢或低合金钢，而表面堆焊层含合金元素较多，为了获得预期的堆焊成分和效果，就必须减少基体材料向焊缝金属的熔入量，也就是稀释率。因此，在选择堆焊方法时，应优先考虑对零件基体熔化少的堆焊工艺方法。

4) 堆焊金属量往往比较大，应选择堆焊生产率高的工艺方法。

总之，只有结合工程实际，综合考虑上述问题，才能正确选择堆焊材料合金类型与堆焊工艺方法，获得符合技术要求的、经济性好的零部件表面堆焊层。

2. 常见的堆焊方法及工艺特点

（1）氧乙炔火焰堆焊　该方法采用氧乙炔火焰作为热源，通过填充丝材进行堆焊。该方法多为手工焊，操作简便、灵活，成本低，得到大量的应用。缺点是生产效率低，劳动强度大，故适宜于堆焊较小的零件，如内燃机阀门、油井钻头牙轮、农机零件等。堆焊时一般填充合金铸铁、钴基合金、铜基合金等类型的实芯焊丝或WC（碳化钨）管状焊丝。

（2）焊条电弧堆焊　该方法采用焊条电弧作为热源，焊条芯作为堆焊材料。该方法设备简单，机动灵活，成本低，目前仍是一种主要的堆焊工艺方法。它的缺点是生产效率低，稀释率较高，不易获得薄而均匀的堆焊层，劳动条件较差。

（3）埋弧堆焊 该方法采用电弧作为热源，通过填充丝材进行自动堆焊。该方法生产效率高，劳动条件好，堆焊层合金成分稳定，因此得到广泛的应用，如轧辊、车轮轮缘、曲轴、化工容器和核反应堆压力容器衬里等大型零件堆焊应用较多。具体工艺方法有单丝埋弧堆焊、多丝埋弧堆焊、带极堆焊等。

（4）气体保护和自保护电弧堆焊 该方法采用电弧作为热源，通过填充焊丝进行堆焊。该类方法包括熔化极气体保护电弧堆焊、非熔化极惰性气体保护电弧堆焊、自保护药芯焊丝电弧堆焊等。其中熔化极气体保护电弧堆焊的特点是：用 $CO_2 + Ar$ 混合气体等作为保护气（即 MAG 焊），其具有较高的熔敷效率，但稀释率也较高。由于高合金成分焊丝的拔制受到限制，因此实芯焊丝的熔化极气体保护堆焊，主要用在要求合金含量较低的金属与金属摩擦磨损类型零件上。对于高合金的堆焊金属，可采用各种药芯焊丝气体保护电弧堆焊工艺获得。非熔化极惰性气体保护电弧堆焊，主要以手工送进各种合金焊丝进行电弧堆焊。这种方法保护效果好，合金元素过渡系数高，稀释率比熔化极气体保护电弧堆焊低，但生产率低，堆焊成本较高，因而其应用受到一定限制。不加保护气体的自保护药芯焊丝电弧堆焊，突出的优点是设备简单、方便灵活，并可堆焊多种成分的合金；缺点是飞溅较大。

（5）等离子弧堆焊 该方法的优点是：等离子弧温度高，能顺利堆焊各种难熔材料，提高堆焊速度；熔深可以调节，稀释率最低可达 5% 左右。因此等离子弧堆焊是一种难得的低稀释率和高熔敷率的堆焊方法。另外，等离子弧堆焊可采用各种渗合金方式进行堆焊。其缺点是：设备成本较高，堆焊时有强烈的弧光辐射和臭氧污染，因此必须采取防护措施。

3. 堆焊的应用

（1）堆焊在石油化工领域的应用 加氢反应器是炼油化工行业中加氢裂化、加氢精制装置中的核心设备，工作介质为烃类、氢气和硫化氢，在高温、高压、临氢和腐蚀介质环境中运行，运行条件较为苛刻。反应器的简体要耐高温、高压，所以用铬钼钢，其内壁易发生氢腐蚀、氢致裂纹、氢脆、应力腐蚀、氯离子腐蚀、硫化氢腐蚀等，综合考虑制造工艺和成本、安全，一般采用堆焊技术在加氢反应器内壁堆焊耐蚀不锈钢。

中国第一重型机械股份公司核电石化事业部是石化压力容器及核电设备制造基地。中国一重凭借自身优势和能力，至 2015 年，完成了中石油、中石化超大直径、超大壁厚加氢反应器的研制及制造工作，其中千吨级反应器达 84 台，最重的反应器设备为 2224t；设备直径超过 3000mm 的大型反应器多达 400 多台，其中最大直径达到 9000mm；设备壁厚超过200mm 的设备多达 200 多台，最大厚度达到 358mm。

图 5-63 所示为中国一重制造的加氢反应器，采用了堆焊技术进行了镍基合金材料的内壁堆焊。图 5-64a 所示为机器人 90°弯管接头内壁堆焊系统，图 5-64b 所示为圆管内壁堆焊产品。

（2）堆焊在钢铁冶金领域的应用 提高轧制钢材内在质量和精度、降低生产成本是当今轧钢领域的重要课题，对轧制钢材所需要的各类轧辊、深弯辊、矫直辊、平整辊等的耐磨性、耐热性、抗冲击性等各种性能提出了更高的要求。目前堆焊逐步成为修复和制造轧辊的一种全新的工艺途径，在高强度、高韧性的低合金钢、中碳合金钢辊芯表面堆焊高合金耐磨工作层，以替代传统的整体锻造和离心铸造方法。

a)

b)

图 5-63　加氢反应器内壁堆焊

a）加氢反应器　b）管内堆焊件

a)

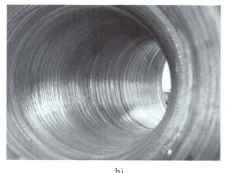
b)

图 5-64　圆管内壁堆焊

a）机器人 90°弯管接头内壁堆焊系统　b）圆管内壁堆焊产品

（3）堆焊在核电领域的应用　我国 AP1000 核电厂属于第三代核电技术，蒸汽发生器是最重要的核岛主设备之一，设备包括承压壳体组件、管板、下封头组件、管束组件、蒸汽干燥系统等，其中传热管数千根，零件总数上万件。图 5-65 所示为核电机组蒸汽发生器，其管板材料是 SA-508 Gr.3Cl.2 锻件，单块管板重达 106t。管板一侧镍基 690 合金堆焊时，总堆焊面积约 15m²，最终堆焊金属质量约 750 kg，堆焊时间 20～30 天。堆焊过程中需严格保证管板各部分加热均匀，否则容易产生焊道下裂纹，严重时可能导致整块管板报废。管板的预热和后热可以采用火焰加热、红外线电阻加热、热处理炉中加热、电磁感应加热等方法。

（4）堆焊在矿山机械领域的应用　大型煤矿作业中一般会从 1～10m 或以上厚的煤层采切一块宽 250～400m、长 2～4km 的煤块。采切作业初步使用掘进机挖掘出绵长的巷道，一旦煤矿的采切面（或作业面）形成，真正的长壁采煤法随即开始。采煤机在液压支架的支撑下，与采煤工作面平行，沿刮板输送机行走，并落下煤块至刮板输送机，以便运出煤矿。当采煤机走完采煤工作面全程后，将回转反复沿平面往回走进行下一轮采切。刮板输送机和掘进机各种工作面要求耐磨、耐腐蚀，因此常在关键表面上堆焊耐磨、耐腐蚀合金，从而提高装备的整体使用寿命。图 5-66 所示为煤矿作业装备中的液压支架和刮板输送机以及全断面煤巷高效掘进机，这些装备在制造过程中广泛采用了堆焊技术制造耐磨涂层。

a)

b)

图 5-65　核电机组蒸汽发生器

a）核电蒸汽发生器产品　b）核电蒸汽发生器加工

a)

b)

图 5-66　煤矿作业装备

a）液压支架和刮板输送机　b）高效掘进机

复习思考题

1. 思考焊接新技术与社会发展、科技进步的关系。

2. 思考焊接新技术发展与焊接工程质量、效益、安全、环境的关系。在焊接制造中，应该如何考虑社会、环境、安全、经济等因素？

3. 本书介绍了哪些先进的焊接新技术？各具有什么特点？主要在哪些方面体现其先进性？

4. 高能束焊接与普通热源焊接有什么区别？对焊接过程、焊接质量有哪些影响？

5. 为什么将激光、电子束称为高能束？

6. 激光、电子束焊接的特点是什么？目前在哪些领域应用比较多？其是否具有局限性？

7. 有哪些热源或者能源可以用于焊接？是否还会出现新能源的焊接？

8. 复合热源焊接引发哪些思考？

9. 复合热源焊接的特点有哪些？在哪些领域可以采用？

10. 传统焊接方法与先进焊接方法之间的关系是什么？先进焊接方法是否可以完全替代传统焊接方法？为什么？

11. 超声波焊接是采用什么能量进行的？

12. 热喷涂技术主要解决什么工程问题？其机理是什么？

13. 为什么要进行堆焊？堆焊与连接作用的焊接有哪些区别？

14. 通过网络检索了解在哪些工程领域需要进行堆焊。

15. 通过网络检索了解焊接新技术在工程中应用的实例，并说出采用焊接新技术解决了实际工程中的什么问题。

计算机与智能焊接制造

计算机（Computer），既可以进行数值计算，又可以进行逻辑计算，还具有存储记忆功能，能够按照程序运行，自动、高速处理海量数据。计算机还具有控制功能，也就是以电子技术、自动控制技术、计算机应用技术为基础，以计算机为控制核心，综合可编程控制技术、计算机网络技术等，实现生产设备的信息化、生产过程的自动化与智能化控制。

计算机技术在焊接领域有着广泛的应用，首先是焊接数值模拟计算与分析，通过计算机对焊接温度场、应力场、焊接变形、焊接过程的数值模拟，可以更深入地分析焊接过程，明确焊接机理，确定焊接工艺。其次，就是应用计算机控制技术，对焊接过程、焊接设备进行自动控制、数字控制、智能控制，从而提高焊接质量与焊接生产效率。

本节简单介绍计算机焊接数值模拟、焊接电源（设备）数字化，以及机器人焊接技术、金属增材制造（3D打印）技术，使读者对于计算机技术在焊接领域的应用、焊接自动化、数字化、智能化发展有初步的认识。

6.1　计算机焊接数值模拟

计算机数值模拟技术是人们在现代数学的基础上，结合所要研究问题的相关科学原理，借助于计算机技术来获得满足工程要求的数值近似解，从而分析、解决相关的科学技术问题。

6.1.1　焊接数值模拟基础

在焊接工程中为了控制焊接接头的显微组织与性能，减小焊接应力和变形，就需要对焊接温度场和应力场进行定量的分析、预测与模拟。在数值模拟技术应用以前，焊接温度场、焊接残余应力与变形的预测依赖于试验和统计基础上的经验曲线或经验公式。但试验的试件尺寸、焊接条件与实际焊接情况有很大的差异，因此，采用试验分析、预测方法进行工程结构，特别是大型工程结构焊接温度场、焊接应力与变形的预测和分析具有很大的偏差。

计算机技术的发展为数值模拟技术提供了有力的工具，使得焊接过程可以采用计算机数值模拟技术对焊接温度场、焊接应力与变形等进行分析与预测。

1. 数值模拟概述

在科学研究和工程领域内，要研究某一问题，通常采用的方法包括理论方法、实验方法和数值模拟方法。

理论方法往往是将科学或工程问题转化为数学模型，建立一系列微分方程，采用解析方法求出精确解。但是这种方法仅仅适用于简单的问题，对于绝大多数问题，需要建立复杂的微分方程组，很难得到精确的解析解。为了能够获得解析解，需要对问题进行简化，过多的简化会导致计算结果的不准确，甚至产生错误的结果。

实验方法是根据研究目的，借助一定的仪器、设备、装置等物质手段，在特定的实验条件下，使用模型或者真实物体，来研究实验对象的相关性质及其变化规律。实验方法是人们探索自然、认识自然的基本手段，但实验往往受到一定的限制，例如，试件尺寸、实验设备、实验成本、实验周期等，有些实验还可能存在一定的安全隐患或者环境污染问题等。

计算机的出现带来了重要的技术革命，使科学研究和工程分析方法继理论方法、实验方法之后产生了第三种方法——数值模拟。自 20 世纪 60 年代以来，随着计算机的飞速发展和广泛应用，数值模拟方法已成为求解科学技术问题的主要工具。在一些工程技术领域，数值模拟方法甚至已被视为与实验同等重要。与实验方法相比，数值模拟方法具有显著的优势，主要体现为：①通过数值模拟，可以更快、更经济地获得结果；②在计算机上，很容易实现变参数模拟；③数值模拟通常能给出更全面的信息等。

数值模拟主要包含以下几个基本步骤：

1）首先要建立反映问题本质的数学模型。具体来说就是根据基本原理建立各量之间关系的微分方程及相应的定解条件，这是数值模拟的出发点。没有正确、完善的数学模型，数值模拟就无法模拟真实的情况。

2）数学模型建立之后，需要解决的问题是寻求高效率、高精度的计算方法。目前已发展了许多数值计算方法。计算方法不仅包括微分方程的离散化方法及求解方法，还包括坐标的建立、边界条件的处理等。

3）数学模型及计算方法确定以后，需要通过计算机软硬件来实现。根据待求解问题的性质和复杂程度，采用相应的计算机硬件和软件完成模拟计算工作。对复杂的问题，有时候还需要通过试验或已经通过检验的数据结果加以验证。

4）数值计算工作完成后，大量的数据结果需要通过图形、图像形象地显示出来。因此数值计算的图形和图像显示也是十分重要的工作。目前图像模拟显示的水平越来越高，可以达到非常逼真的程度。

2. 有限单元法及常用软件

数值模拟是依靠数学模型重现一个过程中发生的现象。数值分析方法有很多，包括有限单元法（Finite Element Method，FEM）、边界单元法（Boundary Element Method，BEM）、离散单元法（Discrete Element Method，DEM）、有限差分法（Finite Differential Method，FDM）等。在焊接领域内常用的是有限单元法。

有限单元法的基本思想是把求解域离散为有限个互不重叠的单元，在每个单元内选择一些合适节点，利用节点将各个单元连接起来，在给定的初始条件和边界条件下，借助于变分原理或加权余量法，把问题化成线性代数方程组求解，从而获得问题的近似数值解。有限单元法的详细内容可以参考相关的书籍。

根据数值模拟原理和数值分析方法，国际知名的计算机软件公司都研制了数值模拟软件，目前进行焊接数值模拟的常用有限元软件有 ANSYS、ABAQUS、SYSWELD 等。

ANSYS 是美国 ANSYS 公司开发的大型通用有限元分析（FEA）软件，能与多数计算机辅助设计（Computer Aided Design，CAD）软件接口，实现数据的共享和交换，是融结构、流体、电场、磁场、声场分析于一体的大型通用有限元分析软件，在焊接领域有着广泛的应用。

ABAQUS 是美国达索 SIMULIA 公司（原 ABAQUS 公司）开发的工程模拟有限元软件，对于相对简单的线性问题和较为复杂的非线性问题都能够进行数值计算。ABAQUS 拥有各种材料模型库，可以模拟典型工程材料的性能，包括金属、高分子以及复合材料等。ABAQUS 既可以模拟工程结构应力/位移问题，还可以模拟工程领域热传导、质量扩散、热电耦合分析、声学分析等问题，目前在焊接领域也得到了广泛的应用。

SYSWELD 是由法国法码通公司和 ESI 公司共同开发的软件，实现了机械、热传导和金属冶金耦合计算的数值分析。该系统的开发最初源于核工业领域的焊接工艺模拟，目的是揭示焊接工艺中的复杂物理现象，预测裂纹等重大危险。由于金属热处理工艺中存在和焊接工艺相类似的多相物理现象，所以 SYSWELD 很快被应用到热处理领域。随着数值模拟应用的发展，SYSWELD 在汽车工业、航空航天、国防和重型工业领域得到了越来越多的应用。

上述的各种数值模拟软件可以进行二维甚至三维的电、磁、热、力等方面线性和非线性的有限元分析，而且具有自动划分有限元网格和自动整理计算结果并使之形成可视化图形的前后处理功能。因而，焊接工作者可以利用上述商品化软件，必要时加上软件的二次开发，即可以得到需要的数值模拟结果，从而加快了焊接数值模拟技术发展的进程。

3. 焊接数值模拟的主要内容

焊接数值模拟的理论意义在于通过数值计算与图像显示对复杂或不可观察现象进行定量或者定性的分析，并对极端情况下尚不知的规则进行推算和预测，以助于认清焊接现象的本质，弄清焊接过程的规律，解决复杂焊接科学与工程问题。焊接数值模拟技术的现实意义在于根据焊接过程的数值模拟，可以优化焊接结构设计和工艺设计，减少试验工作量。

目前，焊接数值模拟已遍及各个焊接领域，主要内容有：

1）焊接热过程的数值模拟。

2）焊接熔池流动及熔池形状尺寸的数值模拟。

3）焊接电弧的数值模拟。

4）焊接冶金和焊接接头组织的数值模拟。

5）焊接应力与变形的数值模拟。

6）焊接结构断裂韧性、疲劳裂纹扩展的数值模拟。

7）特殊焊接过程的数值模拟，如搅拌摩擦焊、陶瓷金属连接等。

4. 焊接数值模拟实例

本节将以 ABAQUS 有限元软件为例，通过对接接头单道焊的数值模拟来简介焊接热过程以及焊接应力与变形的数值模拟流程。

实际上，焊接温度场和应力场的形成是一个热力耦合过程，即在母材金属的拘束作用下，局部的加热和冷却会导致焊缝及近缝区材料的膨胀和收缩，而在较高温度下焊缝及附近区域不可逆塑性变形会残留下来，导致焊接残余变形和残余应力的出现。这个热力耦合的过程可以采用直接耦合和顺序耦合两种方法进行模拟。直接耦合能够同时计算出焊接的温度场和应力场；顺序耦合则先进行温度场的计算，然后将温度场的计算结果作为载荷导入到应力场和变形场的计算中，从而获得焊后的残余应力和残余变形。本例采用的是顺序耦合法，其具体步骤如图 6-1 所示。

（1）模型建立　模型建立中需要考虑试件几何模型的建立、试件材料属性的确定、焊接热源模型的选择等。

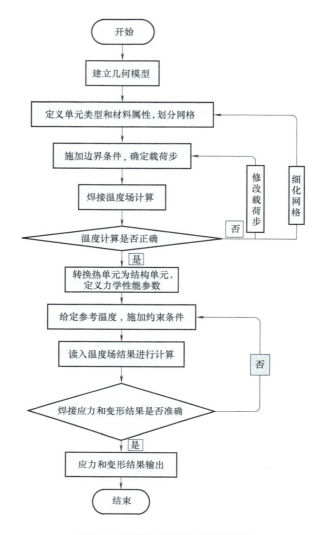

图 6-1　焊接热力顺序耦合流程图

1）几何模型。由于对接接头具有对称性，为了缩短计算时间，仅采用对接接头的一半，因此，试件几何模型的尺寸为 50mm×20mm×3mm，焊缝余高为 1mm，如图 6-2 所示。

2）材料属性。金属材料的物理性能参数，如比热容、热导率、弹性模量、屈服应力等一般都随温度的变化而变化。当温度变化范围不大时，可采用材料物理性能参数的平均值进行计算。但焊接过程中，焊件局部加热到很高的温度，整个焊件温度变化十分剧烈，如果不考虑材料的物理性能参数随温度的变化，那么计算结果一定会有很大的偏差。所以在焊接温度场和应力场的模拟计算中一定要给定材料的各项物理性能参数随温度的变化值。

在本例中，母材和焊缝均为 316L 不锈钢材料。热过程数值模拟所需要的材料热物理参数包括密度、比热容和热导率等，见表 6-1。应力和变形模拟所需要的热物理参数包括材料的弹性模量、泊松比和线膨胀系数等，见表 6-2。

图 6-2　对接接头几何模型

表 6-1　热物理参数（热过程数值模拟）

温度/℃	密度/(kg/m³)	比热容/[J/(kg·℃)]	热导率/[W/(m·℃)]
20	7966	492	14.12
100	7966	502	15.26
200	7966	514	16.69
400	7966	538	19.54
600	7966	562	22.38
1000	7966	611	28.08
1500	7966	647	32.35
2000	7966	659	32.78

表 6-2　热物理参数（应力和变形模拟）

温度/℃	弹性模量/MPa	泊松比	线膨胀系数/×10⁻⁵℃⁻¹
20	195600	0.29	1.46
100	191200	0.29	1.54
200	185700	0.29	1.62
400	172600	0.29	1.74
600	155000	0.29	1.81
1000	100000	0.29	1.93
1500	30000	0.29	2.00
2000	2000	0.29	2.02

3）热源模型选择。所谓的焊接热源模型，可以认为是作用于焊件上的、在时间域和空间域上的热输入分布特点的一种数学表达。对于大部分焊接而言，焊接热源是实现焊接过程的基本条件。由于焊接热源的局部集中热输入，致使焊件存在十分不均匀、不稳定的温度场，进而导致焊接过程中和焊后出现较大的焊接应力和变形。因此，焊接热源模型选取是否适当，对焊接温度场和应力变形的模拟计算精度，特别是在靠近热源的地方，会有很大的影响。

以电弧焊为例，常用的焊接热源模型有高斯热源（图 6-3）、双椭球热源（图 6-4）等。每种热源模型都有相应的数学表达式来描述作用于焊件的电弧热输入分布特点，也就是热源的数学模型。

对于通常的焊接方法，如焊条电弧焊、钨极氩弧焊，采用高斯热源模型就可以得到较满意的焊接数值模拟结果。对于电弧冲力效应较大的焊接方法，如熔化极氩弧焊和激光焊，常

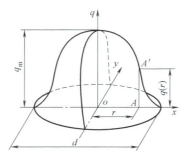

图 6-3　高斯热源

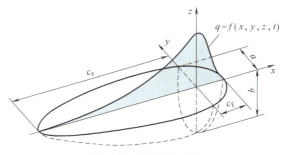

图 6-4　双椭球热源

采用双椭球热源模型。本实例采用的双椭球热源模型。

4）网格划分。网格划分是建立有限元模型的一个重要环节，网格划分对计算精度和计算规模将产生直接影响。一般来讲，网格数量增加，计算精度会有所提高，但同时计算规模也会增大。由于焊接过程热源高度集中，温度场分布极不均匀，通常在焊缝附近采用足够细密的网格划分，以达到必要的精度，而在远离焊缝的区域，能量传递缓慢，温度分布梯度变化相对较小，可以采用相对稀疏的网格。

本案例的网格划分如图 6-5 所示，焊缝区域的网格尺寸为 $100\mu m\times100\mu m\times100\mu m$，远离焊缝区的母材区域采用过渡网格，距离焊缝越远，网格越粗。

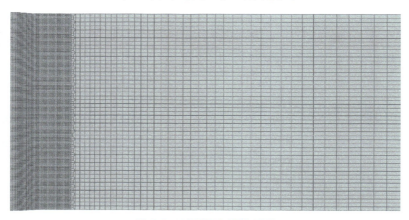

图 6-5　对接接头网格划分

5）初始条件与边界条件。焊接热过程的边界条件，就是要确定焊接电弧的作用区域，还要考虑焊件的对流换热、辐射换热情况，从而确定边界条件。焊接热过程的模拟属于瞬态热分析，需设定初始温度，也就是焊接热过程数值模拟的初始条件。在空气中焊接时，初始温度值一般设为室温。

本案例在空气中焊接，初始温度设定为室温 20℃。在焊接接头表面需施加热对流边界条件，热对流系数在室温 20℃时为 4.1W/（m²·K），2000℃时为 14.6W/（m²·K）。

另外，在焊接过程中，模型会产生刚体位移和塑性变形，为了限制刚体位移，同时又不严重阻碍塑性变形，将底面顶点进行固定，这也属于设定的边界条件。

（2）数值模拟结果分析　通过焊接数值模拟，得到计算结果，应用相关科学理论对计算结果进行分析，从而获得有效的结论。

图 6-6~图 6-8 分别为焊接 1s、2.5s 时刻以及焊后冷却时的温度分布云图（不同的颜色代表不同的温度，本书中不同灰度代表不同的温度）。从图中可以看出，整个焊接温度场形状是一个不标准的椭球，焊接熔池中部温度最高，熔池前部等温区间比较窄、等温线密集，熔池后部等温区间比较大、等温线稀疏。随着焊接时间的推移，焊接热源移动，焊接热源中心位置发生改变，但是焊接温度场的形状基本没有改变，符合焊接温度场的分布特征。

图 6-6　焊接 1s 时刻的温度分布云图

图 6-7　焊接 2.5s 时刻的温度分布云图

图 6-8　焊后冷却时的温度分布云图

选取焊缝中心线上距焊接起始点 10mm 的节点，绘制其温度随时间变化的曲线，其温度变化结果如图 6-9 所示。由图 6-9 可知，在加热过程中，焊缝处的温度从室温升高到最高温度约为 1600℃。随着时间延长，该点温度下降，逐渐冷却到室温。

焊接完成后由温度变化不均匀产生残余应力的分布云图（不同灰度代表其应力值大小不同）如图 6-10 所示。由图 6-10 可知，焊缝及其附近产生较大的残余应力，远离焊缝处残余应力较小。

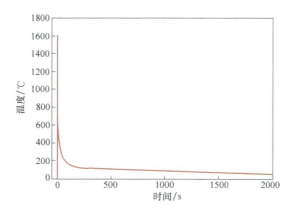

图 6-9　焊缝某节点温度随时间变化曲线

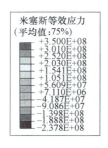

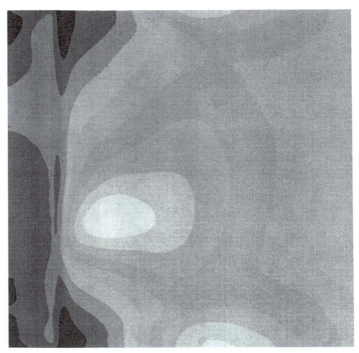

图 6-10　焊接残余应力分布云图

　　沿焊缝中心线提取焊接接头的横向残余应力，焊缝两端残余应力为压应力，焊缝中部受拉应力，如图 6-11 所示。

　　沿垂直于焊缝中心线路径提取焊接接头的纵向残余应力，如图 6-12 所示。在焊缝处，纵向残余应力为拉应力，随着距焊缝中心的距离增大，残余拉应力逐渐变小，然后过渡到压应力。

6.1.2　焊接数值模拟应用

　　焊接数值模拟在焊接电弧温度场、焊接（焊件）温度场、焊接应力与变形研究中得到

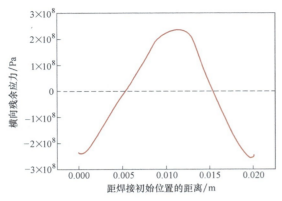

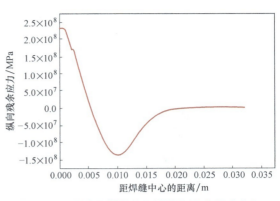

图 6-11　沿焊缝方向的横向残余应力分布　　图 6-12　垂直于焊缝方向的纵向残余应力分布

了广泛的应用。

1. 海洋平台结构吊点焊接构件数值模拟

采用 ANSYS 软件对海洋平台结构吊点焊接构件焊缝开裂问题进行数值模拟分析。图 6-13所示为对不同吊点结构划分的三维有限元网格，图 6-14 所示为对应的等效应力数值模拟计算结果。由此可评估不同吊点焊接构件应力集中分布及安全性，为改进海洋平台结构吊点焊接构件形式提供了设计依据。

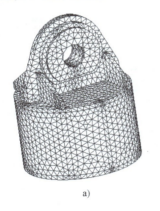

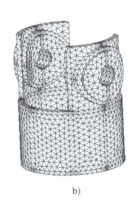

a)　　　　　　　　　　　　　b)

图 6-13　对不同吊点结构划分的三维有限元网格

a）吊点基本结构形式网格图　b）改进吊点结构形式网格图

2. 厚板对接接头多丝埋弧焊热过程数值模拟

图 6-15 所示为采用 ANSYS 软件对四丝埋弧焊厚板对接接头焊接热过程进行数值模拟计算的结果。由于所研究问题的对称性，图 6-15 只列出了厚板对接接头一半划分有限元网格模型，在焊缝附近沿板宽和厚度方向均采用细小网格，以保证计算精度。数值模拟中采用了双椭球移动焊接热源模型，焊接开始 0.4s 时刻施加四个双椭球内部作用热源模型，焊接到 10s 后焊接温度场已达到准稳态过程。通过对焊接热源后面一定距离处施加冷却源，可以分析随焊冷却源对焊接温度场及热循环曲线的影响，从而可以分析利用随焊冷却源方法控制焊接构件应力变形情况，为优化四丝埋弧焊工艺及改善焊后残余应力与变形提供依据。

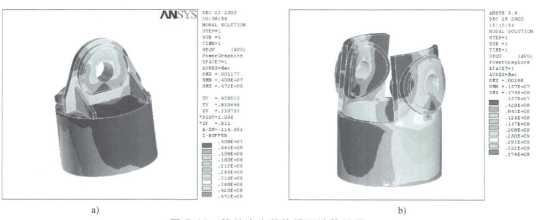

图 6-14　等效应力数值模拟计算结果

a）基本结构形式的等效应力云图　b）改进结构形式的等效应力云图

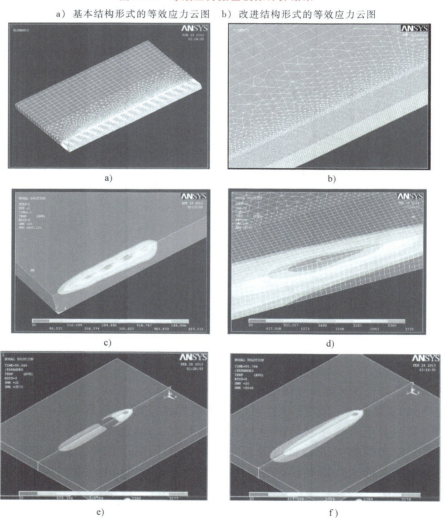

图 6-15　四丝埋弧焊厚板对接接头焊接热过程数值模拟计算结果

a）厚板对接划分有限元网格模型　b）焊缝附近细化有限元网格示意图　c）焊接开始 0.4s 时施加四个双椭球热源模型　d）焊接 10s 后稳定温度场分布示意图　e）焊接热源后施加冷却源的稳定温度场示意图　f）焊接热源后无冷却源的稳定温度场示意图

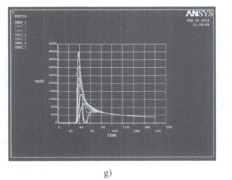
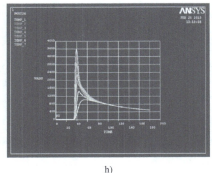

g)   h)

图 6-15   四丝埋弧焊厚板对接接头焊接热过程数值模拟计算结果（续）

g）冷却源对焊接热循环曲线的影响   h）无冷却源的焊接热循环曲线

3. 不同焊接接头形式应力集中的数值模拟

图 6-16 所示为在焊接疲劳评定局部法研究中，采用 ANSYS 软件对不同焊接接头形式应力集中的数值模拟分析。由于焊接试样的对称性，图中只列出 1/4 试样所建立的有限元网格模型。针对对接接头、T 形接头、丁字接头及带立板加筋接头等四种焊接接头试样进行焊缝焊趾处应力集中数值模拟分析，得到了焊缝焊趾处局部应力参量的变化规律，为焊接接头疲劳评定局部参量的确定提供了依据。

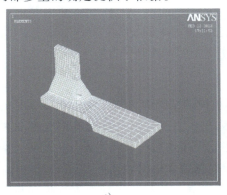
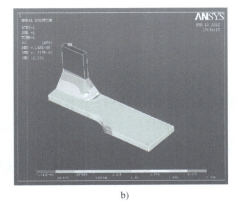

a)   b)

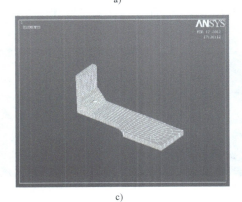
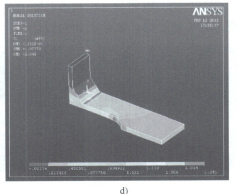

c)   d)

图 6-16   不同焊接接头形式应力集中的数值模拟分析

a）带立板加筋焊接接头有限元模型 b）带立板加筋焊接接头应力 c）T 形焊接接头三维有限元模型 d）T 形焊接接头应力

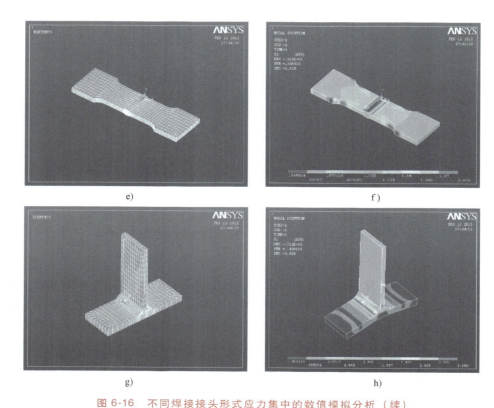

e)　　　　　　　　　　　　　　　f)

g)　　　　　　　　　　　　　　　h)

图 6-16　不同焊接接头形式应力集中的数值模拟分析（续）

e）对接接头三维有限元模型　f）对接接头应力　g）丁字接头三维有限元模型　h）丁字接头应力

4．铝合金薄板搅拌摩擦焊数值模拟

图 6-17 所示为采用 ANSYS 软件对铝合金薄板搅拌摩擦焊对接接头三维温度场的计算模拟分析。由于焊接试样的对称性，图 6-17 中只列出 1/2 试样所建立的有限元网格模型。通过数值模拟可获得铝合金薄板在搅拌摩擦焊工艺下焊接热循环及温度场变化趋势，为评估搅拌摩擦焊残余应力场及铝合金薄板失稳变形大小提供重要依据。

图 6-18 所示为 5A06-H112 铝合金薄板搅拌摩擦焊对接接头失稳变形数值模拟及测试结果，不同铝合金的失稳变形变化趋势与数值模拟计算结果相符合，证实了搅拌摩擦焊三维残余应力变形及失稳变形计算结果的有效性。

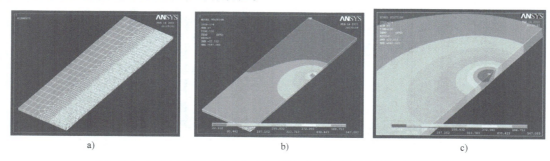

a)　　　　　　　　　　　b)　　　　　　　　　　　c)

图 6-17　铝合金薄板搅拌摩擦焊对接接头三维温度场的计算模拟分析

a）铝合金薄板搅拌摩擦焊有限元网格模型　b）某时刻搅拌摩擦焊三维温度场　c）某时刻搅拌摩擦焊局部三维温度场

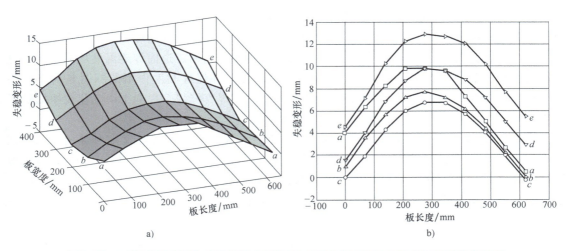

a)

b)

图 6-18　5A06-H112 铝合金薄板搅拌摩擦焊对接接头失稳变形数值模拟及测试结果

a）数值模拟　b）测试结果

5. 直缝管焊接数值模拟

图 6-19 所示为采用 SYSWELD 软件对多丝埋弧焊直缝焊管焊缝温度场的数值模拟。在厚

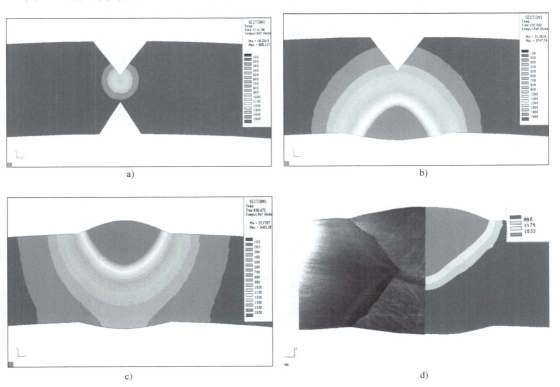

a)

b)

c)

d)

图 6-19　多丝埋弧焊直缝焊管焊缝温度场数值模拟

a）TIG 打底焊缝温度分布　b）多丝埋弧焊内焊缝温度分布

c）多丝埋弧焊外焊缝温度分布　d）计算熔池形状与试验结果的比较

壁管焊接中，一般采用 X 形坡口，先采用 TIG 焊进行打底，然后再焊内焊缝，再焊外焊缝，内外焊缝均采用多丝埋弧焊。通过数值模拟发现，在多丝埋弧焊直缝焊管焊接过程中，第一道 TIG 打底焊缝温度分布对后续埋弧焊温度场影响很小，而第二道内焊缝温度场明显高于打底焊缝，并对第三道外焊缝温度场产生明显影响，使得外焊缝温度作用范围明显高于内焊缝。数值模拟得到的焊接温度分布特征为分析多丝埋弧焊直缝焊管焊缝组织变化规律提供了重要依据。

图 6-19d 所示为计算熔池形状与试验结果的比较。数值模拟的焊缝宽度和焊接熔深分别为 21.4mm 和 13.0mm，焊缝宽度和焊接熔深试验结果分别为 22.6mm 和 14.0mm。数值模拟计算精度分别达到 94.6% 和 92.8%。这说明计算数值模拟与实际焊接结果是非常接近的，证明了采用多丝埋弧焊热源模型及其热源参数是合理有效的。

6. 等离子电弧数值模拟

图 6-20 所示为采用 FLUENT 软件对变极性等离子弧及焊接熔池温度场和流场的数值模拟结果。

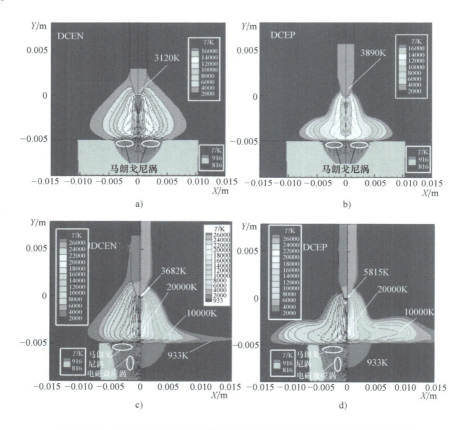

图 6-20　变极性等离子弧及焊接熔池温度场和流场的数值模拟结果

a）150A 条件下 DCEN 期间　b）150A 条件下 DCEP 期间　c）250A 条件下 DCEN 期间　d）250A 条件下 DCEP 期间

从图 6-20 中可以看到，钨极附近电弧电流密度高，产生的热量多，所以在钨极附近电弧温度最高。随着距焊件的距离增加，电弧轴向温度下降。电弧等离子流受到焊件的阻碍，向外运动导致电弧在焊件附近分散。

在计算机日益发展的今天，采用数值方法来模拟复杂的焊接现象已经取得了很大的进展。数值模拟技术已经渗入焊接的各个领域。已有的数值分析研究成果使人们对复杂的焊接物理现象的本质和规律以及焊接应力和变形的发展过程有了进一步的深入了解，从而为解决焊接问题带来了新思路和新方法。然而应该看到这些研究还是初步的，还有许多深入的研究工作要做。关键是要进一步认识焊接数值模拟技术的意义和作用，同时必须正确和真实地掌握和阐明焊接现象的本质，以建立起准确的数学模型。而正确的数值模拟也有助于对焊接过程规律的进一步理解。焊接数值模拟更重要的作用是优化结构设计和工艺设计，提高焊接接头的质量。有理由相信，随着人们对焊接过程和现象认知的进一步深入以及计算机技术的高度发展，焊接过程数值模拟技术必将发展得越来越好，并具有广阔的应用前景。

6.2　焊接电源技术

焊接电源是提供电能，并对电能输出加以控制完成焊接的装置。广义的焊接电源包括所有采用电能进行焊接的电源，如弧焊电源、电阻焊电源、高频感应焊接电源等。由于弧焊方法是目前应用最普遍的焊接方法，因此，弧焊电源也是目前应用最广泛的焊接电源。由于弧焊方法比较多，每种弧焊方法所对应的弧焊电源也不同，而且电弧焊接过程比较复杂，对应的弧焊电源特性、参数控制或者能量输出控制也是多种多样的，因此，本节主要以弧焊电源为例介绍焊接电源及其数字控制技术。

6.2.1　弧焊电源概述

弧焊电源是弧焊设备中的核心部分，供给电弧能量（提供电流电压），并具有适于电弧焊工艺的电气特性。可以说，没有先进的弧焊电源，就不可能实现先进的弧焊工艺；而实际工程对焊接质量的需要、现代弧焊工艺技术的发展又促使新的弧焊电源的出现和发展。

从一般电源特性和原理来说，先进的弧焊电源与用于计算机、通信设备的电源等是类似的，都是一种电能变换的电气装置。但是，由于弧焊电源是用于电弧焊接的，因此，它除具有一般电源的共性以外，还具有其特殊性，这主要是因为弧焊电源还必须要满足电弧负载以及弧焊工艺对电源的要求。

电弧是一个非线性电阻，它具有低电压大电流下稳定燃烧的特点，因此，供给电弧能量的弧焊电源也同样具有输出电压低、电流大的特点。弧焊电源的输出电压一般在几十伏左右。不同电弧焊接方法的焊接电流范围不同，不同弧焊方法对应不同的弧焊电源，其输出电流可以从几安到几百安，甚至超过 1kA（埋弧焊）。

由于我国的工业用电或民用电是交流 380V 或 220V，不能满足弧焊电源低电压输出的特点，因此，弧焊电源中一定有变压器，将网络高电压变为弧焊电源输出的低电压。

除此之外，弧焊工艺中对弧焊电源的电源引弧、弧长的变化、燃弧的稳定性、不同板厚电弧能量的可调节性等提出了要求，弧焊电源只有满足这些要求，才能用于电弧焊接。因此，不同弧焊方法的电源又具有其特殊性。

1. 弧焊电源的外特性

弧焊电源的输出电压、电流一定要满足负载，即电弧稳定燃烧时电压、电流的要求，这样电源与电弧的供需是平衡的、稳定的。因此，当一定弧长的电弧稳定燃烧时，电源输出的电流与电压之间的关系就是电源输出的静态特性，简称静特性，在弧焊电源中一般称为外特性。

由于不同电弧焊接方法的电弧负载特性不同，弧焊工艺特性不同，所以相应的弧焊电源输出特性曲线（即外特性曲线）形状也不同，其基本原理在弧焊电源、弧焊方法及工艺中要进行系统的介绍，在此仅给出常用的弧焊电源的外特性曲线，如图6-21所示。

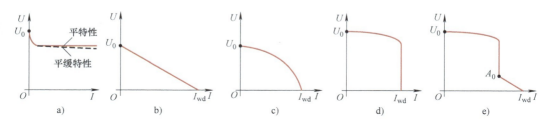

图 6-21 常用的弧焊电源的外特性曲线

a）平（缓）特性 b）斜特性 c）缓降特性 d）恒流特性 e）恒流带外拖特性

2. 弧焊电源的调节特性

一台弧焊电源要适应不同板厚的焊接，如焊条电弧焊。随着板厚的增加，所选用的焊条直径不同，焊接电流也不同。因此，要求弧焊电源可以根据需要，进行输出电流或电压的调节。可调节输出电流或电压也是弧焊电源的一个特点。其调节特性称为弧焊电源的调节特性。

3. 弧焊电源的动态特性

焊接电弧在焊接过程中要不可避免地发生变化，例如，焊条电弧焊在起弧时，需要将焊条与焊件短路引燃电弧，而在焊接过程中，电弧弧长的变化是不可避免的，因此，焊接过程中，电弧负载变化较大，这就需要供给电弧能量的弧焊电源要伴随电弧的变化，动态调整输出，也就是弧焊电源输出的动态调整变化大、变化快才能满足电弧负载变化的需求。因此，具有合理的输出动态特性也是弧焊电源的一个特点。

6.2.2 弧焊电源的分类与基本工作原理

弧焊电源的分类方法有很多，按照输出电流种类分类，可分为直流弧焊电源、交流弧焊电源和脉冲弧焊电源等；按照弧焊电源的用途分类，可以分为焊条电弧焊电源、埋弧焊电源、TIG焊电源、等离子弧焊电源、CO_2焊电源、MIG焊电源等；按照弧焊电源工作的基本原理分类，可以分为弧焊变压器、直流弧焊发电机、弧焊整流电源、弧焊逆变电源等。

本节简单介绍目前应用最广泛的弧焊变压器、弧焊整流电源和逆变式弧焊电源。

1. 弧焊变压器

弧焊变压器主要用于焊条的交流电弧焊。弧焊变压器的作用主要是将供电网络380V或220V的工频交流电压降到焊条电弧焊所需要的几十伏交流电压，并能够输出几十安至几百安的焊接电流。为了满足焊条电弧焊的工艺要求，弧焊变压器的输出特性与普通平特性的电力变压器不同，其输出特性为下降特性，所以弧焊变压器是一种特殊的变压器。典型弧焊变压器有动铁心式弧焊变压器与动线圈式弧焊变压器（图6-22）。

与普通电力变压器不同的还包括弧焊变压器的可调节特性，可以根据被焊材料厚度、焊条直径调节弧焊变压器输出的焊接电流。弧焊变压器依靠机械调节机构调节输出电流，如动铁心式弧焊变压器依靠机械调节机构调节动铁心的位置得到不同的输出电流，而动线圈式弧焊变压器依靠机械调节机构调节线圈的位置得到不同的输出电流。图6-22所示弧焊变压器的手轮就是用于调节弧焊变压器输出电流的机械机构。

弧焊变压器结构简单、使用方便、成本低，因此得到广泛的应用。

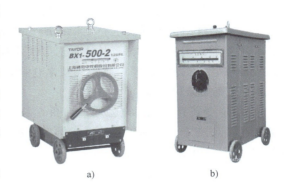

图 6-22　弧焊变压器
a）动铁心式　b）动线圈式

2. 弧焊整流电源

弧焊整流电源可以用于各种直流电弧焊。所谓整流就是将交流电通过半导体器件变为直流电，最简单的就是采用二极管作为整流器件的整流电路。而目前弧焊整流电源中应用比较普遍的是晶闸管整流电路。采用晶闸管整流不仅可以将交流电变为直流电，还可以通过电子控制电路控制晶闸管的导通时间，调节整流电路输出电压与电流的大小。其整流控制原理在电工电子学、弧焊电源中有详细的介绍。

图6-23所示为晶闸管弧焊整流电源。如图6-23a所示，弧焊整流电源首先通过普通的变压器将供电网络的工频高压交流电降至能够满足电弧引燃与稳定燃烧的工频低压交流电，然后经过晶闸管整流电路的整流与调制，再通过电感滤波器的平滑滤波，获得输出电压、电流可调的直流电，用于直流电弧焊。

晶闸管弧焊整流电源可以用于各种电弧焊方法，根据各种焊接方法的电弧负载特性与工艺特性，采用电子控制技术可以获得所需要的平特性、下降特性等各种形状的弧焊电源外特性，以及弧焊电源的调节特性、动特性。

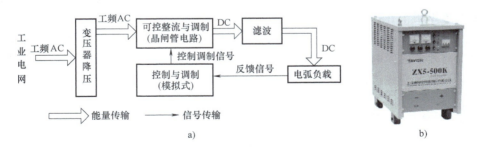

图 6-23　晶闸管弧焊整流电源
a）弧焊整流电源的能量与信号传输　b）弧焊整流电源设备

晶闸管弧焊整流电源采用了电子控制技术，可控性好，适应能力强，可以作为各种直流弧焊方法的电源；设备制造方便、成本低，应用范围广。

3. 逆变式弧焊电源

采用了逆变技术的弧焊电源称为逆变式弧焊电源。所谓逆变技术就是将直流电变为频率可调交流电的技术，一般逆变式弧焊电源的逆变频率可以达到几十千赫。

逆变式弧焊电源是弧焊电源发展历史上一次巨大的技术进步，逆变技术的关键是采用了功率半导体器件组成的逆变电路。根据逆变电路中采用的大功率可控半导体器件不同，可分为：晶闸管逆变式弧焊电源、晶体管逆变式弧焊电源、场效应晶体管逆变式弧焊电源、绝缘栅双极晶体管（简称 IGBT）逆变式弧焊电源等。目前，逆变式弧焊电源在市场的主流产品是 IGBT 逆变式弧焊电源。

IGBT 逆变式直流弧焊电源原理如图 6-24 所示，首先通过二极管整流电路将工业供电网络的工频高压交流变为高压直流电，然后通过逆变电路将高压直流电转变为几百赫至几十千赫的中（高）频高压交流电，再通过中（高）频变压器降压至几十伏的中（高）频交流电，最后再经过二极管整流电路和电感滤波电路获得直流电输出，用于直流电弧焊接。

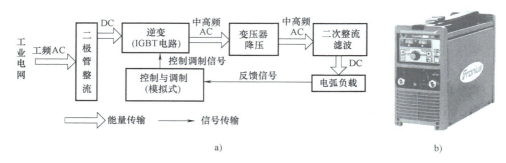

图 6-24 IGBT 逆变式直流弧焊电源原理

a）典型逆变式直流弧焊电源的能量与信号传输 b）逆变式弧焊电源设备

一般的逆变式弧焊电源也采用电子控制技术，可以获得所需要的平特性、下降特性等各种形状的弧焊电源外特性，以及弧焊电源的调节特性、动特性。

逆变式弧焊电源有逆变式直流弧焊电源和逆变式交流弧焊电源。逆变式交流弧焊电源的原理就是在逆变式直流弧焊电源的基础上，进行二次逆变得到所需要的交流电。需要指出的是，此时的逆变频率是交流电弧焊接所需要的低频，一般也就是几赫至几十赫。因此，逆变式弧焊电源可以用于各种电弧焊接方法。

由于逆变技术的应用，可以使弧焊电源的变压器体积大大缩小，与晶闸管弧焊整流电源相比，更加高效节能，电源动态特性控制速度更快、更精确，更适合于焊接质量要求高的产品的焊接。目前逆变式弧焊电源在实际工程中的应用越来越普遍。

6.2.3 数字控制技术在弧焊电源中的应用

随着计算机控制技术、数字控制技术的发展，弧焊电源进入了数字控制时代，使得弧焊电源发生了根本性的变革。不仅仅是弧焊电源输出电流、电压更加稳定、可靠，而且可以根据焊接工艺的要求，通过弧焊电源计算机控制软件程序的设计与调整，完善弧焊电源引弧、熄弧、稳弧等各种功能，而且可以在焊接过程中进行焊接电弧电流、电压的波形控制，促使新的电弧焊接工艺方法的发展与应用，提高了电弧焊接的质量。

1. 数字式弧焊电源的基本原理与特点

采用计算机、数字控制技术的弧焊电源可以称为数字式（化）弧焊电源。数字式弧焊电源大多是在逆变式弧焊电源的基础上，采用了专门的、用于控制的单片计算机（单片机），结合电子控制电路，应用软件程序对弧焊电源的外特性、调节特性和动态特性等进行控制。典型的数字式弧焊电源原理如图 6-25 所示。

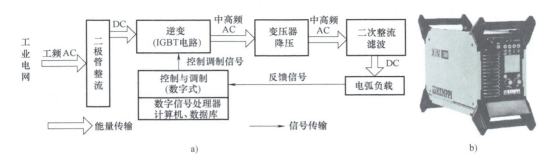

图 6-25　数字式弧焊电源原理

a）典型数字式弧焊电源的能量与信号传输　b）数字式弧焊电源设备

与普通逆变式弧焊电源相比，数字式弧焊电源的控制与调制部分传递的是数字信号，硬件电路为数字电路，控制与调制信号均通过数字运算产生。数字式弧焊电源采用的数字控制器的典型代表是数字信号处理器（DSP），DSP 就是一种特殊单片计算机。

数字式弧焊电源这种将模拟量转换为数字量的变换除了高控制精度、高稳定性等优点之外，其主要意义在于使得对计算机数据库乃至大数据的利用成为可能，弧焊电源开始具备了真正意义上的智能化特征。其智能化特征体现在：

1）控制柔性化。通过计算机软件进行电源各种特性、功能控制，非常灵活；多种功能可通过软件集成来实现，通过软件升级实现功能的升级。

2）控制的精细化。由于采用了逆变技术与计算机控制技术，信息采集、数字处理以及控制策略可以高速完成，使控制时间、周期大大缩短，从而实现控制的精细化。

3）数据库的利用。现代数字式弧焊电源无一不是储存了大量工艺参数，焊接时可以根据需要在数据库中选择经过优化的工艺参数实施焊接。

数字式弧焊电源是目前性能最先进的弧焊电源，适用能力强，可以用于各种电弧焊方法，特别是在机器人焊接、智能焊接中，只有选用数字式弧焊电源才能满足系统要求。但数字式弧焊电源因其复杂的软硬件结构，而且包含大量的开发成本，价格较贵，目前主要用于质量要求较高的工程结构焊接。

2. 数字式弧焊电源人机交互

传统的弧焊电源只能对输出电流或电压进行调节，而数字式弧焊电源不仅可以进行输出电流或电压的调节，而且可以对固化在电源中的焊接程序进行调用。也就是说操作者可以针对被焊的母材材料类型、不同的板厚等，通过人机交互系统（面板）对数字式弧焊电源的数据库进行操作，调用有关焊接程序进行焊接，而不需要操作者进行有关焊接电流或电压的调节。图 6-26 所示为数字式弧焊电源面板。

新一代数字式弧焊电源应用了触摸屏、纯文本显示技术，可以多屏设置焊接参数、调用焊接程序，使得人机交互系统的功能更加强大，专家系统内容更加丰富，而且设置了 USB接口与网络接口，可以不断更新、升级控制软件及专家系统。图 6-27 与图 6-28 分别是Fronius 公司新一代数字式弧焊电源人机交互面板和接口。

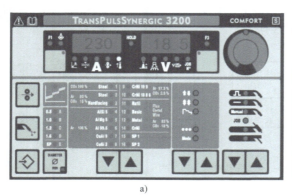
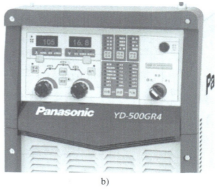

a)   b)

图 6-26　数字式弧焊电源面板

a）奥地利 Fronius 公司数字式弧焊电源　b）日本 Panasonic 数字式弧焊电源

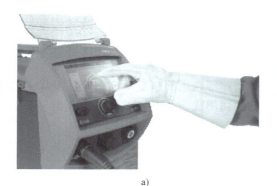

a)   b)

图 6-27　Fronius 公司新一代数字式弧焊电源人机交互面板

a）触摸屏　b）某一屏数显内容

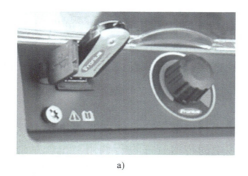
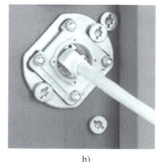

a)   b)

图 6-28　Fronius 公司新一代数字式弧焊电源接口

a）USB 接口　b）网络接口

3. 数字式弧焊电源控制的精细化

采用数字式弧焊电源可以对弧焊过程的每一个环节都进行有效的控制，如引弧和熄弧过程的数字控制。

在电弧焊接中，引弧与熄弧控制直接影响着焊接质量，特别是在机器人焊接中，引弧的可靠性直接影响着焊接质量。图 6-29 所示为熔化极气体保护脉冲电弧焊传统引弧和数字控制引弧。由图 6-29 可见，传统引弧起始短路电流比较大，容易造成飞溅，电弧引燃成功率低；而数字控制引弧时，引弧起始短路电流比较低，不容易造成飞溅，电弧引弧成功率高。

图 6-30 所示为熔化极气体保护电弧焊传统熄弧和数字控制熄弧。传统熄弧是逐渐衰减电流直到最终熄灭，其焊丝端部很容易形成一个球体，其球体表面会产生氧化形成渣壳，再次引弧时就会影响其导电性能，降低引弧成功率。采用数字控制熄弧时，利用控制程序在电弧熄灭的前一瞬间，弧焊电源提供给电弧一个峰值较高的脉冲电流，然后迅速切断电流，在脉冲电流作用下，焊丝端部的熔滴迅速过渡到熔池中，同时，电弧瞬间熄灭，焊丝来不及继续熔化，从而使焊丝端部保持原有的焊丝直径，也避免了液体金属的氧化，从而可以保证再次引弧的成功率。

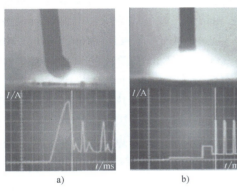

图 6-29　熔化极气体保护脉冲电弧焊引弧

a）传统引弧　b）数字控制引弧

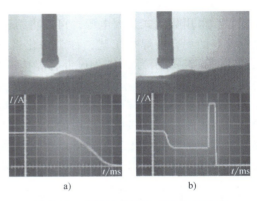

图 6-30　熔化极气体保护电弧焊熄弧

a）传统熄弧　b）数字控制熄弧

图 6-31 所示为熔化极气体保护电弧焊熔滴短路过渡焊接飞溅。没有采用数字控制的熔化极气体保护电弧焊熔滴短路过渡有明显的飞溅现象，采用焊接飞溅数字控制的熔化极气体保护电弧焊熔滴短路过渡平稳，看不到焊接飞溅现象。这主要是由于采用数字控制技术可以快速地检测到焊接熔滴短路发生，然后迅速地减小焊接电流，避免了焊接飞溅的出现；当熔

图 6-31　熔化极气体保护电弧焊熔滴短路过渡焊接飞溅

a）传统焊接　b）采用焊接飞溅数字控制

滴短路过渡完成后，又按照数字控制程序提高焊接电流，从而控制焊接过程安静、平稳，减少了飞溅，提高了焊丝的熔敷效率和焊接质量。图 6-32 所示为采用数字控制的熔化极气体保护电弧焊熔滴短路过渡过程，可以清楚地看到安静、平稳的焊接熔滴短路过渡过程。

图 6-32　数字控制的熔化极气体保护电弧焊熔滴短路过渡过程

4. 数字式弧焊电源促进新的焊接工艺发展

以熔化极气体保护电弧焊为例，传统的弧焊电源有直流脉冲电弧焊和直流熔滴短路过渡电弧焊。采用数字式弧焊电源，可以将两种焊接工艺相结合，发展成为脉冲电弧焊与短路过渡电弧焊的混合型焊接工艺，称为熔化极气体保护"PMC Mix"（Pulse Multi Control Mix）工艺。图 6-33 所示为 PMC Mix 混合焊接工艺。图 6-33a 和 b 是 PMC 阶段的焊接电弧与熔滴过渡，图 6-33c 和 d 是短路过渡阶段的焊接电弧与熔滴过渡。在脉冲电弧阶段，焊接电流大，焊件的热输入大，而短路过渡焊接电弧阶段，焊接电流小，焊件热输入低；通过控制脉冲电弧与短路过渡焊接电弧阶段的比例，可以控制焊件的热输入量。因此，PMC Mix 混合焊接工艺是一种新的焊接工艺，可以更为精确地调节焊接热过程，控制焊件的热输入量，从而控制焊接成形及接头组织，提高接头的焊接质量。

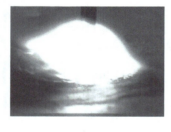

a)　　　　　　　　　b)　　　　　　　　　c)　　　　　　　　　d)

图 6-33　PMC Mix 混合焊接工艺

a）PMC 阶段焊接电弧　b）PMC 阶段熔滴过渡　c）短路过渡阶段焊接电弧　d）短路过渡阶段熔滴过渡

冷金属过渡（Cold Metal Transfer）焊接简称为 CMT 焊接，是奥地利 Fronius 公司在数字式弧焊电源条件下开发的一种新型弧焊工艺。该工艺是将熔化极气体保护电弧焊中的送丝运动与熔滴过渡过程进行数字化协同控制，从而大大减少了熔滴短路过渡的焊接飞溅。CMT 焊接熔滴短路过渡过程示意图如图 6-34 所示。

如图 6-34a 所示，电弧燃烧过程中，焊丝向下送进，直到焊接熔滴与焊接熔池发生短路（图 6-34b），电弧熄灭，焊接电流迅速减小接近于零，同时送丝机向下送丝，速度降低至零，然后，焊丝回抽，将短路的熔滴拉断（图 6-34c），焊丝停止送进；接着，电源输出电压发生跃变到再引燃电压，电弧重新引燃，焊丝向下送进，焊接电流逐渐增大到燃弧设定值，熔滴逐渐长大（图 6-34d），重复上述过程。图 6-35 所示为 CMT 焊接过程的高速摄像图

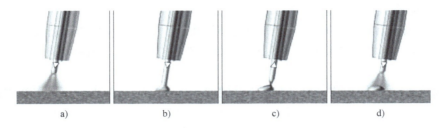

图 6-34 CMT 焊接熔滴短路过渡过程示意图

a）电弧燃烧阶段 b）熔滴短路阶段 c）熔滴拉断阶段 d）电弧重新引燃阶段

片，表明了 CMT 焊接过程。该过程的数字控制包括对数字式弧焊电源输出电参数的控制、送丝机送丝速度及方向的控制等。综合采用了脉动送丝/推拉丝技术、电流波形控制技术、数字控制及协同控制技术等。

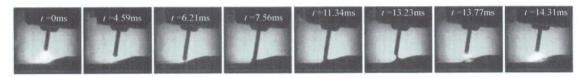

图 6-35 CMT 焊接过程的高速摄像图片

CMT 焊接工艺可以用于铝合金材料、钢铁材料的焊接。CMT 控制技术特点如下：

1）在电流几乎为零的状态下实现熔滴过渡，飞溅量小，焊件热输入低，焊件变形小，因此适用于薄板焊接，薄板板厚可以达到 0.3mm。

2）回抽长度实现精确控制，熔滴过渡频率稳定，焊缝成形均匀。

3）具有良好的搭桥性，对装配间隙没有过高的要求。

4）具有较高的焊速，1mm 铝板的焊速可以达到 2.5m/min。

5. 数字化焊机网络监控

将焊机通过数字化通信接口与计算机相连，并在上位机上安装相应的监控软件即可实现计算机对多台焊机焊接参数的网络监控。

安装于上位机上的焊机网络监控管理系统可以采用 B/S（Browser/Server，浏览器/服务器）架构，软件只需要安装在与焊机相连接的计算机上（数据服务器）。该计算机配有大容量硬盘，并具有较高的运算速度，其余客户端计算机无须安装任何软件，即可通过 IE 浏览器完成对焊机监控网络系统的访问。将焊机监控网络联入互联网后，将可以在世界的任何一个角落通过互联网监控焊机的信息。

数据服务器与焊机的实时连接方式可分为有线连接方式和无线连接方式两种，而对于以上两种都不适用的场合，可以采取以 SD 存储卡为介质的数据交换方式。

图 6-36 所示为数字化焊机网络监控系统结构图。

整个焊机监控网络的运行都离不开软件，管理者通过焊机网络监控系统软件，实时监控焊机的工作状态及相关信息。软件的功能可根据不同的行业差异以及监控需求进行设计。一般具有以下界面功能：

1）焊接参数管理。可以在计算机上设置并控制焊机实际使用的焊接参数。

2）信息监控。可以实时监控网络中所有焊机的信息，包括焊机的状态、工作焊机最新焊接数据、焊机最近一段时间内的焊接数据等。

3）数据处理。保存在上位机数据库内的焊接数据，根据需要可以进行各种方式的数据处理。处理完毕后的数据将形成各种数据报表供管理者查阅，如焊材的消耗、焊工的实际工作量以及有效工作时间等。

4）历史数据查询。将某台焊机在某个时间段内的焊接数据调出，可以以数据或曲线的形式显示，供技术人员进行数据分析，查找焊接可能存在缺陷的位置及故障原因等。

图 6-37 所示为唐山松下公司焊机网络监控系统的界面。

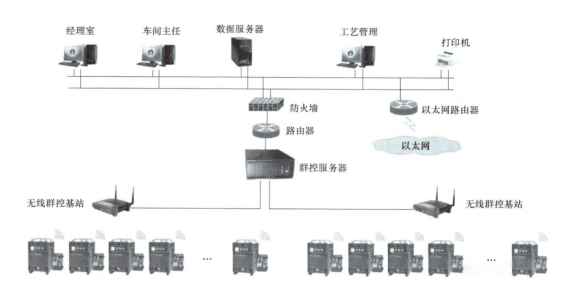

图 6-36　数字化焊机网络监控系统结构图

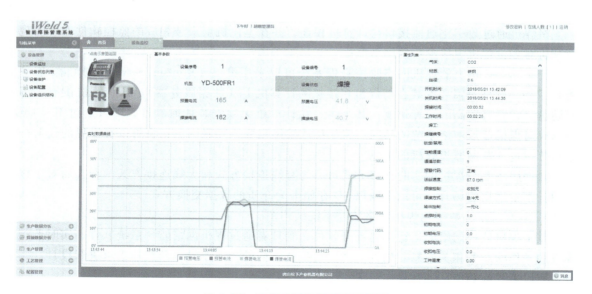

图 6-37　焊机网络监控系统的界面

6.3　焊接自动化与机器人焊接

　　随着国民经济的发展和社会需求的不断增加，对产品质量、效率的要求也越来越高。作为制造技术重要组成部分的现代焊接制造技术，也在从焊接自动化、数字化走向智能化。

　　本节主要介绍焊接自动化、机器人焊接的一些概念，使读者对智能焊接有一个初步的认识。

6.3.1　焊接自动化

　　焊接自动化就是采用能自动检测、调节的相关设备与装置，在没有人或较少人直接参与下，按预先规定的程序或指令自动进行焊接。焊接自动化的目的在于保证焊接产品质量及其稳定性，提高焊接生产率，降低工人劳动强度，改善焊接环境，保障焊接生产安全等。

1. 焊接自动化基本概念

　　从狭义上讲，焊接自动化是指焊接工序的自动化，即指产品制造过程中，对于其中的某部位或某道焊缝的焊接实现自动化。从广义上讲，焊接自动化指的是整个产品焊接生产过程的自动化，包括备料、切割、装配、焊接到检验等一系列工序组成的焊接产品生产全过程的自动化。其中，焊接工序的自动化是焊接生产过程自动化的基础，而只有实现了产品焊接生产全过程的自动化，才能得到稳定的产品质量和均衡的焊接生产制造节奏，同时获得较高的焊接生产率。

　　焊接自动化涉及电子技术、计算机技术、传感技术、数字技术、机器人技术、现代控制技术等。焊接自动化的关键技术主要包括机械技术、电动机驱动技术、传感技术、自动控制技术和系统技术等。

2. 焊接自动化系统

　　从某种意义上讲，焊接自动化就是采用焊接机械装置来代替人进行焊接。因此，为实现高效、高质量的自动化焊接，就需要组建相应的焊接自动化系统。目前，专用焊接自动化系统（焊接专机系统）和焊接机器人系统是焊接自动化系统的两种主要形式。

　　图 6-38 所示为一种圆管对接环焊缝焊接专机系统示意图。该系统采用卧式机床结构，主要由焊接机头（焊枪）调整机构、移动尾架进退装置、移动自调式滚轮架、自动弧焊机（包括焊枪、送丝机以及图中未显示的弧焊电源）、控制器、变位机和基座等组成。

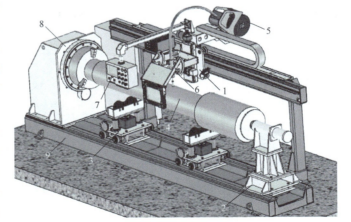

图 6-38　圆管对接环焊缝焊接专机系统示意图
1—焊接机头调整机构　2—移动尾架进退装置　3—移动自调式
滚轮架　4—焊件　5—送丝机　6—焊枪
7—控制器　8—变位机　9—基座

图 6-39 所示为典型的机器人弧焊系统示意图，该系统主要由机器人、变位机、控制器、自动弧焊机（包括弧焊电源、焊枪、送丝机等）构成。另外，还有图中没有显示的、集成于机器人和弧焊电源中的各种传感器。

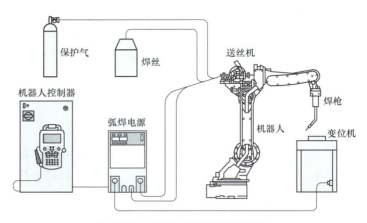

图 6-39　机器人弧焊系统示意图

不论是焊接专机系统还是焊接机器人系统，都由机械装置、驱动装置、传感器、自动弧焊机以及控制系统等部分构成。

（1）机械装置　机械装置主要指能够实现某种运动的机械机构。常用的焊接自动化机械装置主要采用电动机驱动。根据控制指令，电动机驱动机械装置可以携带焊枪或者焊件运动，完成直缝、环缝以及空间曲线焊缝的焊接。

焊接自动化系统中有根据需要专门设计的机械装置，也有一些通用的机械装置。通用的机械装置主要分为操作机（焊枪运动机构）和变位机（焊件运动机构）。

焊接操作机主要实现对焊枪的调整，包括对焊枪的位置与姿态、摆动状态、行走速度等的调整。图 6-40 所示为几种常见的焊接操作机。焊接变位机和滚轮架主要用于焊件的夹持和运动。图 6-41 所示为几种常见的焊接变位机和滚轮架。

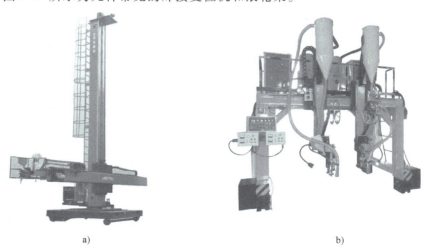

a)　　　　　　　　　　　　　　　　　b)

图 6-40　常见的焊接操作机
a）十字架式焊接操作机　b）龙门式焊接操作机

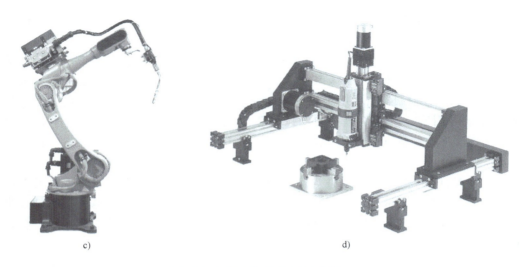

图 6-40　常见的焊接操作机（续）

c）关节式焊接机器人　d）直角坐标式焊接机器人

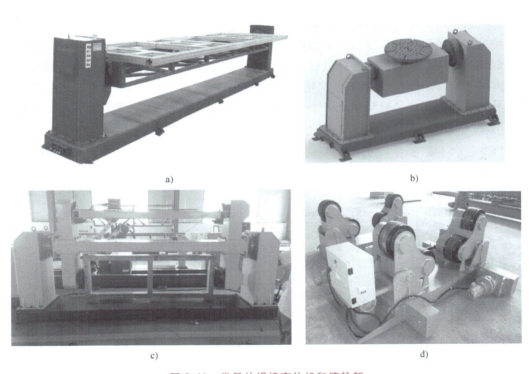

图 6-41　常见的焊接变位机和滚轮架

a）单轴变位机　b）双轴变位机　c）三轴变位机　d）滚轮架

（2）驱动装置　驱动装置是指驱动机械装置运动的电动机或液压、气动装置等。目前，焊接自动化系统中的操作机、变位机等机械装置大多采用电动机驱动；而焊接工装夹具等一般采用气动或液压装置进行驱动控制。

（3）传感器　传感器是指在自动焊接过程中，对机械运动、焊接参数、焊接质量等信息进行检测的传感装置。目前大多数的焊接操作机和变位机都有机械运动位置和速度传感器，自动焊机中都有电参数传感器等。

（4）自动弧焊机 自动弧焊机既是一个独立的自动控制系统，又是焊接自动化系统中的一个子系统，主要由焊接电源及其控制器、焊枪、送丝机、水电气等辅助部分组成。

（5）控制器 控制器主要用于机械运动控制，对自动弧焊机系统的协同控制，包括焊机的起动与停止控制、焊接过程中自动弧焊机的输出调节控制等。控制系统的核心可以是计算机、可编程序控制器（PLC），也可以是简单的电子控制电路系统。

3. 焊接自动化应用

随着焊接自动化技术的发展，焊接自动化装备及焊接自动化系统在航空航天、轨道交通、船舶制造、汽车制造、建筑型钢、油气管道以及工程机械制造中的应用越来越普遍，本书的其他章节进行了相关介绍。本节仅以大直径厚壁管、太阳能热水器、箱形梁等金属结构的自动焊接为例，介绍焊接自动化的应用。

图 6-42 所示为大直径厚壁管道内壁直缝自动焊接。该自动焊接系统由焊接十字架、滚轮架、埋弧焊机等构成，十字架横臂的直线运动实现了管道直缝焊接。一般大直径厚壁管道直缝需要开 X 形坡口，进行管道内外壁的焊接。以 20mm 壁厚管道为例，需要先进行内壁直缝焊接，然后进行外壁直缝焊接。内壁直缝焊接完成后需要滚轮架旋转，使管道焊缝从管道最低处旋转到管道最高处，焊接十字架横梁调高到管道上部，然后通过横臂直线运动完成管道外壁焊缝的焊接。管道内外壁各进行一层一道埋弧焊，就可以达到满意的焊缝成形。

图 6-43 所示为采用由十字架、滚轮架、埋弧焊机等构成的自动焊接系统进行大直径厚壁管道环缝自动焊接。环缝焊接是将十字架调节到固定的位置不动，滚轮架带动管道旋转实现环缝的焊接。

图 6-42 大直径厚壁管道内壁直缝自动焊接

图 6-43 大直径厚壁管道环缝自动焊接

图 6-44 所示为用于油气管道野外施工的专用全位置自动焊接系统。油气管道野外施工的特点是管道固定不动，采用熔化极气体保护焊（GMAW），保护气体为 50% Ar+50% CO$_2$（体积分数）混合气。自动焊接系统由焊接电源、焊接机头、机头控制系统、供气系统、编程器和轨道等部分组成。焊接机头包括小车行走系统、焊枪摆动系统、焊枪高低和左右调节系统、送丝系统等。焊接时，将圆形轨道安装在管道上，焊接机头安装在轨道上，沿着轨道做圆周运动，进行管道与管道的环形焊缝对接。焊接过程中，石油管道固定不动，焊枪沿轨道旋转 360° 以上进行全位置焊接。在管道全位置自动焊接过程中，随着焊枪位置的变化，

焊接电流、焊接速度等焊接参数也随之变化。这些焊接参数可以焊前设定，焊接过程中根据设定的焊接参数进行焊接与参数切换，也可以在实际焊接过程中进行实时调节。图6-45所示为四机头全自动轨道式自动焊接系统。

图 6-44　油气管道专用全位置自动焊接系统

图 6-45　四机头全自动轨道式自动焊接系统

图 6-46 所示为太阳能热水器内胆环缝自动焊接系统。太阳能热水器内胆采用双枪 CO_2 焊接。该自动焊接系统是专用焊接系统，采用专门的机械装置夹持焊件。焊接过程中，焊枪固定不动，夹持焊件的机械装置在电动机驱动下旋转，实现焊件环缝的自动焊接。夹持焊枪的机械机构可以进行焊枪位置的微调，也可以在龙门架上进行两焊枪相对位置的粗调。

a)　　　　　　　　　　　　　　　　　　b)

图 6-46　太阳能热水器内胆环缝自动焊接系统

a) 系统示意图　b) 实际焊接系统

图 6-47 是用于箱形梁焊接的龙门式自动焊接系统。箱形梁是钢结构中的一种常用结构，是用四块钢板焊接而成的。图 6-47 所示的箱形梁主要用于建筑钢结构领域。图 6-47 所示的自动焊接系统采用了龙门式机构，龙门式机构横梁上装有两个可以进行高低调节的机械臂，机械臂上安装了熔化极气体保护焊枪，两个机械臂可以沿着横梁左右运动，整个龙门式机构可以沿着地面轨道前后移动。焊接时，将箱形梁放置在钢制工作台上，通过整体龙门架机构的移动实现箱形梁长直焊缝的焊接。该自动焊接系统采用双焊枪同时焊接箱形梁两侧对称的焊缝，从而可以大大降低焊接变形。图 6-47 表示了该自动焊接系统正在进行长 16m、截面为 2m×2m 节段的箱形梁焊接。

该系统采用了数字控制系统，操作人员通过人机交互控制面板输入焊接参数、定位焊枪，然后按下启动按钮，该设备便按照预先设定的程序自动焊接。系统具有远程控制能力，焊接状态可以进行实时控制，焊枪可以精确地定位在指定的位置。操作人员的工作条件得到了明显的改善，焊接生产时间被缩短到原来的1/5，完成了相当于6名工人的工作量。

a)   b)

图 6-47   龙门式自动焊接系统

a）系统正面   b）系统侧面

在日常用品方面自动焊接技术的应用也相当普遍，图6-48所示为不锈钢洗手液盒自动TIG焊。不锈钢洗手液盒焊缝是由直缝段、圆弧段等焊缝组成的闭合焊缝。焊接时，洗手液盒固定不动，通过数字控制系统控制 X-Y 二维机械-电气运动装置带动TIG焊枪按照程序自动行走，就可以实现不锈钢洗手液盒的自动焊接。图6-48是不同位置的TIG焊情景。

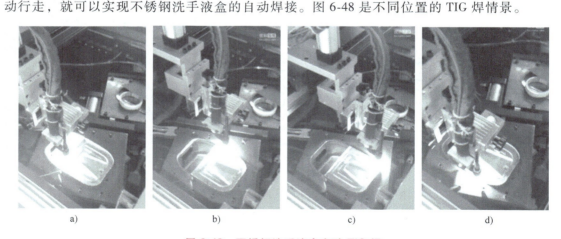

a)   b)   c)   d)

图 6-48   不锈钢洗手液盒自动 TIG 焊

a）横向直缝段   b）纵向直缝段   c）拐角曲线段   d）纵向直缝段

不锈钢洗手液盒自动TIG焊属于平面封闭曲线焊缝的自动焊，采用 X-Y 二维机械结构就可以实现自动焊接；如果是空间曲线焊缝，则需要三维以上的机械结构。图6-49所示为不锈钢手柄异形焊缝自动TIG焊。为了使读者能够看清楚，没有引燃电弧，只是TIG焊枪与手柄焊件相对运动的截图。由图6-49可以看出，不锈钢手柄是一个异形结构，手柄焊缝曲线是一个空间曲线，这就需要采用三维机械-电气运动装置，焊件自身在机械装置带动下做旋转运动，焊枪在 X-Y 机械装置带动下做上下、前后直线运动。焊接时，在数字控制系统软件程序控制下，将焊件的旋转运动与焊枪直线运动进行协调控制，就可以实现该手柄异形焊缝的自动焊接。不同异形手柄曲线焊缝，只要改变数控系统的软件程序，就可以实现各种手柄类似异形焊缝的自动焊接。图 6-49 给出了不锈钢异形手柄 TIG 焊枪与焊件相对运动到不同位置的截图。

图 6-48 与图 6-49 显示的自动焊接系统都属于专用焊接自动化系统，因为采用软件程序控制，所以也具有一定的柔性。对于类似焊缝的焊件可以通过改变程序实现自动焊接。

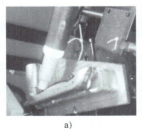 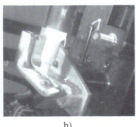  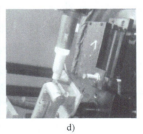

a)   b)   c)   d)

图 6-49　不锈钢手柄异形焊缝自动 TIG 焊

a）起焊位置　b）曲线焊接位置　c）拐角焊接位置　d）圆管段焊接位置

6.3.2　机器人焊接

机器人焊接就是利用一个具有自动化、数字化、智能化的机电装置——机器人代替人进行焊接。机器人的种类及应用领域很广，用于焊接的机器人属于工业机器人。国际标准化组织（ISO）对工业机器人给出了定义，即工业机器人是一种多用途的、可重复编程的自动控制操作机（Manipulator），具有三个或更多可编程的轴，用于工业自动化领域。

随着"中国制造 2025"行动纲领的提出，围绕实现制造强国的战略目标，信息化、工业化不断融合，以机器人为代表的智能制造技术得到了迅速发展。2017 年中国继续成为全球第一大工业机器人市场，销量突破 12 万台，约占全球总产量的 1/3，而其中大多数用于机器人焊接。

1. 工业机器人与焊接机器人

1920 年捷克作家卡雷尔·恰佩克（Karel Capek）在其科幻剧作《罗素姆的万能机器人》（Rossum's Universal Robots）中首次使用了机器人（Robot）一词，剧作中叙述了一家公司发明并制造了一批形状像人类的机器，能听命于人并代替人进行日常劳动。

美国人乔治·德沃尔（George Devol）最早提出了工业机器人的概念，并在 1954 年正式向美国政府提出专利申请，要求生产一种用于工业生产的重复性作用的机器人（该专利在 1961 年通过）。1956 年德沃尔和物理学家约瑟夫·恩格尔伯格（Joseph F. Engelberger）基于德沃尔之前的专利，合作成立了一家名为"Unimation"的公司，该公司是世界上第一家机器人公司。1959 年，世界上第一台名为"尤尼梅特（Unimate）"的工业机器人（图 6-50）在该公司诞生，开创了工业机器人发展的新纪元。

图 6-50　第一台工业机器人样机

从第一台工业机器人发明以来，工业机器人经过近 60 年的发展，已经被广泛地应用于汽车、电子、化工、航空航天、医疗等许多领域，发挥着不可取代的作用。按照工业机器人的发展程度，可以分为以下三代：

第一代工业机器人也称为 示教再现型机器人，即操作者首先对机器人的运动轨迹、运动速度、停留点位、停留时间等进行示教，机器人由记忆单元对示教过程进行记录，然后重复再现被示教的内容。示教再现型机器人是目前在制造工业中应用最多的机器人。

第二代工业机器人即为 带有一定感知能力的机器人。这类机器人具有类似于人类某种感知的能力，如视觉、触觉、力觉和听觉等。

第三代工业机器人，即为 智能机器人，也是人们所追求的机器人的最高级阶段。这类机器人只需要操作者告诉机器人需要做什么，而无须告诉其怎么做，机器人能够根据客观环境来自行完成相应的工作。

由于焊接过程的复杂性，对于用于焊接的机器人有一些特殊的要求，因此，用于焊接的机器人又称为焊接机器人。焊接机器人约占工业机器人的 50%，是工业机器人的重要分支。自 1969 年通用汽车在其洛兹敦（Lordstown）装配厂安装了首台用于点焊的工业机器人以来，已经开发出应用于点焊、电弧焊、电子束焊、激光焊、搅拌摩擦焊等多种焊接的工业机器人，其控制形式也由最初的单一机器人控制发展到多机器人多轴（多变位机）同步协同控制，以适应不断发展的焊接生产制造的需求。从机器人技术的发展趋势来看，焊接机器人和其他工业机器人一样，不断向着智能化和多样化的方向发展。

2. 焊接机器人分类及特点

按照机器人作业中所采用的焊接方法，可以将焊接机器人分为点焊机器人（主要指采用电阻点焊方法进行焊接的焊接机器人）、弧焊机器人、激光焊机器人等，其中点焊机器人和弧焊机器人是目前使用最多的两种焊接机器人。

图 6-51 所示为典型的点焊机器人系统，包括固定式机器人、控制箱、水冷系统、电阻点焊系统等，其中，机器人选用的是具有 6 个自由度的通用型关节式机器人。由于点焊机器人夹持的是电阻点焊钳，载荷较大，因此该类机器人具有有效载荷大、工作空间大的特点，能够实现快捷、平稳、准确的点到点的运动。点焊机器人的负载能力取决于所用的点焊钳形式，若采用电阻点焊变压器与焊钳分离的点焊钳，点焊机器人的负载能力一般在 $30 \sim 45 \text{kg}$；若采用电阻点焊变压器与焊钳一体式的点焊钳，则要选用负载能力为 $100 \sim 150 \text{kg}$ 的点焊机器人。点焊机器人最典型的应用是在汽车车身的自动点焊生产线。

图 6-52 所示为典型的弧焊机器人系统，包括移动式机器人（机器人可以沿轨道移动）、控制箱、示教器、变位机、自动弧焊机等。其中，机器人选用的也是具有 6 个自由度的通用型关节式机器人。由于弧焊机器人仅仅夹持弧焊的焊枪，机器人负载能力一般在 6kg 左右。弧焊过程比点焊过程要复杂得多，为了保证连续焊缝成形的一致性及焊接质量，需要在焊接过程中对于机器人的工具中心点（Tool Center Point，TCP），即焊枪端头的运动轨迹、焊枪姿态、焊接参数等进行精确的控制，这就要求弧焊机器人具有一些适合弧焊要求的功能，如起始点寻位、电弧跟踪和自动再引弧功能等。由于弧焊机器人焊接一般为连续焊缝，因此其运动轨迹控制不仅有点到点的控制，更多的是点到点之间运动轨迹的连续控制。随着智能制造技术的发展，弧焊机器人在工业中的应用领域越来越广泛。

图 6-51　典型的点焊机器人系统

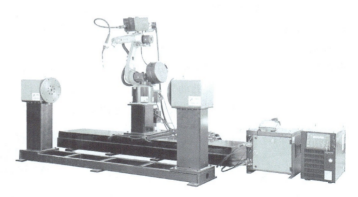

图 6-52　典型的弧焊机器人系统

3. 机器人焊接的特点

采用机器人焊接具有以下特点：

1）易于实现焊接产品质量的稳定和提高，保证焊接质量的均一性。

2）机器人能够 24h 连续生产，可以应用于高速高效焊接场合，从而提高焊接生产率。

3）可以降低焊接操作者的劳动强度，降低对操作者的焊接技术水平要求。

4）严酷环境下，操作人员的安全性提高，焊工工作环境得到改善。

5）易于实现焊接生产的自动化，并具有一定的柔性。

6）可作为数字制造、智能制造的一个环节。

7）缩短了焊接产品改型换代的准备周期，减少了硬件设备投资。

8）可以完成人不能完成的焊接（如狭小管道机器人焊接）。

9）与一般的焊接自动化设备相比，机器人不仅可以进行平面焊缝的焊接，也可以完成空间曲线焊缝的焊接。

10）焊接前期制备要求高，机器人与焊件相对位置要准确。

11）操作人员需要具有一定的知识和技术水平，如示教编程知识与技术。

4. 机器人焊接应用举例

机器人焊接应用越来越普遍，本书其他章节已给出了许多应用的实例，本节主要介绍有关工程机械中挖掘机一些部件的机器人焊接。

图 6-53 所示为工程机械中的挖掘机及其主要部件示意图。由图 6-53 可见，挖掘机主要结构件包括动臂、斗杆、中心支架、履带梁、导向架、电动机支架等。这些结构都已实现了机器人焊接。

图 6-54 所示为挖掘机动臂机器人焊接系统。该系统由机器人本体、变位

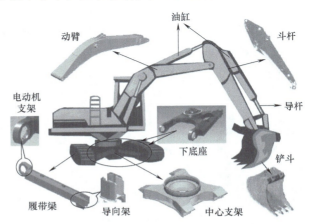

图 6-53　工程机械中的挖掘机及其主要部件示意图

机、移动装置、焊接装置、控制系统组成。机器人本体为 6 自由度关节型。变位机为一轴双夹持变位机，可带动焊件转动到焊接需要位置。为了满足动臂长度焊接的要求，增加了移动装置，使机器人能够沿动臂长度移动，扩展了机器人的焊接范围。变位机和移动装置可与机器人实行联动。焊接装置包括焊接电源、焊枪、送丝机等硬件和焊接专家系统软件。控制系统控制动臂焊接系统整体运转并可与外界进行信息交换，使操作者可远程操控。

图 6-55 所示为挖掘机动臂双机器人焊接系统。该系统采用了双机器人，用以解决动臂长度焊接问题，而且双机器人焊接还可以大大提高焊接效率。

图 6-54　挖掘机动臂机器人焊接系统

图 6-55　挖掘机动臂双机器人焊接系统

图 6-56 所示为中心支架机器人焊接系统，该系统由机器人本体、变位机、移动装置、焊接装置、控制系统组成。机器人本体为 6 自由度关节型。该变位机与动臂机器人焊接系统中的变位机不同，是两轴双夹持变位机，变位机为 U 形结构，中心支架安装在变位机 U 形结构的横梁上。焊接时，变位机不仅可以带动焊件沿着变位机两个立柱中心轴旋转，使其转动到焊接需要位置，而且安装在变位机横臂上的中心支架可以沿着垂直于横臂的中心轴旋转，以利于中心支架环缝的焊接。该系统也有移动装置，使机器人能够沿轨道移动，扩展了机器人的焊接范围。变位机和移动装置可与机器人实行联动。焊接装置包括焊接电源、焊枪和送丝机等。

图 6-57 也是挖掘机中心支架机器人焊接系统。该系统采用了固定式机器人和 L 形双轴变位机，减少了移动装置，机器人稳定性好，而且降低了协同控制难度，减少了系统的占地

图 6-56　中心支架机器人焊接系统

图 6-57　固定式机器人焊接系统

空间。但是能够焊接的中心支架结构尺寸受到限制。

图 6-58 所示为中央电视台《大国重器》节目中介绍的我国徐州工程机械集团有限公司起重机转台智能焊接生产线。图 6-59a 是起重机转台，该转台生产需要 18 道工序，每个工序要有 5~6 个工步。传统的焊接生产线，需要采用吊车传输，一个工序要等待吊车 20~30min，每天生产转台 20 个，生产率低。为此，徐工集团自行研制了起重机转台智能生产线。在长 100m 的起重机转台智

图 6-58　起重机转台智能焊接生产线

能生产线上，采用柔性焊件托盘（图 6-59b），托盘上 168 个固定点能准确卡住每一种转台焊件，这样转台生产的 18 道工序就能一气呵成。

a)

b)

图 6-59　起重机转台及柔性焊件托盘
a）起重机转台　b）柔性焊件托盘

搭载柔性焊件托盘的智能有轨制导车，要与焊接工作站自动对接，完成智能作业，对接精度在 0.01°。智能有轨制导车（主车）装载着搭载焊件托盘的物流车（子车），驮着 6t 重的焊件沿着车间长度方向的主轨道运行到焊接工位附近，物流车上装有液压机构，将装有焊件的柔性焊件托盘水平举升到比焊接工作站中焊接转台台面高 2mm 的位置，然后搭载焊件托盘的物流车（子车）从制导车（主车）上下来，沿着垂直于主轨道方向的轨道运行到焊接工作站，与焊接转台实现精准对接，将装有焊件的柔性焊件托盘放置到焊接转台上并固定，物流车撤出，开始机器人的焊接。图 6-60 所示为制导车运动情况。图 6-61 所示为柔性焊件托盘与焊接转台对接以及物流车撤出。图 6-62 所示为起重机转台机器人焊接。

起重机转台焊接与物流过程采用了各种传感器、计算机控制技术、智能控制技术以及机器人焊接技术等，使得起重机转台焊接向着智能焊接制造方向迈出了重要一步。采用该智能生产线，每天可以生产起重机转台 40 个，大大提高了生产效率，保证了焊接质量的稳定。

能把它同步性控制在2mm以内

a)

转台升举到位，物流车开始运动

b)

图 6-60　智能有轨制导车

a）主轨道上的有轨制导车　b）物流车运动

a)

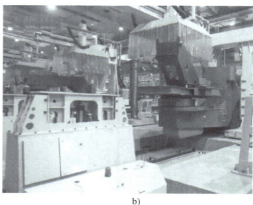

b)

图 6-61　柔性焊件托盘与焊接转台对接以及物流车撤出

a）柔性焊件托盘与焊接转台对接　b）物流车撤出

a)

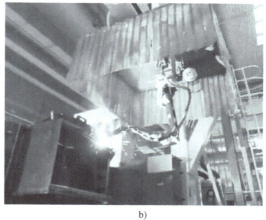

b)

图 6-62　起重机转台机器人焊接

a）全景　b）近景

6.4 金属材料的增材制造

6.4.1 增材制造的定义

说起增材制造，大多数人可能会感到深不可测，而提到 3D 打印，便不会那么陌生了。3D 打印 (Three Dimensional Printing, 3DP) 是一个通俗、形象的名词概念，在制造领域一般又称为三维打印、增材制造 (Additive Manufacturing, AM)、快速成型 (Rapid Prototyping Manufacturing, RPM) 等。

3D 打印技术最早可以追溯到 20 世纪 80 年代末期，经过近 30 年的发展，现在开始逐渐走入人们的生活，同时在产品制造领域也得到了飞速发展。3D 打印的过程就像人类盖房子一样，把成型材料一层一层地堆积起来，逐渐形成有一定形状的三维物体，这就是离散叠加成型原理，它是将计算机辅助设计 (Computer Aided Design, CAD) 模型文件导入到打印机软件中，控制打印材料逐层地堆积出三维实物的一种先进制造技术。

通过 3D 打印技术的描述，可以获得增材制造 (AM) 的概念，也就是采用材料逐渐累加的方法制造实体零件的技术，是一种自下而上的成型方法。之所以称为增材制造，主要是相对于传统的材料去除与切削加工制造技术而言。2009 年美国材料与试验协会 ASTM 成立了 F42 委员会，将增材制造 (AM) 定义为："Process of joining materials to make objects from 3D model data, usually layer upon layer, as opposed to subtractive manufacturing methodologies."，即一种与传统的材料去除加工方法截然相反的，基于三维 CAD 模型数据，通常采用逐层堆积方式制造三维物理实体模型的方法。图 6-63 所示为 3D 打印产品。

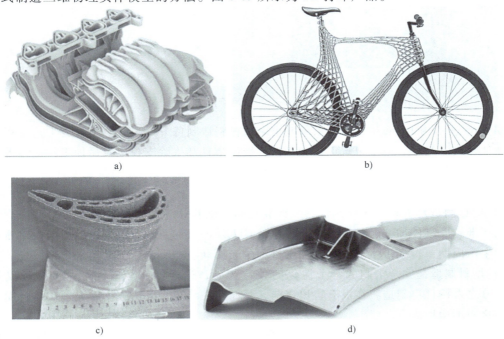

a)   b)

c)   d)

图 6-63 3D 打印产品

a) 汽车进气歧管 b) 不锈钢自行车 c) 高温合金叶片 d) 钛合金飞机零件

当今制造业领域正在发生剧变，涉及各种产品类型。这种变化让未来制造环境更加趋于个性化、定制化和可持续发展。人们所需要的一切，从住房到飞机，甚至人身的某些器官，都可以采用增材制造技术，并且极少浪费。世界各地每天都会发现和开发增材制造的新领域，甚至在太空领域，NASA（美国国家航空航天局）正在测试可用于零重力月球上的各种设计。

6.4.2　增材制造技术的特点

增材制造带来了世界性的制造业革命，以前是部件设计完全依赖于生产工艺能否实现，而增材制造技术的出现颠覆了这一产品制造加工的思路，使得企业在生产部件的时候不需要考虑生产工艺问题，任何复杂形状的设计均可以通过增材制造来实现。例如航空用 IN718 过渡导管采用传统工艺（图 6-64a）需要 8 个部分的零件进行组装加工，涉及切削加工（车、铣、磨）和热成形加工（铸造、锻压、焊接）等多种复杂工艺；而采用增材制造技术可以设计成一个整体零件，直接制造出来（图 6-64b）。

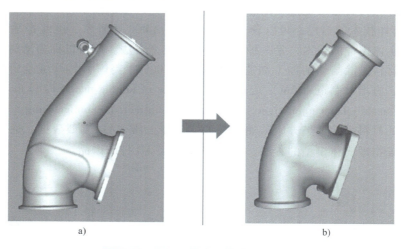

a)　　　　　　　　　　　　　b)

图 6-64　IN718 航空用管道加工对比

图 6-65 所示为 Honeywell 公司采用电子束增材制造制备 IN718 航空用管道工艺流程，包括设计、建模、编程、电子束选区熔化制造、取出零件和去除支撑以及后加工，最终得到了采用增材制造技术设计和加工的零件。图 6-66 所示为增材制造得到的航空用管。

由此可见，增材制造技术具有四大优势：

1）增材制造是直接数字化制造，从计算机的三维 CAD 模型直接制造出产品，减少或省略了毛坯准备、零件加工、装配等中间工序，且无须昂贵的刀具或模具，从而极大地缩短了产品的生产周期，提高了生产效率。加工过程中无振动、噪声和切削废料。

2）增材制造是完全定制的、个性化的独特产品，设计空间无限，可做到全球仅此一件，百分之百按订单制造。在没有售出之前，是储存在计算机里的数据，无须实体仓库，产品多样化而不增加成本。

3）增材制造产品在没有售出之前是用数字发运的，模型文件在互联网上传输所需费用极微。此外，增材制造不仅是按需制造，而且是就地制造，即在使用地点制造，这种方式节

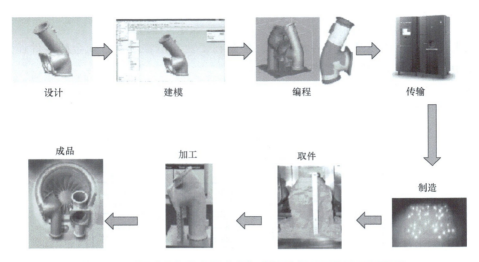

设计　　　　　建模　　　　　编程　　　　　传输

成品　　　　　加工　　　　　取件　　　　　制造

图 6-65　采用电子束增材制造制备 IN718 航空用管道工艺流程

约了物流成本。

4）增材制造能够最大限度地发挥材料的特性，而不在意制品构造是否复杂。仅把材料放在有用的地方，材料无限组合，大大减少了材料的浪费，提高了材料利用率。

此外，虽然增材制造的前景非常广阔，但也有一些因素影响了增材制造的发展速度：

1）制造速度。最先憧憬增材制造的是好莱坞，《星际迷航》中只要演员简单说一句话："茶，一杯伯爵红茶"，就能马上得到一杯热茶。但是目前的 3D 打印技术还远远达不到这样的预期，即使是一个塑料杯，也需要花费数分钟甚至数小时才能制造出

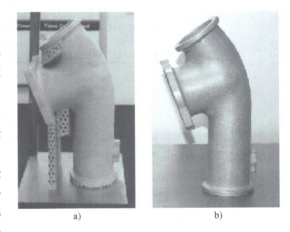

a)　　　　　　　　b)

图 6-66　增材制造得到的航空用管
a）增材制造零件　b）加工后零件

来。而采用增材制造技术制备的 IN718 航空用管道需要的制造时间是 36h，冷却时间为 12h，共计 48h。

2）尺寸限制。大多数增材制造系统制造的物体尺寸有一定的范围限制。

3）物体设计局限。除了要让物体的尺寸保持在设备加工范围内，还必须保证物品适合增材制造。这就需要设计经验和材料科学帮忙，要知道并不是每件中空且带有把柄的物体都能作为杯子使用。每种形式的制造都有自身需要考虑的事情，增材制造也不例外，例如 IN718 航空用管道的制造中，需要设计一个支撑结构，制造完成后需要后续加工去除。

4）材料限制。增材制造技术需要有相应的材料，目前可以用于增材制造的材料还比较少。随着科技的发展，可用于增材制造的新材料种类正在不断增加。

6.4.3 金属零件的增材制造技术

理论上增材制造可以适用于各种材料，但是在工业制造领域，目前金属零件还是比较普遍的。本节简要介绍金属零件的增材制造技术。

金属零件增材制造采用的热源主要有激光、电子束和电弧，填充材料有丝材和粉末两类。因此，金属零件的增材制造方法如图 6-67 所示。

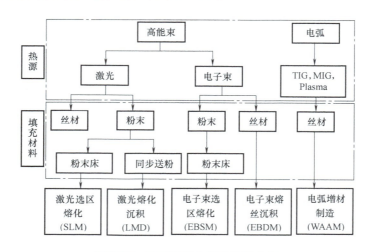

图 6-67　金属零件的增材制造方法

1. 激光选区熔化（Selective Laser Melting，SLM）技术

20 世纪 90 年代，德国的 Fraunhofer 激光技术研究所首先提出了激光选区熔化的思想。该技术利用直径为 $30 \sim 50 \mu m$ 的聚焦光束，把金属或合金粉末有选择地逐层熔化，堆积成一个冶金结合、组织致密的实体，直接制造精密复杂的功能性金属零件，代表了增材制造技术的主要发展方向。该技术可无模直接制造复杂结构金属零件，成型过程也无材料切削过程，粉末可循环利用，因而可以大大缩短产品开发周期，减少零件制造成本。激光选区熔化技术的发展给制造业带来了无限活力，尤其给快速精密加工、快速模具制造、个性化医学产品、航空航天零部件和汽车零配件生产行业的发展注入了新的动力。

图 6-68 所示为激光选区熔化技术成型原理。设计人员先在计算机上设计出零件的 3D 实体模型，然后通过专用软件对该模型进行切片分层，得到各截面的轮廓数据，将这些数据导入成型设备。成型设备的计算机控制系统将按照这些轮廓数据，控制激光束选择性地熔化各层的金属粉末材料，逐步堆叠成 3D 金属零件。在激光束开始扫描前，先用水平刮板把金属粉末平刮到加工室的基板上，激光

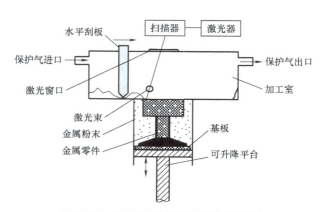

图 6-68　激光选区熔化技术成型原理

束再按当前层的轮廓信息选择性地熔化基板上的粉末，成型出当前层的零件轮廓，然后，升降平台下降一个图层厚度的距离，水平刮板在已成型好的当前层上铺上新的金属粉末，计算机控制系统调入下一图层进行加工成型。如此层层堆积成型，直到整个零件成型完毕。整个成型过程在通有气体保护的加工室中进行，以避免金属在高温下与其他气体发生反应。

激光选区熔化技术具有以下优点：

1）精度高。激光选区熔化技术要求使用具有良好光束质量的激光器，从而能以细微聚焦光斑的激光束成型金属零件，这使得所成型的金属零件在现有的金属零件类增材制造工艺中精度最高，其尺寸精度（当前达到 0.1mm）和表面粗糙度（当前 Ra 可达 $5\sim10\mu m$），稍经打磨、喷砂等简单后处理即可达到使用精度要求。

2）零件力学性能好。由于该技术能完全熔化选区内的金属粉末，所制造出来的金属零件是具有完全冶金结合的实体，其相对密度可达 99% 以上，且具有快速凝固的组织，大大改善了金属零件的力学性能，一般无须热处理即可投入使用。

3）可以调节激光光斑直径，使其能以较低的功率熔化高熔点材料，所以激光选区熔化技术适用于单一成分的纯金属、合金甚至陶瓷粉末。材料无须特别配制，并且可供选用的粉末种类也大大拓展了，目前已经被用于 SLM 成型的材料就包括不锈钢、镍基合金、钛基合金、钴-铬合金、高强度铝合金、黄金、模具钢等金属材料以及陶瓷、尼龙和聚酯乙烯等非金属材料。

由于 SLM 技术能直接制造具有较高精度的功能性金属零件，因此，该技术具有十分广泛的应用前景。目前，SLM 设备已被投入到工业模具、医用植入体、个性化首饰、航空零件等功能零件的 3D 打印直接制造（图 6-69）。但是，该技术存在成型件表面粗糙度仍需进

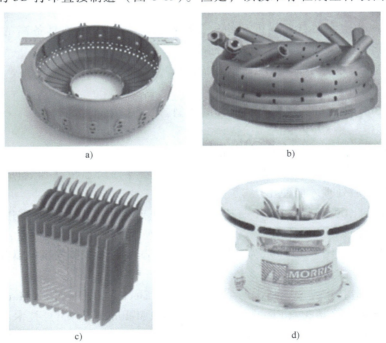

a) b)

c) d)

图 6-69　采用 SLM 技术成型的金属零件

a）航空发动机燃烧室　b）航空发动机喷嘴　c）薄壁散热器　d）薄壁夹层喷嘴

一步提升的缺点。

2. 激光熔化沉积（Laser Melting Deposition，LMD）技术

科技工作者将用于表面处理的激光熔覆技术进一步拓展，形成了激光熔化沉积技术。当前激光熔化沉积技术的名称尚未统一，在许多场合，也被称为激光工程近净成型（Laser Engineering Net Shaping，LENS）、直接光学制造（Directed Light Fabrication，DLF）、直接金属沉积（Direct Metal Position，DMP）等，但是基本原理都类同。

图 6-70 所示为激光熔化沉积制造原理。激光熔化沉积制造系统的核心部件是一个激光熔覆头（一般为同轴熔覆头），熔覆头上带有可输送粉末及保护气的喷嘴，计算机可以控制送粉器通过气体将粉末从喷嘴送出，并聚焦于熔覆头下方的轴线上。在成型过程中，计算机输入一层图形扫描数据，根据扫描数据决定是否开启激光。当开启激光时，激光器发出的激光从熔覆头顶部沿轴线方向向下射出，经聚焦镜汇聚在粉末聚焦点附近，将同步射出的粉末熔化；同时熔覆头或工作

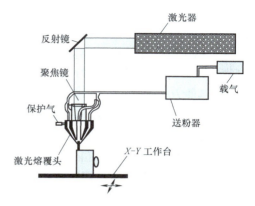

图 6-70　激光熔化沉积制造原理

台按每层图形的扫描轨迹移动，这样熔化的金属液就在基体或上一层凝固层基础上完成了一层实体的成型。计算机继续调入下一层图形扫描数据，重复上述动作，如此逐层堆积，最终成型出一个具有完全冶金结合的金属零件。

激光熔化沉积制造工艺的优点如下：

1）零件组织致密，无宏观偏析和缩松，组织细小均匀，零件具备高的力学性能，强度、塑性、疲劳性能同时达到或优于锻件标准。

2）成型零件尺寸大小原则上没有限制，仅取决于装备的设计指标，方便成型大型零件。

3）材料来源广泛，可实现多材料零件的成型。

激光熔化沉积制造工艺的缺点如下：

1）需使用高功率激光器，设备造价较昂贵。

2）成型时热应力较大，成型精度不高，所得金属零件尺寸精度和表面粗糙度都较差，需较多的机械加工后处理才能使用。

目前，激光熔化沉积制造可用于制造成型金属注射模、高价值金属零件（如航空航天零件）、大尺寸薄壁形状的整体结构零件等。图 6-71 所示为利用激光工程近净成型（LENS）技术制造发动机叶片，图 6-72 所示为利用 LENS 技术制成的钛金属飞机机翼部件。

3. 电子束增材制造技术

电子束增材制造技术主要包括电子束熔丝沉积（Electron Beam Direct Manufacturing，EBDM）技术和电子束选区熔化（Electron Beam Selective Melting，EBSM）技术。电子束熔丝沉积技术是在真空环境中，高能量密度的电子束轰击金属表面形成熔池，金属丝材通过送丝装置送入熔池并熔化，同时熔池按照预先规划的路径运动，金属材料逐层凝固堆积，形成致密的冶金结合，直至制造出金属零件或毛坯，其原理如图 6-73 所示。

图 6-71　利用 LENS 技术制造发动机叶片

图 6-72　利用 LENS 技术制成的钛金属飞机机翼部件

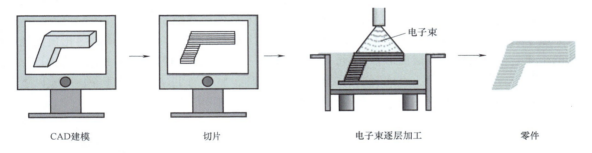

CAD建模　　　　　　切片　　　　　　电子束逐层加工　　　　零件

图 6-73　电子束增材制造金属零件原理

电子束熔丝沉积技术的优点主要表现在沉积效率高（沉积速率可达 15kg/h）和真空环境下有利于零件的保护，其原理如图 6-74所示。Lockheed Martin 公司选定了 F-35 飞机的副翼梁用电子束熔丝沉积成型代替锻造，预期零件成本降低 30%～60%。2007 年美国 CTC 公司针对海军无人战斗机计划，制订了无人战机金属制造技术提升计划，选定电子束熔丝沉积成型技术作为未来大型结构低成本高效制造的方案。目标是将无人机金属结构的自重和成本降低 35%。中航工业

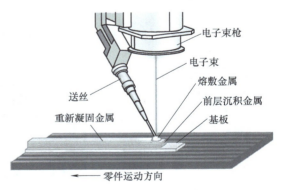

图 6-74　电子束熔丝沉积成型原理

北京航空制造工程研究所于 2006 年开始电子束熔丝沉积技术的研究，制备出高性能 TC4、TA15、TC11、TC18、TC21 等钛合金以及 A100 超高强度钢的电子束熔丝沉积成型件。2012 年采用电子束熔丝成型制造的钛合金零件在国内飞机结构上率先实现了装机应用。

图 6-75 所示为洛克马丁公司采用电子束熔丝沉积制备卫星燃料储箱，加工周期减少

80%，成本降低 55%，原材料节省 75%。

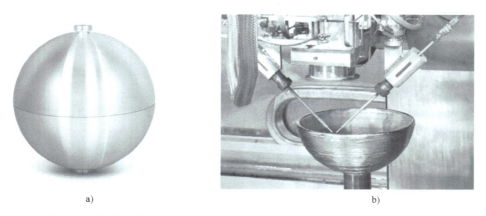

图 6-75　电子束熔丝沉积制备卫星燃料储箱（直径 40~120cm，双丝加工）

a）增材制造零件　b）加工过程

　　图 6-76 所示为采用电子束熔丝沉积与电子束焊接相结合的方法制备的钛合金材料（TC4）万向节。零件重 100kg，相对于传统的制造技术节省材料约 50%。

　　电子束选区熔化技术是指电子束在偏转线圈驱动下按预先规划的路径扫描，熔化预先铺放的金属粉末；完成一个层面的扫描后，工作舱下降一层高度，铺粉器重新铺放一层粉末。如此反复进行，层层堆积，直到制造出需要的金属零件，整个加工过程均处于 10~2Pa 以下的真空环境中，能有效避免空气中有害杂质的影响，其原理如图 6-77 所示。

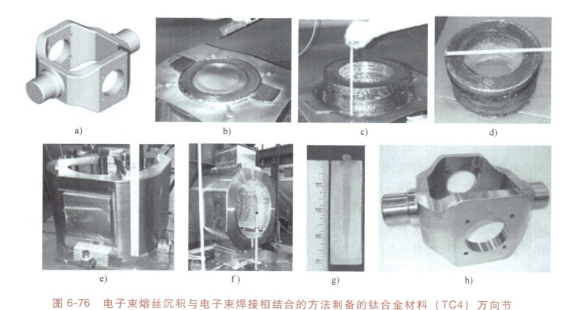

图 6-76　电子束熔丝沉积与电子束焊接相结合的方法制备的钛合金材料（TC4）万向节

a）零件模型　b）基层　c）沉积过程　d）沉积件　e）电子束焊接装配　f）焊接结构　g）电子束焊缝形貌　h）最终产品

　　电子束选区熔化技术源于 20 世纪 90 年代初期的瑞典，瑞典查尔姆斯理工大学与 Arcam 公司合作开发了电子束选区熔化（EBM）快速成型技术，并申请了专利。2003 年，Arcam

公司独立开发了 EBM 设备，目前该公司以制造 EBM 设备为主，兼顾成型技术开发。近年来，EBM 技术在航空航天领域的应用迅速兴起，美国波音公司、Synergeering group 公司、CalRAM 公司、意大利 Avio 公司等针对火箭发动机喷管、承力支座、起落架零件、发动机叶片等开展了大量研究，有的已批量应用，材料主要为铜合金、Ti-6Al-4V 合金、TiAl 合金等。由于材料对电子束能量的吸收率高且稳定，因此，电子束选区熔化技术可以加工一些特殊合金材料。电子束选区熔化技术可用于航空发动机或导弹用小型发动机多联叶片、整体叶盘、机匣、增压涡轮、散热器、飞行器肋板结构、支座、吊耳及框梁起落架结构的制造，其共同特点是结构复杂，用传统方法加工困难，甚至无法加工。其局限在于只能加工小型零件。

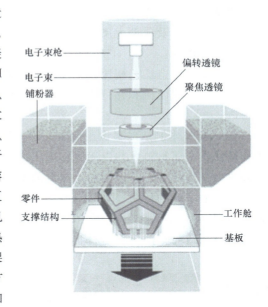

图 6-77　电子束选区熔化成型原理

电子束选区熔化技术可应用于骨科植入物的制备，适合制备颅骨、股骨柄、髋臼杯等骨科植入物，如图 6-78 所示。可根据 CT 扫描结果定制，多孔的特征无须等离子喷涂等表面处理，电子束选区熔化的产品获得 CE（European Conformity，欧洲一体化）认证和 FDA（Food and Drug Administration，美国食品和药物管理局）批准，并取得临床应用。

a)　　　　　　　　　　　　　　　　　　b)

图 6-78　采用电子束选区熔化技术制备的生物器官

a）颅颌面植入物　b）骨科植入物

4. 电弧增材制造（WAAM）

电弧增材制造（WAAM）技术是采用焊接电弧作为热源，利用逐层熔覆原理进行金属零件制造的技术。也可以理解为：利用逐层熔覆原理，采用电弧焊接方法进行金属零件制造的技术。采用的电弧焊接方法有：熔化极惰性气体保护焊接（MIG）、钨极惰性气体保护焊接（TIG）以及等离子弧焊接（PAW）等。

电弧增材制造技术是以电弧为热源，通过丝材的添加，在程序的控制下，根据三维数字模型由线—面—体逐渐成型出金属零件的先进数字化制造技术。它不仅具有沉积效率高、丝材利用率高、整体制造周期短、成本低、对零件尺寸限制少、易于修复零件等优点，还具有原位复合制造以及成型大尺寸零件的能力。比传统的铸造、锻造技术和其他增材制造技术具有一定的先进性。

与铸造、锻造工艺相比，电弧增材制造无须模具，整体制造周期短，柔性程度高，能够实现数字化、智能化和并行化制造。对零件设计的响应快，特别适合于小批量、多品种产品的制造。

WAAM 技术制造的显微组织及力学性能比铸造技术优异，比锻造技术产品节约原材料，尤其是贵重金属材料。与以激光和电子束为热源的增材制造技术相比，它具有沉积速率高、制造成本低等优势。与以激光为热源的增材制造技术相比，它对金属材质不敏感，可以成型对激光反射率高的材质，如铝合金、铜合金等。与 SLM 技术和电子束增材制造技术相比，WAAM 技术还具有制造零件尺寸不受设备和真空室尺寸限制的优点。表 6-3 给出了金属零件电弧增材制造与其他典型增材制造方法的对比。

表 6-3　金属零件电弧增材制造与其他典型增材制造方法的对比

种类	成本	能量利用率	零件尺寸	耗材	尺寸精度	微重力适应性
电子束熔丝沉积	+	+	+	+ 丝材	— 丝径	+ +
电子束选区熔化	—	+	— 粉床尺寸	○ 粉末	+	— — 粉末处理
激光选区熔化	○	—	— 粉床尺寸	粉末,气	+	— — 粉末处理
激光近净成型	+	—	○	粉末,气	+	— — 粉末处理
电弧增材制造	+ +	○	+	○ 丝材,气	— 丝径	○ 气体处理

注：+ +——优；+——良好；○——一般；———差；— ———较差。

图 6-79 所示为 2013 年克莱菲尔德大学和 BAE System 公司采用 MIG 电弧增材制造技术制造的飞机机翼钛合金翼梁。其沉积速率达到每小时数千克，焊丝利用率高达 90% 以上，产品缺陷很少。

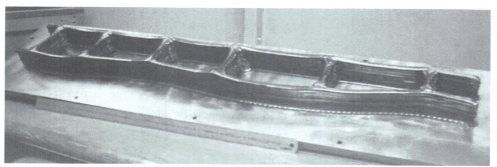

图 6-79　MIG 电弧增材制造技术制造的飞机机翼钛合金翼梁

图 6-80 所示为电弧增材制造系统及采用 CMT 焊接方法制造的金属零件试样。

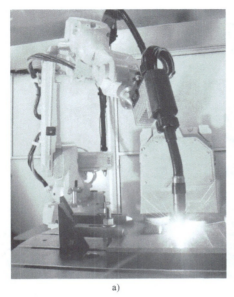

a)   b)

图 6-80　电弧增材制造系统及采用 CMT 焊接方法制造的金属零件试样

a）CMT 电弧制造系统　b）CMT 电弧制造试样

3D打印出的大型金属零件(未处理)　　　　　　二次加工处理后的产品

a)   b)

图 6-81　电弧增材制造的零件及后续加工后得到的产品

a）电弧增材制造的零件　b）后续加工后得到的产品

由于电弧增材制造的金属零件精度及表面粗糙度还不能令人满意，因此，电弧增材制造的零件往往还需要后期的加工。图 6-81 所示为电弧增材制造的零件及后续加工后得到的产品。

华中科技大学张海鸥团队创造性地将电弧成型（金属铸造）、锻压技术合二为一，成功制造出世界首批电弧增材制造锻件，得到了等轴细晶化、高均匀致密度、高强韧、形状复杂的金属锻件，全面提高了制件强度、韧性、疲劳寿命及可靠性。图 6-82 所示为金属零件的电弧成型（金属铸造）-锻压制造现场。

图 6-82　金属零件的电弧成型（金属铸造）-锻压制造现场

复习思考题

1. 简述计算机技术、智能制造与焊接制造的关系。
2. 什么是计算机数值模拟技术？计算机数值模拟能够解决焊接领域的哪些问题？
3. 焊接数值模拟技术涉及哪些科学知识？
4. 焊接电源技术主要包括什么内容？主要的弧焊电源有哪几类？
5. 弧焊电源的基本特性有哪些？
6. 什么是弧焊电源的数字化？弧焊电源的数字化对焊接技术发展有哪些影响？
7. 什么是焊接自动化？焊接自动化的意义是什么？
8. 焊接自动化与人工焊接的主要区别是什么？
9. 简述焊接自动化系统的基本构成。
10. 焊接自动化与计算机技术有什么关系？
11. 为什么要发展机器人焊接？
12. 机器人焊接与普通焊接自动化有哪些异同点？
13. 机器人焊接与人工智能有什么关系？
14. 金属增材制造技术的关键是什么？
15. 金属增材制造的基本方法有哪些？
16. 简述金属增材制造与焊接技术的关系。
17. 增材制造与计算机技术、智能制造技术有什么关系？
18. 通过网络检索，了解焊接自动化、机器人焊接的工程案例，说明其解决的问题。
19. 通过网络检索，了解增材制造的发展趋势以及在未来制造中发挥的作用。
20. 思考焊接智能制造的发展以及可以解决的问题。

焊接人才培养

　　我国焊接专业的高等教育起源于 1952 年，培养了成千上万名焊接高级专门人才。随着时代的变迁，社会对焊接人才的需求发生了很大的变化。如何使自己成为合格的焊接专业毕业生，是新入学的学生所关心的问题。

　　本章结合当今社会对焊接人才的需求，重点介绍焊接专业人才在高校毕业时，应该具有的基本知识与能力。

7.1　焊接人才需求

　　随着科学技术的发展，许多新材料在工程中得到了大量的应用，但是钢铁材料目前仍然是大型工程结构的主体。我国的钢产量自 2002 年以来稳居世界第一，到 2016 年中国的粗钢产量超过 8 亿 t，约占全球钢铁总量的 50%。而钢铁总量的 40% ~ 50% 都是通过焊接成为产品而用于社会的，中国已经成为世界上最大的焊接钢结构制造国之一。在机器制造、工程机械、航空航天、轨道交通、船舶制造、海洋工程、石油化工、压力容器、发电设备、核电设施、大型建筑等工程建设领域，焊接是最重要的制造技术之一。随着各种新的、精密焊接技术的发展与应用，焊接在医疗器械、精密仪器、传感器以及微电子等行业中的应用越来越重要。焊接对于大到几十万吨的巨轮，小到不足 1g 的微电子产品的质量、经济效益以及企业的竞争力都起着至关重要的作用，而能够应用焊接科学技术理论解决产品焊接的人是最重要的因素，所以说，企业必须要拥有一支高水平焊接人才（包括焊接工程技术人才和焊接技能人才）队伍。自 2010 年中国已经成为仅次于美国之后的世界第二大经济体，随着我国经济建设的飞速发展，对焊接人才的需求量也是越来越大。但是由于种种因素的影响，目前，我国高等学校培养的焊接专门人才还不能满足实际焊接人才的需求量。

　　虽然我国已经成为世界上最大的焊接钢结构制造国之一，但是，我国的许多焊接工程仍然以手工焊、手工半自动焊为主，与国外 80% 的自动化焊接水平相比，我国的 30% 自动化水平显得与焊接制造大国地位很不协调。随着焊件复杂化、焊接制造精细化与可控化的发展趋势，手工焊接必将严重影响焊接生产发展，特别是面对"中国制造 2025""工业 4.0"的今天，要想取得制造业的迅猛发展，必须发展先进的焊接制造技术，使我国成为焊接强国。这就需要大量的、具有先进创新理念、掌握了先进科学知识、具有解决复杂工程问题能力的焊接专门人才。

　　焊接专业的本科生毕业后，大部分会进入企业从事科学研究、技术开发、生产管理或者产品营销工作。无论从事什么岗位的工作，企业对于焊接专业本科毕业生所具有的知识与能力的期望则具有一定的共性和时代性。目前，企业对焊接专业本科毕业生主要有以下几个方面的要求：

（1）**基本素质**　具有社会主义的核心价值观，具有一定的文化修养，较好的心理素质；能够很好地进行团队合作，与他人进行无障碍的沟通与交流。目前，越来越多的企业更加重视学生的基本素质，对政治素质、心理素质、进取心、抗压能力、团队协作精神和集体荣誉感等，提出了更高要求。

（2）**知识要求**　应该具有数学、物理与化学等自然科学知识，具有宽广的力学、电工电子、机械、材料、计算机等方面的专业基础知识，具有系统的焊接专业知识，并能够将所学的知识用于解决工程实际问题。知识是解决问题的基础，随着高科技的发展及在工程领域的广泛应用，仅有专业知识的毕业生已经不能完全满足现代企业的需求，也不利于个人今后的职业发展，而具有宽广的数学、自然科学以及专业基础知识、跨学科知识的毕业生则具有更多的可塑性，越来越受到企业的欢迎。

（3）**解决工程问题的能力要求**　能够正确地应用知识分析复杂工程问题，并做出正确的判断，提出解决问题的方案。掌握知识不是目的，应用知识分析、解决企业遇到的复杂工程问题的能力才是企业更看重的。如何应用知识解决工程问题，必须经过大量的实践，学会并掌握应用知识分析问题、解决问题的方法，具有较好的逻辑思维能力，再加上经验的积累，才能满足企业的要求。

（4）**工程领域通用的能力要求**　应该具有工程制图（包括计算机绘图）能力、计算机应用能力、数值模拟与计算能力、文献检索能力、实验设计与实践能力、数据处理及分析能力等。计算机绘图、外语、计算机应用能力是现代技术人员最基本的要求。应用计算机软件进行工程问题的数值模拟分析、生产管理，通过文献检索获取科技信息，都是现代企业工程技术人员应该具有的能力。

（5）**职业发展要求**　具有终身学习的意识和自主学习能力。随着科技的发展，新技术、新知识不断涌现，要适应社会的发展，必须具有终身学习的意识以及自主获取知识、学习知识的能力；而且必须具有创新的意识与能力，并能够将其落实到日常工作中，为企业的发展做出贡献。

（6）**社会责任**　具有社会责任感，熟悉本行业的有关焊接制造标准，能够在解决工程问题时考虑环境、健康、文化、法律、经济、社会发展等因素。作为一名工程技术人员必须清楚自己承担的社会责任，所有的新技术、新产品都必须对人类有利。在开发新技术、新产品，提出解决工程复杂问题的方案时，除了需要考虑科学技术因素外，还要考虑对环境、健康、文化、法律、社会发展的影响，考虑经济效益，进行综合比较，因此必须熟知相关的法律、文化、经济、伦理道德观念等。

7.2　焊接工程师的基本概念

我国高校焊接专业（方向）主要为国家的经济建设培养焊接专业人才，学生毕业后经过 5 年左右的工程实际锻炼可以成为焊接工程师。

1. 焊接工程师

焊接工程师主要指在企业从事开发、制订焊接工艺，指导工人作业，解决现场出现的焊接问题，维护焊接设备的专业技术人员。

焊接工程师的主要职责如下：

1）根据产品要求，进行焊接结构设计（进行各种热学、力学的计算、模拟、验证等）。

2）根据焊接结构及相关产品焊接标准，进行焊接工艺设计。

3）指导并参与焊接工艺评定试验，制订焊接工艺规程。

4）结合焊接生产，提出焊接工装夹具设计方案。

5）组织焊接生产，监督焊接工艺规程的执行。

6）指导现场施焊中遇到的焊接技术问题，包括制订补焊工艺规范。

7）负责焊工的管理，包括焊工培训、施焊资格、焊工业绩登记等。

8）建立健全焊接质量控制系统。

9）负责指导维护保养焊接及辅助设备，使之正常运行。

2. 焊接工艺规程

在焊接工程结构、产品设计中，作为焊接技术人员应该应用所学的专业知识解决结构设计中的实际问题：一是要明确焊接结构的力学计算，提出合理的焊接接头设计方案；二是要考虑焊接工艺的可达性，以利于焊接制造。在设计中必须考虑对环境、健康、文化、法律、社会发展的影响，还要考虑生产成本、经济效益。

在工程结构、产品焊接制造中，焊接工程师必须根据产品、工程结构的设计要求，结合有关焊接制造标准，提出合理的焊接工艺方案，完成焊接工艺文件。其中很重要的工作就是提出焊接工艺规程。

焊接工艺规程（Welding Process Specification，WPS）在企业中常称为焊接作业指导书。它是焊接工艺文件的一部分，是焊接过程中的一整套工艺程序及其技术规定。

制订 WPS 的步骤如下：

1）根据产品结构及相关焊接标准，编制焊接工艺计划书（pWPS）。

2）根据 pWPS，焊接试板（或试管）焊接完成后需要做无损检测、力学检验等，根据试验结果编写 PQR 文件（焊接工艺评定记录，即焊接工艺评定报告）。

3）根据 PQR 上的焊接参数，对 pWPS 文件进行修改，最终确定为 WPS 文件。

3. 焊接生产管理

一般的焊接工程师还要参与焊接生产的管理，因此焊接工程师应该了解焊接生产项目的特点和基本要求，包括对象性、时间性、经济性、一次性、复杂性和系统性等。要了解焊接生产项目管理的基本目标，包括焊接质量要求、工期、成本等。需要进行焊接人员的培训与管理，负责焊接材料、焊接设备的管理等。尤其重要的是要熟悉相关焊接标准，负责焊接产品的质量管理，解决焊接生产中的问题，因此需要在大学期间注意学习有关项目管理等方面的知识，为今后的工作奠定基础。

7.3 焊接专业人才的基本知识结构

1. 焊接专业的培养目标与毕业要求

根据国家、企业以及学生的需求，各个焊接专业（方向）结合所在学校的定位、特色，要制定本专业的培养目标和毕业要求。例如，某个高校的焊接本科专业的培养目标为：培养能适应社会发展需要，掌握坚实、宽广的基础理论及系统和先进的专业知识，具有家国情怀、社会主义核心价值观、社会责任感、创新精神、优良的科学素养与人文素质，较强的自主学习和实践能力，能够分析、研究并解决复杂工程问题的高层次复合型焊接工程科技人才；学生毕业后能够在先进制造、交通、汽车、建筑、信息、海洋工程等领域从事科学研究、技术开发、产品设计、生产与质量管理等方面的工作。

为了实现专业的人才培养目标，学生在毕业时应该达到本专业的毕业要求，因此应该明确规定专业的毕业要求。例如，某个高校的焊接专业结合国际上工程教育专业认证的有关标准，制定了 12 条毕业要求，也就是学生毕业时应该具有的知识要求和能力要求。

1）具有能够解决焊接复杂工程问题所需要的数学与自然科学、专业与专业基础知识，并具有应用所学知识解决实际复杂工程问题的能力。

2）能够应用数学与自然科学以及焊接科学的基本原理，识别、表达并通过文献研究分析焊接领域复杂工程问题，以获得有效结论。

3）能够针对焊接领域复杂工程问题提出设计方案，设计满足特定需求的焊接系统或工艺流程，并能够在设计环节中体现创新意识，考虑社会、健康、安全、法律、文化以及环境等因素。

4）能够基于科学原理，采用科学方法对焊接领域复杂工程问题进行分析研究，包括实验设计、实施实验、数据采集与处理，并通过信息综合与分析得到合理有效的结论。

5）能够针对焊接领域复杂工程问题，开发、选择与使用恰当的技术、资源、现代工程工具和信息技术工具，包括对焊接复杂工程问题的预测与模拟，并能够理解其局限性。

6）能够基于焊接专业知识进行合理分析，评价焊接工程实践和复杂工程问题解决方案对社会、健康和安全、法律以及文化的影响，并理解应承担的责任。

7）能够理解和评价针对焊接复杂工程问题的工程实践对环境、社会可持续发展的影响。

8）具有人文社会科学素养、社会责任感，能够在焊接工程实践中理解并遵守工程职业道德和规范，履行责任。

9）具有团队合作的意识，能够在多学科背景下的团队中承担个体、团队成员以及负责人的角色，解决工程问题，完成既定的工作任务。

10）能够就焊接复杂工程问题与业界同行及社会公众进行有效的沟通和交流，包括撰写报告和设计文稿、陈述发言、清晰表达或回应指令，并具备一定的国际视野，能够在跨文化背景下进行沟通和交流。

11）掌握一般工程管理原理与经济决策方法，理解在焊接工程实际中应用的重要性，并能够应用于多学科环境的工程实践中。

12）具有自主学习和终身学习的意识，能够结合问题与需求，寻求合理的获取知识和能力的方法与途径，具有快速阅读与理解能力，掌握和应用新知识解决问题、适应发展。

2. 焊接专业人才的基本知识结构

要想达到专业制定的毕业要求，就要制定各个专业的培养环节与课程知识体系。由于专业的培养目标、毕业要求不同，其培养环节与课程体系也不同。但是，对于焊接专业来说，其毕业生应该具有的基本知识结构是相同的。图 7-1 所示为焊接专业毕业生应该具有的基本知识结构。由图 7-1 可见，焊接专业的基本知识结构主要分为三个层次，基础知识、专业基础知识、专业知识。

数学与自然科学基础主要是指高等数学、线性代数、概率与数理统计、计算方法等数学知识，以及物理、化学等自然科学知识，它们是专业基础知识、专业知识学习的基础，贯穿于整个知识的学习与应用。

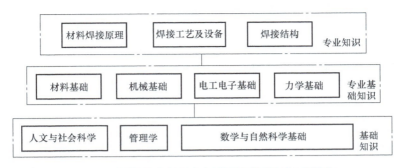

图 7-1　焊接专业毕业生应该具有的基本知识结构

专业基础知识主要分为材料基础知识、机械基础知识、电工电子基础知识以及力学基础知识。

材料基础知识包括物理化学、金属学、固态相变等材料科学基础知识。

机械基础知识包括机械原理、机械零件设计基础、金属加工工艺学基础等知识。

电工电子基础知识包括电工学、电子学等基础知识。

力学基础知识包括理论力学、材料力学或者工程力学基础知识。

随着焊接自动化应用得越来越多，很多学校的焊接专业增加了自动控制理论的课程。

专业知识又可以分为三大知识体系，即材料焊接原理、焊接工艺及设备、焊接结构。传统的四大核心课程为焊接原理、焊接结构、焊接方法及设备、弧焊电源。

由于金属材料熔焊、电弧焊是最常用、最基本的焊接，因此，在材料焊接原理方面基本以金属材料电弧焊原理为主，因此常常称为焊接冶金原理，主要用于解决材料焊接性问题，是焊接专业的基础理论。通过学习，学生应能够应用焊接冶金原理分析不同金属材料的焊接性问题，分析并解决焊接实际工程中出现的焊接缺陷与缺欠问题。该部分的专业基础知识主要是材料科学基础。

焊接工艺及设备知识体系主要是使学生掌握各种焊接方法的基本原理及焊接工艺，并可以根据各种材料的焊接性，正确地选择焊接方法，设计合理的焊接工艺。需要说明的是，该部分内容应该包含弧焊电源的相关知识。随着新型电子技术、数字化技术的发展与应用，弧焊电源得到了飞速发展，尤其是逆变技术、计算机技术的发展，使弧焊电源的焊接设备具有了柔性化、智能化。先进的弧焊电源的出现，促进了新型焊接方法、焊接工艺的发展与应用，如 CMT、STT 等。没有现代化的弧焊电源技术，很多现代化的焊接工艺技术就不可能出现；同样，焊接工艺的需求促进了现代弧焊电源的发展，两者是相互依存与相互促进的。随着焊接产品质量与效率的要求不断提高，焊接自动化已经成为该部分知识体系的重要组成部分，因此，很多学校的焊接专业不断加强学生的焊接自动控制、焊接自动化、机器人焊接方面的知识。这部分内容的专业基础知识主要是力学基础、机械基础、电工电子基础。

焊接结构知识体系主要是使学生掌握有关焊接力学的知识，并将其应用于焊接结构设计及焊接工艺制订的过程中，将焊接力学、焊接冶金学的有关知识进行综合，分析焊接工程中的有关缺陷与缺欠问题，并能对焊接结构的安全性及寿命进行预测与评估。该部分内容的专业基础知识主要是力学基础、材料基础。

除此之外，还有焊接质量检测方法（无损检测）、材料测试方法等检测与分析方面的知识，以及高效焊接方法、钎焊、压焊、表面工程、微连接、焊接工装夹具等方面的知识。

随着科技的发展以及高等教育改革，要求大学本科生在大学期间掌握自主学习的能力，能够根据社会需求及个人职业发展规划，更多地学习一些跨学科、跨专业的知识，更多地参加各种实践活动与创新研究项目，由此培养学生解决复杂工程问题的能力。

7.4 我国焊接专业高等教育发展简介

我国焊接专业的高等教育起源于 1952 年，至今已经有 60 多年的历史，培养了成千上万的焊接专业高级专门人才。

1. 我国焊接专业的创建

1949 年新中国成立以后，国家工业化建设需要大量的专业人才。在当时的历史背景下，国家制定了全面学习苏联、建设社会主义高等教育体系的方针，并于 1951 年 9 月发布了全国高等院校调整的方案。

1952 年哈尔滨工业大学在苏联专家的协助下，创建了焊接专业；天津大学在孟广喆教授的带领下自主创建了焊接专业。

1952 年哈尔滨工业大学从 1950 年入学的本科生中，抽调两个班转入焊接专业学习。同时，从全国各高校派到哈尔滨工业大学进修的教师中挑选了六位青年教师进入焊接师资研究班学习，目的是要培养焊接专业的师资，并聘请了苏联焊接专家负责焊接师资研究班学员的教学与论文指导工作，选用的教材也是苏联的教材。第一届焊接师资研究班学员包括清华大学 1948 年毕业的潘际銮、原中央大学 1948 年毕业的陈定华、原交通大学（现为上海交通大学和西安交通大学）1949 年毕业的骆鼎昌、浙江大学 1950 年毕业的田锡唐和徐子才、唐山铁道学院 1950 年毕业的周振丰。第一届焊接师资研究班学员于 1953 年 7 月毕业，除骆鼎昌外，其他 5 人都留在哈尔滨工业大学任教。1956 年首届哈尔滨工业大学焊接专业本科生毕业。

天津大学焊接专业创始人孟广喆先生 1932 在美国普渡大学获得机械工程硕士学位，后专攻焊接与热处理，1933 年回国受聘于南开大学任教授，1937 年任原国立西南联合大学教授，1952 年任天津大学教授。与孟广喆教授一起创建天津大学焊接专业的还有李佩昆教授以及两位青年教师闫毓禾、齐树华。李佩昆教授 1931 年毕业于东北大学机械系。1951 年河北工学院与北洋大学合并成立天津大学，李佩昆任天津大学教授。由于天津大学焊接专业是我国高校教师自主创立的，缺乏焊接专业的教学经验，因此，采取了试办焊接专业大专班，取得经验再办本科的策略，于 1952 年 9 月在全国招收了两个班两年制焊接专业大专生，采用自编英文焊接讲义进行专业教育。1954 年首届 49 名天津大学焊接专业大专生毕业。1955 年天津大学开始招收焊接专业本科生。

20 世纪 50 年代，我国十余所大学陆续开设了焊接工艺及设备专业，成立了焊接教研室。

哈尔滨工业大学 1952 年 9 月成立焊接教研室，潘际銮担任代理主任。1953 年潘际銮调回清华大学，由田锡唐担任焊接教研室主任。

天津大学 1952 年 9 月成立焊接教研室，首任教研室主任是孟广喆教授。

清华大学 1953 年创建焊接专业开始招收焊接专业本科生，1955 年正式成立焊接教研室，首任教研室主任是潘际銮。

北京航空学院（现为北京航空航天大学）1954 年创建焊接专业，其创始人是徐碧宇教授。徐碧宇教授 1936 年毕业于山东大学工学院，1938 年毕业于原中央大学机械工程研究班，1943—1946 年在美国康索里德飞机制造厂实习，在美国密西根大学研究生院机械系进修。1952 年北京航空学院成立，徐碧宇任北京航空学院教授。

交通大学 1955 年创建焊接专业，开始招收焊接专业本科生。1953 年周光祺担任交通大学焊接实验室主任，后为西安交通大学首任焊接教研室主任。1957 年上海交通大学正式成立焊接教研室，首任焊接教研室主任为周修齐。

西安航空学院（现为西北工业大学）1956 年创建焊接专业，开始招收焊接专业本科生，并成立焊接教研室，首任焊接教研室主任是沈世瑶。

山东工学院（后为山东工业大学，现为山东大学）1958 年创建焊接专业，开始招收焊接专业本科生，并成立焊接教研室，首任焊接教研室主任是王先礼。

华南工学院（现为华南理工大学）1958 年创建焊接专业，开始招收焊接专业本科生，并成立焊接教研室，首任焊接教研室主任是严为明。

太原工学院（现为太原理工大学）1958 年创建焊接专业，同年抽调其他专业本科生转为焊接专业本科生，并成立焊接教研室，首任焊接教研室主任是陆文雄。

大连铁道学院（现为大连交通大学）1959 年创建焊接专业，开始招收焊接专业本科生，并成立焊接教研室，首任焊接教研室主任是王候庭。

南昌航空大学（其前身为汉口航空工业学校等）1952 年创建焊接专业，开始招收焊接专业中专生，并成立焊接教研室，专业负责人是沈一龙。

江苏科技大学（其前身为上海船舶工业学校）1953 年创建焊接专业，开始招收焊接专业中专生，并成立焊接教研室，首任焊接教研室主任是张伟之。1978 年开始招收焊接专业本科生。

沈阳工业大学（其前身为沈阳机电学院）1953 年创建焊接专业，开始招收焊接专业中专生，并成立焊接教研室，首任焊接教研室主任为董挺。1958 年开始招收焊接专业本科生。

2. 焊接专业的蓬勃发展

1966 年以前，我国焊接专业的本科学制大部分学校都是五年制，多数院校规定前三年学习基础课和专业基础课，后两年学习专业课和进行毕业论文设计。

焊接专业课主要有焊接原理、焊接结构、熔焊工艺及设备、焊接电源、接触焊、钎焊、气焊与气割、焊接检验等。

焊接专业本科生早期采用的教材或教学参考书基本是俄文原版或翻译本，代表性的参考书有：阿洛夫著的《焊接原理》、尼古拉耶夫著的《焊接结构》、奥凯尔布洛姆著的《焊接应力与变形》、拉施科著的《钎焊》、雷卡林著的《焊接热过程计算》、老巴顿著的《自动电弧焊》、小巴顿著的《熔焊工艺》、奥尔洛夫著的《接触焊工艺与设备》等。

1961 年以后，中国陆续出版自编教材，包括天津大学编写的《焊接冶金基础》、哈尔滨工业大学编写的《熔化焊工艺学》、西南交通大学编写的《熔化电焊设备》、朱启鸿等编写的《焊接检验》等。

1977 年以后，我国设立焊接专业的高等学校有 17 所，焊接本科专业的学制也改为四年。此后，焊接专业进入了快速发展阶段，截止于 1998 年，我国设有焊接专业的高校发展到 50 余所。

1978 年，在黄山召开了全国高等工科院校"焊接工艺及设备专业"教材编审委员会会议，会议决定重新出版一套自己的专业教材，并由机械工业出版社出版。1980 年以后，郑宜庭、黄石生主编的《弧焊电源》，张文钺主编的《金属熔焊原理及工艺》（上册），周振丰主编的《金属熔焊原理及工艺》（下册），田锡唐主编的《焊接结构》，姜焕中、毕惠琴、沈世瑶、邹僖分别主编的《焊接方法及设备》1~4 分册，梁启涵主编的《焊接检验》等教材先后问世。

1984 年教材编审委员会确定的焊接专业核心课程共 4 门，即焊接冶金学（熔焊原理）、电弧焊、弧焊电源和焊接结构。

1981 年国家对大学本科和研究生实行学位制，一些院校陆续取得了焊接学士、硕士和博士的授予权。首批获得国务院学位委员会批准的焊接硕士学位授予权的院校有哈尔滨工业大学、清华大学、天津大学、西安交通大学、上海交通大学。首批获得焊接博士学位授予权的院校有哈尔滨工业大学、清华大学、天津大学。

3. 焊接专业的转型及发展

1998 年，教育部按照"科学、规范、拓宽"的原则进行学科专业目录调整，并颁布了专业目录修订实施方案。焊接专业（本科）进入了机械类的"材料成型及控制工程"这一新的专业。1999 年，大多数学校按国家专业目录修订招生与人才培养方案，按"材料成型及控制工程"专业招生，专业培养方案中设置"焊接专业模块（方向）"。

2000 年，哈尔滨工业大学向教育部提出申请恢复焊接专业，并将专业名称由原来的"焊接工艺及设备"调整为"焊接技术与工程"，同年，该申请获教育部批准成为专业目录外的特色专业。

此后，特别是最近几年，随着焊接技术在国民经济建设的应用发展以及人才培养需求的增加，很多院校相继恢复或新建了焊接专业，如江苏科技大学、南昌航空大学、大连交通大学、内蒙古工业大学、沈阳工业大学、兰州理工大学、沈阳大学、辽宁工程技术大学等学校已经按照"焊接技术与工程"专业招生。

目前，培养焊接专业人才的高等学校将近 40 所。1994~2016 年间，焊接专业本科毕业生人数逐年递增。近十年来，每年毕业生人数超过 2100 人。

目前，大多数焊接专业人才培养仍然延续了传统的焊接专业核心课程，如焊接工艺及设备、焊接冶金及焊接性、焊接结构、弧焊电源等。除此之外，各个学校结合自己的专业特色开出了不同的专业选修课。而增强基础知识，增加新的、交叉学科的知识，强调工程意识，突出能力培养是目前焊接专业高等教育发展的大趋势。

2006 年由中国机械工业教育协会焊接学科教学委员会与机械工业出版社共同组织出版了焊接专业的普通高等教育"十一五"重点规划教材，这是我国比较系统地出版的第二套满足焊接专业本科生教学需要的教材。随着焊接高等教育的发展，目前出版的焊接类教材、参考书比较多，使广大学生及焊接科技工作者有了更多的选择，为学生及科技人员的自主学习创造了条件。

从中国焊接专业高等教育发展的历史可以清楚地看到，中国焊接专业的诞生和发展，依靠的是中国知识分子的努力与奉献。老一辈知识分子为了祖国的需要，毅然放弃了自己熟知的专业，在不同的高校中创建并发展了一个又一个焊接专业。他们为了中国焊接专业教育的发展，自主学习新的知识，并将其奉献给中国的焊接事业。如孟广喆教授自学俄语，翻译俄文教材，一年之内就翻译了尼古拉耶夫著的《焊接结构》，1954 年由机械工业出版社出版；沈世瑶编译的《焊接学》，1954 年由商务印书馆出版等。在学习国外焊接专业高等教育的基础上逐渐形成了中国焊接专业高等教育体系，为中国焊接专业人才的培养奠定了基础，也为新时代焊接专业的学生树立了榜样。

复习思考题

1. 企业对于焊接专业人才能力的需求有哪些？

2. 焊接人才应该具有的基本知识结构是什么？焊接专业的主要课程及相互关系是什么？

3. 焊接人才应该具有哪些能力？如何在本科阶段培养、提升自己的能力？

4. 焊接工程师的职责有哪些？为了成为一名优秀的工程师应做哪些准备？

5. 应用网络检索，了解我国焊接高等教育发展的历史，了解老一辈焊接知识分子对我国焊接专业的创立和发展做出的贡献。

6. 开展调研，了解本校焊接专业（方向）的发展历史。

7. 思考焊接专业发展的未来，思考自己的职业规划，思考自己的学业规划，明确本科学习的目标和任务。

参 考 文 献

[1] 李桓. 连接工艺 [M]. 北京：高等教育出版社，2010.

[2] WEMAN K. Welding Processes Handbook [M]. 2nd ed. Cambridge：Woodhead Publishing Ltd，2011.

[3] JEFFUS L F. Welding Principles and Applications [M]. 4th ed. Clifton Park：Delmar Cengage Learning，2012.

[4] 赵熹华，冯吉才. 压焊方法及设备 [M]. 北京：机械工业出版社，2005.

[5] 林三宝，范成磊，杨春利. 高效焊接方法 [M]. 北京：机械工业出版社，2012.

[6] 中国机械工程学会焊接学会. 焊接手册：第1卷 焊接方法及设备 [M]. 2版. 北京：机械工业出版社，2001.

[7] 中国机械工程学会焊接学会. 焊接手册：第2卷 材料的焊接 [M]. 2版. 北京：机械工业出版社，2001.

[8] 中国机械工程学会焊接学会. 焊接手册：第3卷 焊接结构 [M]. 2版. 北京：机械工业出版社，2001.

[9] 方洪渊. 焊接结构学 [M]. 北京：机械工业出版社，2008.

[10] 霍立兴. 焊接结构的断裂行为及评定 [M]. 北京：机械工业出版社，2000.

[11] 贾安东. 焊接结构与生产 [M]. 北京：机械工业出版社，2007.

[12] 宋天民. 焊接残余应力的产生与消除 [M]. 北京：中国石化出版社，2005.

[13] 许文清，任宇飞. 工程机械结构件的焊接工艺现状与发展趋势 [J]. 工程机械，2005，36（1）：50-53.

[14] JAYAKRISHNAN S，CHAKRAVARTHY P. Flux bounded tungsten inert gas welding for enhanced weld performance—A review [J]. Journal of Manufacturing Processes，2017，28：116-130.

[15] 吴子健，吴朝军，曾克里. 热喷涂技术与应用 [M]. 北京：机械工业出版社，2006.

[16] 王娟. 表面堆焊与热喷涂技术 [M]. 北京：化学工业出版社，2004.

[17] 孙家枢，郝荣亮，钟志勇. 热喷涂科学与技术 [M]. 北京：冶金工业出版社，2013.

[18] 杨海明. 铸铁与堆焊材料的焊接 [M]. 沈阳：辽宁科学技术出版社，2013.

[19] 胡绳荪. 现代弧焊电源及其控制 [M]. 2版. 北京：机械工业出版社，2015.

[20] 胡绳荪. 焊接自动化技术及其应用 [M]. 2版. 北京：机械工业出版社，2015.

[21] 中国焊接协会成套设备与专业机具分会，中国机械工程学会焊接学会机器人与自动化专业委员会. 焊接机器人实用手册 [M]. 北京：机械工业出版社，2014.

[22] 黎文航，王加友，周方明. 焊接机器人技术与系统 [M]. 北京：国防工业出版社，2015.

[23] 蒋力培，薛龙，邹勇. 焊接自动化实用技术 [M]. 北京：机械工业出版社，2010.

[24] 刘伟，周广涛，王玉松. 中厚板焊接机器人系统及传感技术应用 [M]. 北京：机械工业出版社，2013.

[25] 贾安东. 焊接生产实践 [M]. 北京：机械工业出版社，2018.